建筑钢结构施工力学原理

罗永峰　王春江　陈晓明　等著

中国建筑工业出版社

图书在版编目（CIP）数据

建筑钢结构施工力学原理/罗永峰等著．—北京：中国建筑工业出版社，2008
ISBN 978-7-112-10439-0

Ⅰ．建…　Ⅱ．罗…　Ⅲ．钢结构-工程施工-结构力学
Ⅳ．TU758.11

中国版本图书馆 CIP 数据核字（2008）第 162732 号

建筑钢结构施工力学原理
罗永峰　王春江　陈晓明　等著
*
中国建筑工业出版社出版、发行（北京西郊百万庄）
各地新华书店、建筑书店经销
北京红光制版公司制版
北京市书林印刷有限公司印刷
*
开本：787×1092 毫米　1/16　印张：12¼　字数：306 千字
2009 年 1 月第一版　2009 年 6 月第二次印刷
定价：**26.00** 元
ISBN 978-7-112-10439-0
(17363)

本书是为满足钢结构施工力学原理与施工过程分析的教材需要而编写的，全书共分九章，第一章为绪论，介绍钢结构施工技术的发展现状及其力学特点，第二章介绍结构分析的大位移非线性有限元理论，第三章介绍钢结构施工过程的时变特点和基本分析方法，第四章介绍高层钢结构施工计算模型与分析方法，第五章介绍刚性大跨度空间钢结构施工计算模型与分析方法，第六章介绍高耸钢结构施工的计算模型与分析方法，第七章介绍预应力钢结构施工中的计算模型与分析方法，第八章介绍张拉结构施工中的计算模型与分析方法，第九章介绍钢结构施工过程的仿真方法。

本书系统地介绍了不同钢结构体系在施工过程中可能遇到的力学问题及其分析方法，可供结构工程和土木工程施工专业的本科生、研究生阅读，也可作为各类钢结构工程技术人员的参考书。

* * *

本书编者：罗永峰　王春江　陈晓明　王人鹏　李元齐　遇　瑞

责任编辑：黄珏倩
责任设计：董建平
责任校对：刘　钰　关　健

序

近年来，随着科学技术的发展，钢结构在大型工程中得到广泛应用，传统的施工技术不再适用。目前，虽然有许多关于钢结构施工或制作安装方面的书籍或手册，但多数仅介绍钢构件的加工制作方法或安装方法，没有对钢结构施工过程中的力学原理及其计算方法进行详细论述。关于大型钢结构工程，需要深入了解其在施工过程中的力学特征，通过模拟计算，预测钢结构在施工过程中的受力和变形，以优化施工方法和施工控制技术。

钢结构施工技术及其力学原理，是近年来随着大型复杂钢结构的应用而出现的一门新技术及学科分支。不同于传统的混凝土结构或地下工程，钢结构的施工技术和施工过程计算方法具有自身的特点，施工技术人员需要了解现代钢结构体系在施工过程中的受力及其分析方法。

罗永峰教授近20年来一直从事钢结构的研究，特别是近6年来主要从事钢结构在施工过程中的受力及其分析方法的研究，参加了多个大型重要钢结构的施工过程模拟计算，带领博士硕士研究生进行了建筑钢结构施工力学模型及其分析方法的研究，获得了一定的研究成果，积累了很多有价值的工程数据资料。他和他的青年学者团队，历时2年，完成了这一本关于建筑钢结构施工过程力学分析方法的专著。这本书的主要特点在于，介绍了现代钢结构施工技术的发展现状及钢结构在施工过程中的力学特点，从理论上介绍了钢结构施工过程的时变特点和基本分析方法；根据实际工程应用中钢结构的几大类型，分别阐述了高层钢结构的施工计算模型与分析方法，说明了高层钢结构在荷载和温度作用下的变形效应特点、计算模型特点；介绍了刚性大跨度空间钢结构的施工计算模型与分析方法，并阐述了施工过程中结构稳定性以及临时支承拆除的计算方法；介绍了高耸钢结构施工中的力学特点及分析方法，说明了施工过程中杆件变形效应、温度效应以及施工过程控制方法；介绍了预应力钢结构施工中的力学特点和分析方法，说明了张弦结构、斜拉结构以及弦支穹顶结构的施工过程计算模型；介绍了柔性大跨度张拉结构施工中的力学特点，阐述了柔性钢结构的施工过程计算模型和计算方法；最后一章简要介绍了多体力学理论，并介绍如何应用于钢结构施工过程的仿真模拟中。

本书为钢结构施工过程跟踪计算提供了理论基础，是国内钢结构施工过程力学原理及计算方法方面的第一本专著，是一本较好的教材，且具有工程参考价值。

沈祖炎

2008年11月18日

前 言

20世纪80年代以来，我国钢结构发展迅速，大量的高层、高耸、大跨度、大型复杂钢结构应用于工业和民用建筑之中，为钢结构施工技术的发展提供了机遇，并同时提出了挑战。因而，掌握和了解现代高层和超高层钢结构、大型复杂空间钢结构、新型钢结构体系的施工技术及其分析方法，就变得愈来愈迫切、愈来愈重要。

目前，在钢结构工程领域，关于高层、高耸及大跨度空间钢结构的施工方法、施工状态结构的力学性态、施工过程分析方法、施工过程控制的研究以及施工过程模拟软件开发等，均是国内外研究的焦点问题，本书根据已有的研究成果和工程实践资料，针对现有施工技术，对钢结构在施工过程中的力学原理和施工过程分析方法进行论述，期望为在校学生（包括本科生和研究生）提供学习教材，为施工技术人员提供参考资料。

本人自1988年师从沈祖炎教授开始进行钢结构研究，自1998年起至今参加过多项大型钢结构工程的施工分析和验算工作，同时，带领本研究室的硕士和博士进行有关钢结构施工力学分析方面的研究。目前，本人在筹备钢结构施工技术与计算方法方面的教学工作，由于现阶段缺乏这一方面的系统教材，为了让学生能够系统地了解这方面的知识，根据计划，本人联合几位年轻学者，编写本书。本书自2005年开始准备资料，2007年立项编写，经过两年多的努力工作，完成了书稿编写。

本书共分九章。第一章为绪论，介绍钢结构及其施工技术的发展现状，施工过程中的力学特点及本书的编写宗旨。第二章介绍结构分析的大位移非线性有限元理论，主要包括杆单元、梁单元和索单元，并介绍了非线性迭代分析方法。第三章介绍钢结构施工过程的时变特点和基本分析方法。第四章介绍高层钢结构施工计算模型与分析方法，说明高层钢结构的荷载效应特点、温度效应特点、计算模型特点和分析方法。第五章介绍刚性大跨度空间钢结构施工计算模型与分析方法，并给出了施工过程中结构稳定性以及临时支承拆除的计算方法。第六章介绍高耸钢结构施工中的力学问题，说明了施工过程中杆件变形效应、温度效应、施工过程分析方法以及施工过程控制方法。第七章介绍预应力钢结构施工中的力学问题，说明了张弦结构、斜拉结构以及弦支穹顶结构的施工过程的计算模型与分析方法。第八章张拉结构施工中的力学问题，主要针对柔性大跨度钢结构的施工方法模拟计算进行论述。第九章介绍钢结构施工过程的仿真方法，简要介绍多体力学理论，并介绍如何应用于钢结构施工过程模拟之中。

本人为本书编写的总负责，包括制定章节大纲、各章节内容取舍、修改与统稿等。本书的具体分工为：第一、第三、第七章由本人撰写，第二、第八章由王春江副教授撰写，第四、第六章由陈晓明高工撰写，第五章由我和李元齐教授、博士遇瑞撰写、第九章由王人鹏副教授撰写。

在本书的编写过程中，孙飞飞副教授、博士生遇瑞、王朝波、刘慧娟、王晔华为本书的编写提供了很多资料，在此表示感谢。

本书的编写受到同济大学建筑工程系文远科技基金的资助，在此编写组谨表示诚挚的感谢。

由于知识水平有限、时间紧迫，书中难免有失误和不妥之处，恳请读者提出宝贵意见和批评指正，来函联系电子邮件地址：yfluo93@mail. tongji. edu. cn。

罗永峰

2008 年 5 月 1 日

目　录

1 绪 论

1.1 建筑钢结构的类型和特点

1.1.1 建筑钢结构的类型

现代钢结构按其造型和用途可分为以下几类：

高（多）层及超高层钢结构——房屋类结构；

高耸钢结构——塔架、桅杆类结构；

桥梁钢结构——各种桥梁结构；

空间钢结构——各种屋盖、公共建筑、城市雕塑、工业建筑结构；

特种钢结构——各种适用于特殊用途的结构，如管线、工作平台、容器等。

1.1.2 钢结构的特点

1.1.2.1 优点

钢材强度高、重量轻；

材质均匀，可靠性高；

材料塑性韧性好，抗震性能好；

施工机械化程度高，施工周期短；

密闭性能好（管道、容器、油库等）；

耐热性较好；

钢材为可持续发展的环保型材料。

1.1.2.2 缺点

耐腐蚀性能差，易锈蚀；

耐热不耐火；

低温条件下钢材韧性降低，钢结构容易脆性断裂；

钢材单价相对（混凝土）较贵。

另外，由于钢构件壁厚较薄，且钢结构中有大量螺栓和焊接作业，钢结构对制作安装的工艺技术要求也较高，构件的受力性态受施工过程和施工误差的影响也较大。

1.2 钢结构的应用发展趋势

1.2.1 我国钢结构的应用发展

伴随着钢铁工业的发展，我国钢结构的发展应用也经历了一个漫长曲折的发展过程，自新中国成立到现在大致可以分为三个阶段。新中国成立之初，由于受到钢产量的限制，钢结构仅在重型厂房、大跨度公共建筑以及塔桅等结构中应用，其中包括冶金工业厂房、电力工业厂房、体育馆、飞机库屋盖、铁路桥梁、钻井塔、排气塔、照明塔、输电塔、瞭望塔、跳伞塔、导航塔、化工塔、钻井塔、火箭发射塔、通信（塔）桅杆、龙门吊、装卸桥、压力容器、锅炉等；1978 年改革开放以后，随着经济建设的飞速发展，钢结构的应用领域也有了较大的扩展，除已有的领域外，普通大跨度厂房、高层和超高层建筑、轻钢建筑、体育场馆、大型会展中心、机场候机楼、大型客机检修库、城市人行天桥、海洋平台、管线、自动化高架仓库等均采用钢结构；1996 年以后，我国钢产量一直居世界第一，年产量超过 1 亿 t，到 2006 年已达 4.2 亿 t，钢材质量提高，钢材规格增加，极大地满足了钢结构应用的需要。1997 年建设部颁发的《中国建筑技术政策》（1996～2010 年）明确提出了发展钢结构的要求，繁荣的市场和国家的政策均为钢结构的发展创造了条件，促使我国钢结构迅速发展，因此，现代的体育（场）馆、影剧院、会展馆、航站楼、候车大厅、高层超高层建筑、多层大空间建筑（如商场、停车场）、厂房、仓库、加油站、收费站、公路桥梁、铁路桥梁、管线桥、人行桥、栈桥、输送桥、电视塔、观光塔、风力发电塔、高灯杆、城市雕塑、景观雕塑、建筑装饰、楼顶（外）造型、雨篷等大量采用钢结构。

随着科学技术的飞速发展及人们对物质和文化生活要求的不断提高，人们对生活环境的要求也越来越高，对生活中的各类建筑也提出了更新、更高的要求。现代钢结构由于优异的钢材性能，高度工业化的加工制作工艺以及先进的安装设备及施工技术，钢结构体系越来越新颖、复杂、多样，在各类工程中得到广泛应用。新的结构形式、新的设计计算理论以及新的制作安装工艺层出不穷，特别是计算机技术和计算理论的飞速发展，为钢结构的发展提供了理论基础和技术保障。同时，市场经济的飞速发展和不断成熟也为钢结构的应用发展创造了条件。因此，我国的钢结构将进入一个飞速发展的时代。

1.2.2 现代钢结构的体系和规模

现代钢结构的特点是“高、大、复”，已建成的高层建筑已达 500m 以上（台北 101 大厦 508m），在建的高层建筑将超过 700m（迪拜布吉大楼超过 700m，具体高度目前尚未公布），高耸结构将超过 600m（广州新电视塔 610m），大跨度空间结构覆盖的范围已达 200m 以上（上海南站直径 276m，英国伦敦千年穹顶直径 320m）。随着建筑造型的新奇和复杂化，相应的结构体系也越来越复杂多样，刚性与柔性构件组合的钢结构、空间预应力钢结构、悬挂与斜拉钢结构、多种结构体系组合形成的复杂钢结构已广泛应用于现代建筑之中。

1.2.2.1 *高层及超高层钢结构*

随着材料技术和计算技术的进步，高层及超高层结构体系有了较大的发展，从传统的框架结构体系、框架支撑体系（框架—抗剪桁架、框架—剪力墙、框架—核心筒等），已发展到框筒结构体系（内框筒、外框筒、筒中筒、束筒等）、巨型结构体系（巨型桁架、巨型框架等）以及蒙皮结构体系等。美国芝加哥的西尔斯大厦（束筒体系，110 层，高 443m）、香港中国银行大楼（巨型框架体系，70 层，高 315m）、上海金茂大厦（巨型外

图 1-1　高层建筑实例

(a) 金茂大厦；(b) 环球金融中心；(c) 中央电视台；
(d) 台北 101 大厦；(e) 高雄东帝士国际广场；(f) 深圳地王大厦；
(g) 西尔斯大厦；(h) 迪拜布吉大厦

伸桁架、巨型柱、核心筒体系，88 层，高 365m）、台北 101 大厦（巨型框架结构，高 508m，用钢 9.67 万 t，钢筋 2.45 万 t）和即将建成的迪拜布吉大厦（超过 700m）等都是当今世界高层建筑的代表。新结构体系的出现，使传统的梁—板—柱结构体系的分析方法和制作安装技术已经不再适应，需要研究新的分析方法、设计方法和施工技术。

国内外已建及在建的部分超高层建筑如图 1-1 所示，其中环球金融中心 101 层 492m，中央电视台 234m（用钢 12.2 万 t），高雄东帝士国际广场（T&C Tower）85 层 378m，深圳地王大厦 383.95m（用钢 24.5 万 t）。

1.2.2.2　高耸钢结构

高耸钢结构属于结构高度相对较高、横截面相对较小、横向荷载起控制作用的细长构筑物，其主要应用范围为塔架和桅杆结构。塔桅结构体系发展变化较小，但塔桅的形态发展变化较大，造型越来越新奇复杂，结构高度也越来越高。波兰华沙的长波无线电桅杆的高度达 642.m，我国广州新电视塔主体高度 454m，桅杆高度 156m，总高 610m，钢结构总量 5 万 t。随着结构高度的增加，高耸钢结构的风致振动及其控制技术已成为目前广泛关注的焦点问题。

国内外已建及在建的部分高耸结构如图 1-2 所示，其中河南电视塔 338m。黑龙江电视塔 336m，广东崖门输电塔 211.5m（重 1600t）。

(*a*)　(*b*)　(*c*)　(*d*)

图 1-2　高耸结构实例

(*a*) 广州新电视塔；(*b*) 河南电视塔；(*c*) 黑龙江电视塔；(*d*) 崖门输电塔

1.2.2.3　大跨度及空间钢结构

随着体育事业、会展业的发展和人类大型集体活动的日益增多，同样由于材料技术、计算技术及施工技术的进步，近年来大跨度空间结构体系得到迅速发展，结构形式由传统的梁肋体系、拱结构体系、桁架体系等平面结构体系及薄壳空间结构体系，发展到现代的网架、网壳、悬索、悬挂（斜拉）、索膜结构、各种杂交结构、可开合结构、可伸展结构、可折叠结构以及张拉集成结构等体系。同时空间钢结构的无柱覆盖空间也在不断增大。如瑞士苏黎世机场机库（125m×128m 网架）、美国新奥尔良的超级穹顶体育馆（213m 直径联方型双层球面网壳）、前苏联列宁格勒体育馆（160m 悬索结构）、美国亚特兰大奥运会主体育场（240m×193m 张拉集成结构）、美国旧金山体育馆（235m 索穹顶）、美国庞蒂亚克银色穹顶（235m×183m 充气膜）、日本东京都室内棒球场（201m×201m 索-充气膜）、日本福冈穹顶（220m 直径可开合网壳）、英国伦敦千年穹顶（320m）、我国国家大剧院（212m×146m×45m）、上海南站（直径 276m 的预应力钢屋盖）、南通体育中心可开合屋盖（直径 280m）、国家体育中心（330m×220m×69.2m）等都是当今世界大跨度空间结构的经典之作。

现代大跨度空间结构体系可分为三大类[1-3]，即刚性结构体系（折板、薄壳、网架、网壳、空间桁架等）、柔性结构体系（索结构、膜结构、索膜结构、张拉集成体系等）和杂交结构体系（拉索-网架、拉索-网壳、拱-索、索-桁架等）。国内外已建的部分大跨度空间结构如图 1-3 所示。

现代大型城市雕塑造型新异复杂且规模庞大，常采用钢结构实现其艺术构想。这种钢

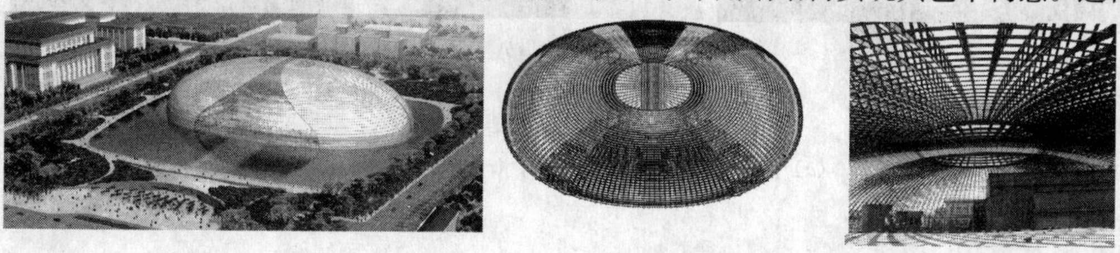

(*a*)

(*b*)

(*c*)

(*d*)

(*e*)

(*f*)

(*g*)

图 1-3 大跨度空间结构建筑实例

(*a*) 中国国家大剧院；(*b*) 浦东国际机场航站楼；(*c*) 上海南站；(*d*) 国家体育中心；
(*e*) 南通体育中心；(*f*) 美国西雅图棒球场；(*g*) 英国伦敦千年穹顶

结构虽然跨度或高度不是很大，但其结构体系通常异常复杂，传统的结构形式及施工技术难以实现，因而，大型雕塑发展，为新结构体系及新施工技术的发展带来了机遇，也为现代钢结构的应用开辟了一个新的领域和市场。现代有代表性的城市雕塑如南海立佛（108m）、长兴无限（28m×24m）、Snelson 雕塑（张拉体系）等如图 1-4 所示。

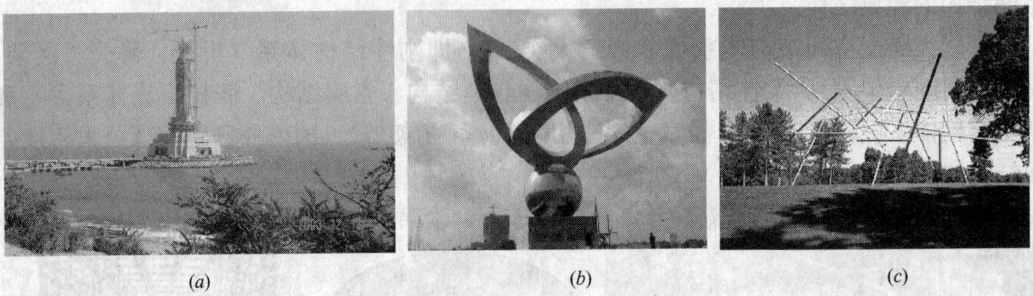

图 1-4　现代城市雕塑实例

（*a*）南海立佛；（*b*）长兴无限；（*c*）Snelson 雕塑

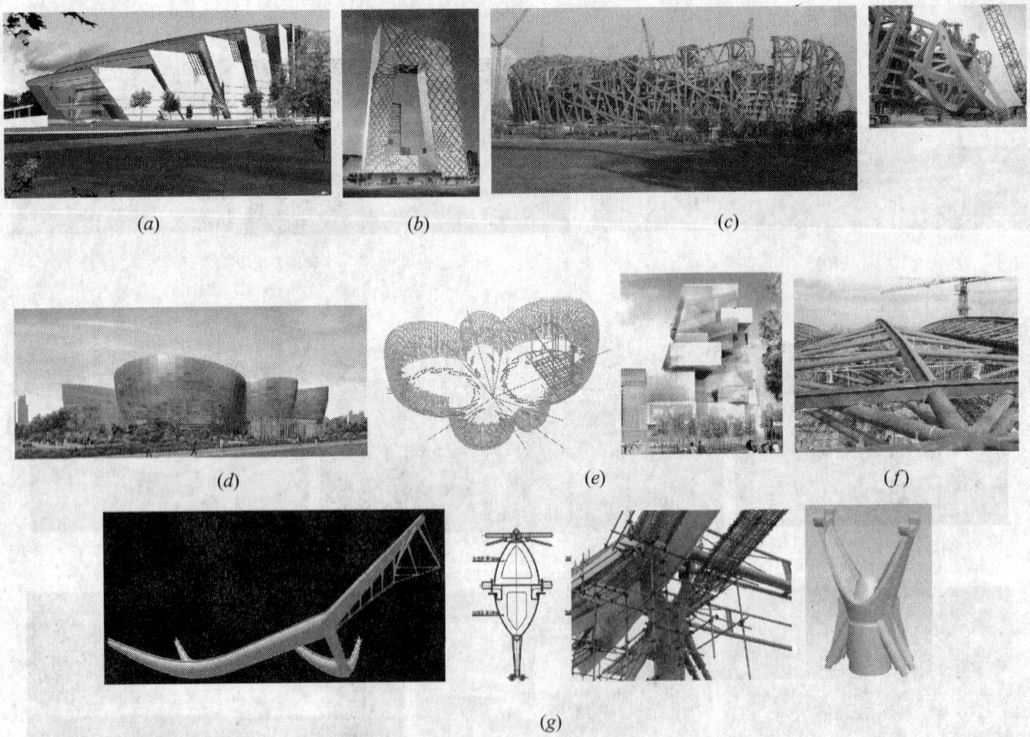

图 1-5　形态独特的建筑物及其构造实例

（*a*）温州大剧院（150m×80m×41m）；（*b*）中央电视台（234m）；（*c*）国家体育中心；

（*d*）上海东方艺术中心；（*e*）伦敦泰特现代美术馆；（*f*）上海展览馆鱼腹桁架；

（*g*）上海南站橄榄形截面主梁及梁柱铸钢节点

1.2.3 钢结构建筑物（构筑物）造型形态的发展

由于建筑效果上追求新、奇、特，传统的建筑材料不能实现建筑目标而大量采用钢结构，致使现代钢结构建筑物和构筑物的造型突破传统、千变万化、千姿百态。新奇的建筑造型，必然导致结构体系及节点构造的跟随演化，复杂奇异的建筑造型往往同时带来结构体系及节点连接的复杂化，有时甚至导致不合理的结构受力体系和构造方式，这使得传统的设计方法、构造方法和施工技术不再适用，需研究新的分析理论、设计方法、加工制作工艺及安装技术。图 1-5 所示为近年来国内外典型的新奇建筑物及其独特的结构与节点构造方法。

1.3 建筑钢结构施工技术的发展

传统上人为地将结构设计和施工分为两个相互独立的过程，设计人员通常不参与结构的施工验算，也不考虑施工过程对结构受力和变形的影响。在结构体系不太复杂及结构规模不大的条件下，这种做法可能对结构的安全性不会产生显著的影响。然而，随着材料技术、计算技术、连接技术和施工技术的进步和发展，体现现代建筑艺术的大型复杂空间钢结构、形态新异且体系复杂的高层、高耸钢结构不断出现，现代工程建设规模日益大型化，结构设计和施工不再像传统的那样具有相互独立性，已经是紧密关联、相互影响的，不同的施工方法将对结构的内力和变形产生不同的影响，有时甚至可能会导致原结构设计的改变。因而，设计必须同时考虑施工过程中结构的力学性态。

现代钢结构的设计理论日益精确成熟，施工过程及施工技术日益复杂化，传统的施工技术和施工过程验算方法已不能满足现代大型复杂建筑施工的需要，现代工程施工中事故时有发生，直接影响人民生命财产安全及工程建设速度。据统计，全国近十年来的 357 起结构物倒塌事故中有 78％是在施工过程中发生的，其中由于设计中未考虑施工过程中的诸多影响因素或由于对施工过程中出现的复杂与突发情况未进行应有的计算分析是主因。表 1-1 是 2004、2005 两年内全国发生施工事故的统计情况。

在 2004、2005 年国内发生的施工事故 **表 1-1**

地 区	事故起数（起）			死亡情况（人）		
	2005	2004	同期比	2005	2004	同期比
合 计	1015	1144	−11.28％	1193	1324	−9.89％
北京市	60	68	−11.76％	71	70	1.43％
天津市	10	16	−37.50％	18	17	5.88％
河北省	41	50	−18.00％	44	48	−8.33％
山西省	4	7	−42.86％	5	10	−50.00％
内蒙区	14	14	0.00％	18	18	0.00％
辽宁省	42	41	2.44％	58	48	20.83％
吉林省	18	16	12.50％	18	17	5.88％
黑龙江	49	38	28.95％	58	46	26.09％
上海市	71	92	−22.83％	74	94	−21.28％

续表

地 区	事故起数（起）			死亡情况（人）		
	2005	2004	同期比	2005	2004	同期比
江苏省	58	63	−7.94%	77	76	1.32%
安徽省	38	32	18.75%	43	37	16.22%
浙江省	72	98	−26.53%	78	108	−27.78%
福建省	32	29	10.34%	32	33	−3.03%
江西省	16	18	−11.11%	17	29	−41.38%
山东省	28	31	−9.68%	35	44	−20.45%
河南省	26	27	−3.70%	35	62	−43.55%
湖北省	34	44	−22.73%	42	47	−10.64%
湖南省	23	19	21.05%	28	23	21.74%
广东省	70	94	−25.53%	84	105	−20.00%
广西区	27	52	−48.08%	28	56	−50.00%
海南省	8	19	−57.89%	8	21	−61.90%
四川省	51	49	4.08%	72	52	38.46%
云南省	52	38	36.84%	54	47	14.89%
贵州省	33	39	−15.38%	38	44	−13.64%
西藏区	1	0	—	3	0	—
陕西省	28	20	40.00%	32	31	3.23%
甘肃省	35	45	−22.22%	42	52	−19.23%
青海省	12	15	−20.00%	13	12	8.33%
宁夏区	8	9	−11.11%	10	10	0.00%
重庆市	32	34	−5.88%	34	36	−5.56%
新疆区	19	24	−20.83%	21	28	−25.00%
新疆兵团	3	3	0.00%	3	3	0.00%

从结构物的整个生命周期来看，平均风险概率最高的时间区段并不是其正常使用阶段而是施工阶段。换而言之，对每一个结构构件来说，最危险的状态未必是在结构竣工以后而往往是在结构施工过程中。现代大型复杂建筑物通常体量庞大、形态新（奇）异、结构体系及节点构造复杂，施工过程中影响结构受力和变形的因素众多。

通常情况下导致结构施工事故的原因主要有以下几方面：①构件的加工制作工艺方法存在缺陷；②构件在制作过程中存在偷工减料；③结构在设计阶段就无法满足规范规定的设计要求；④现场焊接或螺栓安装的质量较差；⑤安装顺序及工艺不当甚至错误；⑥构件吊装、定位、校正方法不当或不正确；⑦临时支承刚度不足，无法保证安装过程中结构整体的稳定性；⑧施工安装方案不合理或不当；⑨结构施工前未进行合理的数值模拟跟踪验算。因此，要避免施工事故的发生，减少施工过程中人力和物力的损失，保证施工安全，就必须严格控制构件加工制作、构件安装及临时支承系统拆除的整个施工过程，尽可能使用精准的加工仪器及先进的安装设备，对可能发生危险的特殊施工工况进行相应的施工验算，对整个施工过程进行预先的数值模拟，以便对结构在施工期间的内力状态、变形状态和安全性进行准确的预测，为施工过程控制提供依据。目前，对于大型复杂结构施工过程力学原理的分析理论和对其施工过程的数值模拟技术还需要进行深入的研究，这也是目前国内外研究的热点课题之一。

1.4 钢结构施工中存在的力学问题

1.4.1 大型复杂钢结构施工过程的力学特点及其模拟方法

大型复杂钢结构的施工过程是一个结构体系及其力学性态随施工进程非线性变化的复杂过程，是一个结构从小到大、从简单到复杂且体系和边界不断变化的成长过程。施工过程中结构体系及其力学性态都在随施工进程发生变化，结构体系在每一阶段的施工进程中，都可能伴随有结构边界条件的变化（边界约束形式、位置及数量随时间变化）、结构体系的变化（结构拓扑及结构几何随时间变化）、结构施工环境温度的变化以及预应力结构中预应力的动态变化等，其中也包括结构响应中可能出现的几何非线性（如大位移、大转角，甚至有限应变）、边界条件非线性（如随时间变化的接触边界条件）、材料非线性等现象。结构体系在每一施工阶段中的力学性态（如内力和位移）必然会对下一施工阶段甚至所有后续施工阶段结构的力学性态产生不可忽略的影响。

对施工过程的模拟计算，既涉及到施工过程中吊装构件的模型及其动力学理论、非完整结构体系的模拟方法和非线性力学理论，也涉及到施工过程中对不断变化的结构模型进行修正的理论与技术。因而，如何合理准确地模拟施工过程中各个施工阶段结构体系的变化过程，如何正确且准确地预测结构在不同施工阶段的非线性力学性态和累积效应，如何控制施工过程中结构应力状态和变形状态始终处于安全范围内，并使成形结构的构型与内力达到设计要求且结构本身处于最优的受力状态，是目前大型复杂钢结构体系合理且安全施工所迫切需要的理论与技术。

现阶段采用的结构模拟技术和分析方法主要是应用于时常结构体系（结构几何体系、边界条件、荷载及环境条件均不随时间变化）验算的时常力学分析方法，对于施工过程中几何体系、边界条件、荷载及环境条件不断随时间变化的结构体系，这种时常力学方法已无法进行正确的模拟与分析。因而只有全面准确地考虑结构体系在施工过程中的变化特征以及可能出现的非线性因素，建立合理的施工结构体系模型理论和分析方法，才能较为准确地预测施工过程中结构体系的力学性态。这些结构性态的可靠预测既是实现大型复杂钢结构体系经济合理施工的必要条件，也是施工过程安全的重要保障。

1.4.2 大型复杂钢结构施工过程中的力学问题

大型复杂钢结构在施工过程中，结构体系从无到有、从小到大、从简单到复杂，经历了巨大的变化，相对于结构的生命周期，虽然施工过程时间很短，但这一变化过程，对结构的受力性态可能产生不可忽视甚至决定性的影响。对于大型复杂钢结构，在其施工过程中需要考虑的主要力学问题有以下几类：

(1) 结构施工单元的划分及其力学性态；
(2) 施工中临时支承系统的布置及其对结构力学性态的影响；
(3) 大型构件或结构单元在吊装（或滑移、提升）过程中的动力学性能；
(4) 结构构件的内力和变形随着结构形体增长的累积变化；
(5) 结构在施工过程中的稳定性；
(6) 张拉结构或预应力结构中预应力的施加与控制；
(7) 施工用临时支承结构的拆除顺序与控制方法；
(8) 施工过程中温度的影响及控制；
(9) 施工过程中结构边界条件的可能变化及其他非线性影响因素；
(10) 结构实际内力与变形与理论设计状态的差异。

1.5 本书编写的宗旨和概要

近年来，我国钢结构应用飞速发展，然而相应的施工过程力学验算方法及其施工工艺技术系统化研究发展却比较滞后，同样，相应的教学资料也很少。本书是为满足钢结构施工力学原理与施工过程分析的教材需要而编写的，同时也期望能够为钢结构工程界提供可供参考的计算方法和理论基础。

本书主要针对高层及超高层钢结构、高耸结构、大跨度空间钢结构等的施工方法和力学原理进行分别阐述，第 1 章介绍了钢结构的类型及其施工技术的发展现状，第 2 章介绍了结构大位移非线性有限元理论，第 3 章介绍钢结构施工过程的时变特点和基本分析方法，第 4 章～第 8 章针对具体结构类型分别介绍了高层钢结构、刚性大跨度空间钢结构、高耸钢结构、预应力钢结构和张拉结构的施工力学问题和计算方法，第 9 章介绍了多体动力学基础和钢结构施工过程的动力学模拟方法。

参 考 文 献

[1] 沈祖炎等．钢结构学[M]．北京：中国建筑工业出版社，2005.
[2] 沈祖炎．21 世纪建筑工程及技术对力学的挑战[M]．力学与工程——21 世纪工程技术的发展对力学的挑战．上海：上海交通大学出版社，1999：205-229.
[3] 沈祖炎．大跨空间结构的研究与发展[M]．结构工程学的研究现状和趋势．上海：同济大学出版社，1995：22-31.

2 结构大位移非线性有限元理论

2.1 结构大位移非线性分析的基本假定

结构分析中的经典线性理论是基于小变形、弹性本构关系和理想约束三个基本假定，使得本构方程、几何运动方程和平衡方程成为线性方程。若研究的对象不能满足以上假定中的任何一个假定时，结构分析问题就转化为非线性问题。其中，由于结构的大位移而引起的非线性问题，又称为几何非线性问题，结构大位移几何非线性分析的基本假定为：

(1) 结构可以经历任意大的位移；

(2) 结构构件的变形属于小变形；

(3) 构件材料为弹性材料，且符合虎克定律。

2.2 空间杆系结构线性有限元法

2.2.1 空间杆单元线性刚度矩阵

2.2.1.1 基本假定

(1) 结构为铰接杆系结构，杆件只承受轴力；

(2) 结构变形为弹性，且属于小变形。

2.2.1.2 单元刚度矩阵[1,2]

图 2-1a 所示为杆单元 $e(ij)$ 在局部坐标下的杆端力及杆端位移，图中所示方向均为正。图 2-1b 为在整体坐标 xyz 中的杆单元。杆单元局部坐标轴 $\bar{x}$ 与整体坐标轴 x、y、z 的夹角分别为 α、β、γ。杆端力及杆端位移在整体坐标中分别为 F_{xi}、F_{yi}、F_{zi} 和 u_i、v_i、w_i，其正向与坐标轴的正向相同。

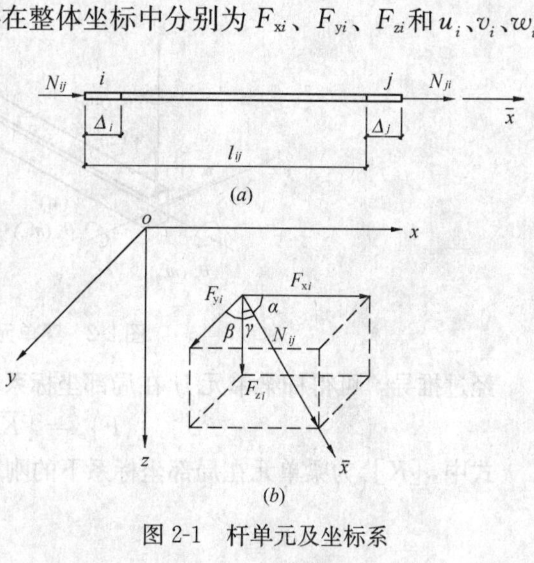

图 2-1 杆单元及坐标系

经过推导，可得杆单元 $e(ij)$ 在整体坐标系下的刚度方程[2]

$$\{F\}_e = [K]_e\{\Delta\}_e \qquad (2\text{-}1)$$

式中，$\{F\}_e$ 和 $\{\Delta\}_e$ 分别为杆单元在整体坐标系下的杆端力向量和杆端位移向量；$[K]_e$ 为杆单元在整体坐标系下的刚度矩阵。

$$\{F\}_e = [F_{xi} \quad F_{yi} \quad F_{zi} \quad F_{xj} \quad F_{yj} \quad F_{zj}]^T \qquad (2\text{-}2)$$

$$\{\Delta\}_e = [u_i \quad v_i \quad w_i \quad u_j \quad v_j \quad w_j]^T \qquad (2\text{-}3)$$

$$[K]_e = \frac{EA_{ij}}{l_{ij}} \begin{bmatrix} l^2 & & & & & \\ lm & m^2 & & & \text{对} & \text{称} \\ ln & mn & n^2 & & & \\ -l^2 & -lm & -ln & l^2 & & \\ -lm & -m^2 & -mn & lm & m^2 & \\ -ln & -mn & -n^2 & ln & mn & n^2 \end{bmatrix} \tag{2-4}$$

式中，l_{ij}、A_{ij}、E 分别为杆单元 ij 的长度、截面面积和弹性模量；l、m、n 为杆单元局部坐标轴 $\bar{x}$ 在整体坐标系中的方向余弦。

杆单元在整体坐标下的刚度方程式(2-1)也可表示成分块矩阵的形式

$$\begin{Bmatrix} \{F_i\} \\ \{F_j\} \end{Bmatrix} = \begin{bmatrix} [K_{ii}] & [K_{ij}] \\ [K_{ji}] & [K_{jj}] \end{bmatrix}_e \begin{Bmatrix} \{\Delta_i\} \\ \{\Delta_j\} \end{Bmatrix} \tag{2-5}$$

对于两节点线性拉索单元，单元刚度矩阵与杆单元相同，但索单元仅能承受拉力。

2.2.2　空间梁单元线性刚度矩阵

2.2.2.1　基本假定

(1) 梁为等截面直线梁；

(2) 不计梁截面翘曲变形；

(3) 梁的变形属于小变形。

2.2.2.2　单元刚度矩阵[3-7]

图 2-2 所示为一典型的梁单元，图中内力或位移所示方向均为正。单元的位移向量和节点力向量分别为

$$\{F\}_e = [u_i, v_i, w_i, \theta_{xi}, \theta_{yi}, \theta_{zi}, u_j, v_j, w_j, \theta_{xj}, \theta_{yj}, \theta_{zj}]^T$$

$$\{F\}_e = [F_{xi}, F_{yi}, F_{zi}, M_{xi}, M_{yi}, M_{zi}, F_{xj}, F_{yj}, F_{zj}, M_{xj}, M_{yj}, M_{zj}]^T$$

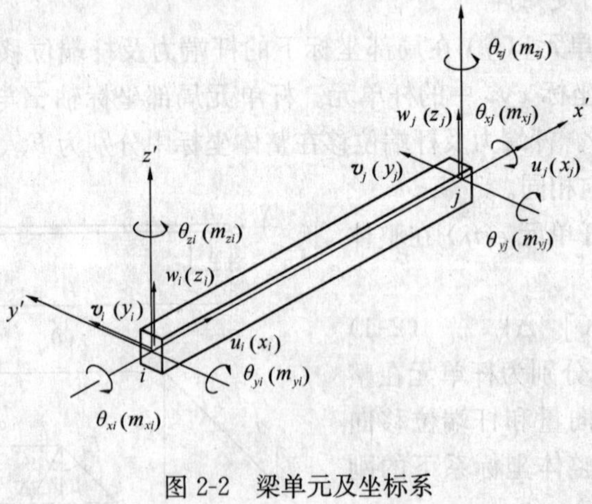

图 2-2　梁单元及坐标系

经过推导，可得杆梁单元 ij 在局部坐标系下的刚度方程

$$\{F\}_e = [\overline{K}]_e \{\Delta\}_e \tag{2-6}$$

式中，$[K]_e$为梁单元在局部坐标系下的刚度矩阵，且

$$[\overline{K}]_{ij}=\left[\begin{array}{cccccccccccc}
\frac{EA}{L} &&&&&&&&&&& \\
& \frac{12EI_z}{L^3} &&&&&&&&&& \\
&& \frac{12EI_y}{L^3} &&&&&&&&& \\
&&& \frac{GJ}{L} &&&&&&&& \\
&& -\frac{6EI_y}{L^2} && \frac{4EI_y}{L} &&&&&&& \\
& \frac{6EI_z}{L^2} &&&& \frac{4EI_z}{L} &&&&&& \\
-\frac{EA}{L} &&&&&& \frac{EA}{L} &&&&& \\
& -\frac{12EI_z}{L^3} &&&& -\frac{6EI_z}{L^2} && \frac{12EI_z}{L^3} &&&& \\
&& -\frac{12EI_y}{L^3} && \frac{6EI_y}{L^2} &&&& \frac{12EI_y}{L^3} &&& \\
&&& -\frac{GJ}{L} &&&&&& \frac{GJ}{L} && \\
&& -\frac{6EI_y}{L^2} && \frac{2EI_y}{L} &&&& \frac{6EI_y}{L^2} && \frac{4EI_y}{L} & \\
& \frac{6EI_z}{L^2} &&&& \frac{2EI_z}{L} && -\frac{6EI_z}{L^2} &&&& \frac{4EI_z}{L}
\end{array}\right] \tag{2-7}$$

将局部坐标系下梁单元的刚度矩阵经过坐标转换，可得整体坐标系下的刚度矩阵，即

$$[K]_e=[T]^T[\overline{K}]_e[T] \tag{2-8}$$

2.2.3 结构总刚度矩阵

建立结构总刚度矩阵必须满足两个条件：变形协调和节点内外力平衡。设连于同一节点 i 的杆件有 $i1, i2, \cdots, ij, \cdots, im$，根据力平衡条件，所有杆件的 i 端力之和应和作用于该节点 i 上的外荷载平衡，即

$$\{P_i\}=\{F_i\}_{i1}+\cdots+\{F_i\}_{ij}+\cdots+\{F_i\}_{im}=\sum_{j=1}^{m}\{F_i\}_{ij}$$

由式节点平衡可知，上式可变为

$$\{P_i\}=[K_{ii}]\{\Delta_i\}+\sum_{j=1}^{m}[K_{ij}]\{\Delta_j\} \tag{2-9}$$

式中，$[K_{ii}]$ 表示所有交汇于 i 点的杆单元在 i 点的刚度之和

$$[K_{ii}]=\sum_{j=1}^{m}[K_{ii}]_{ij} \tag{2-10}$$

对结构中所有节点均列出平衡方程，联立起来形成结构总刚度方程，其矩阵形式为

$$\{P\}=\begin{Bmatrix}\{P_1\}\\ \{P_2\}\\ \vdots\\ \{P_n\}\end{Bmatrix}=\begin{bmatrix}[K_{11}] & [K_{12}] & \cdots & [K_{1n}]\\ & [K_{22}] & \cdots & [K_{2n}]\\ & & \ddots & \vdots\\ \text{对} & \text{称} & & [K_{nn}]\end{bmatrix}\begin{Bmatrix}\{\Delta_1\}\\ \{\Delta_2\}\\ \vdots\\ \{\Delta_n\}\end{Bmatrix}=[K]\{\Delta\}$$

或 $$[K]\{\Delta\}=\{P\} \tag{2-11}$$

式中，$\{P\}$ 为节点荷载向量，$\{\Delta\}$ 为节点位移向量，$[K]$ 为结构总刚度矩阵。

方程(2-11)是关于节点位移的代数方程组，按下节的方法进行边界条件处理后，可解得结构节点位移，进而可求得结构杆件内力。

2.2.4 边界条件及其处理方法

2.2.4.1 不动边界处理

对支座节点位移为零的自由度方向，在刚度方程(2-11)求解前，可采用划行划列方法或相应主元充大数方法，以实现相应的边界条件且保证结构总刚度矩阵正定。

2.2.4.2 弹性支座边界处理

若结构支座节点位于另一子结构或构件(梁或柱)上，应考虑该子结构或构件的弹性约束。弹性约束的大小为该子结构或构件在支座节点处相应自由度方向的刚度。例如，若支座节点下为柱子，则柱子在水平方向的等效弹簧刚度为

$$K_z=\frac{3E_zI_z}{H_z^3} \tag{2-12}$$

式中的 E_z，I_z，H_z 分别为柱材料弹性模量、柱截面惯性矩和柱高度。

求解刚度方程(2-11)时，需将支座弹簧刚度叠加在相应自由度对应的刚度矩阵主元中。

2.2.4.3 支座沉降处理

当支座节点发生沉降位移时，应考虑沉降的影响，即结构在该支座节点相应自由度的位移应和沉降量相等，可通过相应自由度方向刚度矩阵主元充大数和将相应的右端项设为与主元相同的数乘沉降量的方法求得。

设 i 点发生竖向沉降 δ，即 $w_i=\delta$，则在刚度方程中与其对应的主元上充大数

$$k_{d1}u_1+k_{d2}v_2+\cdots+k_{dd}Rw_i+\cdots+k_{dn}w_n=k_{dd}R\delta \tag{2-13}$$

式中 R 为一预先指定的大数，则由上式

$$\frac{k_{d1}}{k_{dd}R}u_1+\frac{k_{d2}}{k_{dd}R}v_1+\cdots+w_i+\cdots+\frac{k_{dn}}{k_{dd}R}w_n=\delta$$

可得 $$\delta=w_i$$

2.2.4.4 斜边界的处理

由于现代空间结构形态的多样性，难以也无法保证结构中所有支座的约束均严格按照某种直角坐标系方向施加，这就出现了结构中支座节点约束与总体坐标系坐标轴方向不符的现象。对约束方式与结构坐标系坐标轴方向不相吻合的边界约束称之为斜边界，应通过变换的方式引入边界条件。

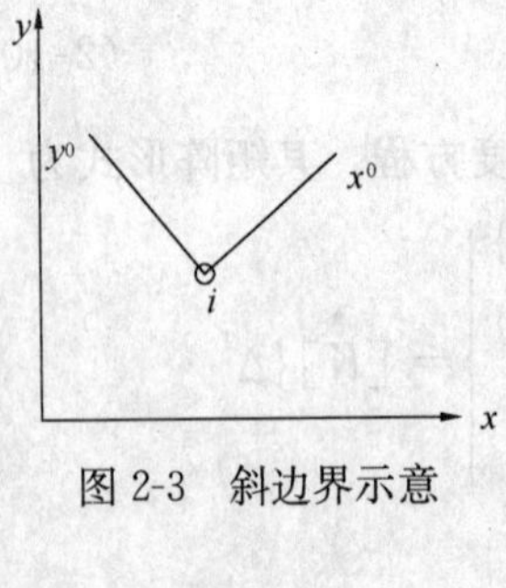

图 2-3 斜边界示意

设某一空间结构的支座节点 i 为斜边界，沿 x°方向为固定约束，沿 y°方向可自由移动，$x^{\circ}y^{\circ}$称为斜边界的局部坐标系，它与整体坐标系 xy 不重合(图 2-3)。

为引入上述边界条件，需做以下变化，令

$$\left.\begin{aligned}\{\Delta_i\}&=[u_i\quad v_i\quad w_i]^{\mathrm{T}}\\ \{\Delta_i^0\}&=[u_i^0\quad v_i^0\quad w_i^0]^{\mathrm{T}}\end{aligned}\right\}\tag{2-14}$$

分别表示 i 节点在整体坐标系和斜边界下的位移向量。由几何关系可知两者间的变换关系为

$$\left.\begin{aligned}\{\Delta_i^0\}&=[T_i]\{\Delta_i\}\\ \{\Delta_i\}&=[T_i]^{\mathrm{T}}\{\Delta_i^0\}\end{aligned}\right\}\tag{2-15}$$

式中 $[T_i]$ 为 i 点斜边界局部坐标的坐标变换矩阵。

$$[T_i]=\begin{bmatrix}\cos\ (x^0x) & \cos\ (x^0y) & \cos\ (x^0z)\\ \cos\ (y^0x) & \cos\ (y^0y) & \cos\ (y^0z)\\ \cos\ (z^0x) & \cos\ (z^0y) & \cos\ (z^0z)\end{bmatrix}\tag{2-16}$$

式中，$\cos(x^0x)$ 为 x^0 轴与 x 轴之间的夹角余弦，其余类推。

不失一般性，可设整个结构只有支座节点 i 为斜边界，令 $\{\Delta\}$ 表示结构所有节点在整体坐标系中的位移向量，$\{\overline{\Delta}\}$ 为结构的节点 i 为斜边界局部坐标系中的位移而其余节点仍为整体坐标系中的位移相应的向量，即

$$\{\Delta\}=\begin{Bmatrix}\{\Delta_1\}\\ \vdots\\ \{\Delta_i\}\\ \vdots\\ \{\Delta_n\}\end{Bmatrix},\ \{\overline{\Delta}\}=\begin{Bmatrix}\{\Delta_1\}\\ \vdots\\ \{\Delta_i^0\}\\ \vdots\\ \{\Delta_n\}\end{Bmatrix}\tag{2-17}$$

则两者的关系可表为

$$\left.\begin{aligned}\{\overline{\Delta}\}&=[T]\{\Delta\}\\ \{\Delta\}&=[T]^{\mathrm{T}}\{\overline{\Delta}\}\end{aligned}\right\}\tag{2-18}$$

其中变换矩阵 $[T]$ 为

$$[T]=\begin{bmatrix}[\mathrm{I}] & & & & & & \\ & [\mathrm{I}] & & & & & \\ & & \ddots & & & & \\ & & & [\mathrm{I}] & & & \\ & & & & [T_i] & & \\ & & & & & [\mathrm{I}] & \\ & & & & & & \ddots \\ & & & & & & & [\mathrm{I}]\end{bmatrix}\tag{2-19}$$

式中，[I]为单位矩阵。上式说明在斜边界处理中，只对涉及引入斜边界的节点进行变换，而其他节点无需变换。

同理可得相应条件下的节点荷载关系

$$\{P\}=[T]^{\mathrm{T}}\{\overline{P}\}\tag{2-20}$$

式中，$\{\overline{P}\}$ 为第 i 节点外荷载为斜边界局部坐标系的荷载分量时的外荷载向量。

将式(2-18)、(2-20)代入刚度方程(2-11)可得

$$[\overline{K}]\{\overline{\Delta}\}=\{\overline{P}\} \tag{2-21}$$

式中

$$[\overline{K}]=[T][K][T]^{\mathrm{T}} \tag{2-22}$$

由式(2-21)可求得相应于斜边界条件下的节点位移，进而可求得结构内力。

2.3　空间杆系结构非线性有限元法

2.3.1　非线性分析的基本方程

对于结构的非线性问题，结构响应通常和加载历史有关，不能一步求解以获得某一荷载水平结构响应的正确解，而必须采用线性化方法，分段逐步求得结构的非线性反应。

若以结构在 $t=0$ 时刻的状态为以后各状态的度量基准(Total Lagrange Formulation)，则结构在 $t+\Delta t$ 时刻的平衡条件可用虚功方程表示为

$$\int_{\mathrm{v}}\delta({}^{t+\Delta t}\{\varepsilon\})^{\mathrm{T}}\{{}^{t+\Delta t}\sigma\}\mathrm{d}v=\int_{\mathrm{v}}\delta({}^{t+\Delta t}\{u\})^{\mathrm{T}}\{X\}\mathrm{d}v+\int_{\mathrm{s}}\delta({}^{t+\Delta t}\{u\})^{\mathrm{T}}\{\overline{X}\}\mathrm{d}v \tag{2-23}$$

式中，${}^{t+\Delta t}\{\varepsilon\}$，${}^{t+\Delta t}\{\sigma\}$ 为 $t+\Delta t$ 时刻的应变及应力向量；${}^{t+\Delta t}\{u\}$ 为位移向量；$\{X\}$、$\{\overline{X}\}$ 为体力及面力向量。

应力、应变及位移的增量形式为

$$\left.\begin{aligned}{}^{t+\Delta t}\{\sigma\}&={}^{t}\{\sigma\}+\{\Delta\sigma\}\\{}^{t+\Delta t}\{\varepsilon\}&={}^{t}\{\varepsilon\}+\{\Delta\varepsilon\}\\{}^{t+\Delta t}\{u\}&={}^{t}\{u\}+\{\Delta u\}\end{aligned}\right\} \tag{2-24}$$

应变增量由线性与非线性两部分组成

$$\{\Delta\varepsilon\}=\{\Delta\varepsilon_{\mathrm{L}}\}+\{\Delta\varepsilon_{\mathrm{NL}}\} \tag{2-25}$$

应力-应变增量关系为

$$\{\Delta\sigma\}=[D]\{\Delta\varepsilon\} \tag{2-26}$$

将式(2-24)～(2-26)代入式(2-23)，则虚功方程可改写为

$$\begin{aligned}&\int_{\mathrm{v}}\delta\{\Delta\varepsilon\}^{\mathrm{T}}[D]\{\Delta\varepsilon\}\mathrm{d}v+\int_{\mathrm{v}}\delta\{\Delta\varepsilon_{\mathrm{L}}\}^{\mathrm{T}t}\{\sigma\}\mathrm{d}v+\int\delta\{\Delta\varepsilon_{\mathrm{NL}}\}^{\mathrm{T}t}\{\sigma\}\mathrm{d}v\\&=\int_{\mathrm{v}}\delta({}^{t+\Delta t}\{u\})^{\mathrm{T}}\{X\}\mathrm{d}v+\int_{\mathrm{s}}\delta({}^{t+\Delta t}\{u\})^{\mathrm{T}}\{\overline{X}\}\mathrm{d}v\end{aligned} \tag{2-27}$$

式 (2-27) 为增量形式的平衡方程，式中包含结构的非线性影响，难以直接求解，需采用逐步线性化的增量迭代方法求解。在进行非线性分析时，对于两端铰接杆件，采用非线性空间杆元，对于两端刚接杆件应采用非线性梁-柱单元。

2.3.2　空间杆单元非线性刚度矩阵

2.3.2.1　基本假定

(1) 杆件节点为空间铰接点，杆件仅受轴力；

(2) 结构位移为大位移，但杆件变形为弹性变形，且属小变形。

2.3.2.2　单元的位移

空间杆单元 $e(ij)$ 两端节点位移如图 2-4 所示。该单元初始长度为 L_0，变形后长度为

L，杆截面积为 A，材料弹性模量为 E，杆端节点坐标和位移为

$$\{x\}_e = [x_i \quad y_i \quad z_i \quad x_j \quad y_j \quad z_j]^T \qquad (2\text{-}28)$$

$$\{\Delta\}_e = [u_i \quad v_i \quad w_i \quad u_j \quad v_j \quad w_j]^T \qquad (2\text{-}29)$$

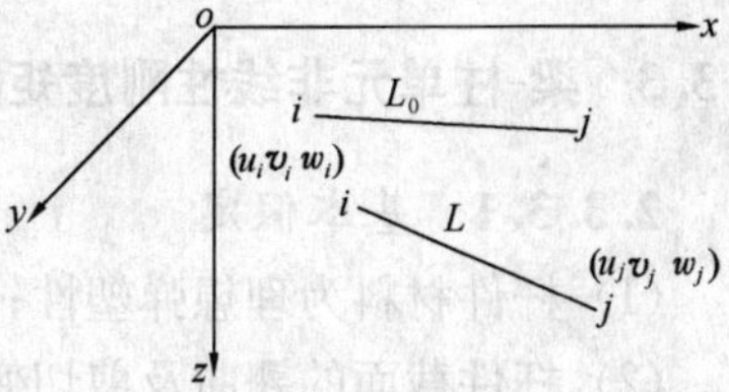

图 2-4 空间杆单元

2.3.2.3 单元平衡方程及单元刚度矩阵[2]

由式（2-23)，并注意到杆单元只受轴力作用，忽略体力的影响，可得空间杆单元的非线性大位移增量刚度方程如下

$$[K_T]_e \mathrm{d}\{\Delta\}_e - \mathrm{d}\{F\}_e = 0 \qquad (2\text{-}30)$$

式中，$\{F\}_e$ 为单元杆端力向量；$[K]_e$ 为单元切线刚度矩阵，且

$$[K_T]_e = [K_0]_e + [K_d]_e + [K_g]_e = [K_u]_e + [K_g]_e \qquad (2\text{-}31)$$

式中　$[K_0]_e$、$[K_d]_e$——分别为单元弹塑性切线刚度矩阵和初位移矩阵；

$[K_u]_e$——单元弹塑性切线刚度矩阵和初位移矩阵之和。

$$[K_u]_e = \frac{E_t A_{ij}}{L_{ij}} \begin{bmatrix} \bar{l}^2 & & & & & \\ \bar{l}\bar{m} & \bar{m}^2 & & \text{对} & \text{称} & \\ \bar{l}\bar{n} & \bar{m}\bar{n} & \bar{n}^2 & & & \\ -\bar{l}^2 & -\bar{l}\bar{m} & -\bar{l}\bar{n} & \bar{l}^2 & & \\ -\bar{l}\bar{m} & -\bar{m}^2 & -\bar{m}\bar{n} & \bar{l}\bar{m} & \bar{m}^2 & \\ -\bar{l}\bar{n} & -\bar{m}\bar{n} & -\bar{n}^2 & \bar{l}\bar{n} & \bar{m}n & \bar{n}^2 \end{bmatrix} \qquad (2\text{-}32)$$

式中，$[K_g]_e$——单元几何刚度矩阵。

$$[K_g]_e = \frac{\sigma' A_{ij}}{L_{ij}} \begin{bmatrix} 1 & 0 & 0 & -1 & 0 & 0 \\ 0 & 1 & 0 & 0 & -1 & 0 \\ 0 & 0 & 1 & 0 & 0 & -1 \\ -1 & 0 & 0 & 1 & 0 & 0 \\ 0 & -1 & 0 & 0 & 1 & 0 \\ 0 & 0 & -1 & 0 & 0 & 1 \end{bmatrix} \qquad (2\text{-}33)$$

式中，σ'为单元初应力，迭代计算中指上次迭代结束时的单元应力。

$$\sigma' = E_t \varepsilon' \qquad (2\text{-}34)$$

式中，A_{ij}、L_{ij} 为单元 ij 的截面面积和长度；E_t为单元的切线模量。

$$\left.\begin{aligned} \bar{l} &= l + \frac{u_j - u_i}{L} \\ \bar{m} &= m + \frac{v_j - v_i}{L} \\ \bar{n} &= n + \frac{w_j - w_i}{L} \end{aligned}\right\} \qquad (2\text{-}35)$$

式中，l、m、n 为杆单元杆轴在整体坐标系中的方向余弦；u_i、v_i、w_i，u_j、v_j、w_j 分别为单元 i 端与 j 端在整体坐标系中的位移。

2.3.3 梁-柱单元非线性刚度矩阵

2.3.3.1 基本假定

(1) 杆件材料为理想弹塑性；

(2) 杆件截面的翘曲及剪切变形忽略不计；

(3) 结构节点可经历任意大的位移及转动，但单元本身的变形仍为小变形；

(4) 外荷载为保守荷载，且作用于节点上。

2.3.3.2 内力与变形的基本关系[2,5,6]

空间梁-柱单元及其杆端力向量如图 2-5 所示，xyz 为局部坐标系，x 沿杆轴方向，y、z 为杆截面两主轴方向；XYZ 为结构整体坐标系。

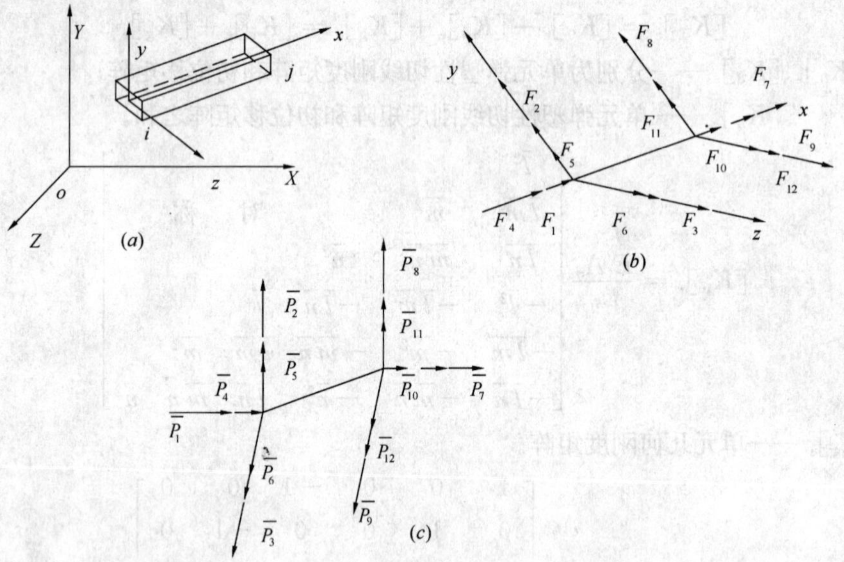

图 2-5　空间梁-柱单元

梁-柱单元在局部坐标系和结构整体坐标系下的杆端力向量分别为

$$\left.\begin{aligned}\{F\}_e &= [F_1\quad F_2\quad F_3\quad F_4\quad F_5\quad F_6\quad F_7\quad F_8\quad F_9\quad F_{10}\quad F_{11}\quad F_{12}]^T\\ \{\overline{P}\}_e &= [\overline{P}_1\quad \overline{P}_2\quad \overline{P}_3\quad \overline{P}_4\quad \overline{P}_5\quad \overline{P}_6\quad \overline{P}_7\quad \overline{P}_8\quad \overline{P}_9\quad \overline{P}_{10}\quad \overline{P}_{11}\quad \overline{P}_{12}]^T\end{aligned}\right\} \tag{2-36}$$

相应的位移分量为

$$\left.\begin{aligned}\{q\}_e &= [q_1\quad q_2\quad q_3\quad q_4\quad q_5\quad q_6\quad q_7\quad q_8\quad q_9\quad q_{10}\quad q_{11}\quad q_{12}]^T\\ \{v\}_e &= [v_1\quad v_2\quad v_3\quad v_4\quad v_5\quad v_6\quad v_7\quad v_8\quad v_9\quad v_{10}\quad v_{11}\quad v_{12}]^T\end{aligned}\right\} \tag{2-37}$$

为了考察单元的变形与内力的关系，需引入单元随动坐标系 $x_1x_2x_3$，如图 2-6 所示。图 2-6 中梁-柱单元内力向量和位移向量分别为

$$\{S\}_e = [M_{i3}\quad M_{j3}\quad M_{i2}\quad M_{j2}\quad M_t\quad NL_0]^T$$

$$\{u\}_e = [\theta_{i3}\quad \theta_{j3}\quad \theta_{i2}\quad \theta_{j2}\quad \phi_t\quad \mu]^T$$

其中，$\mu = \dfrac{u}{L_0}$。

而 $\{S\}_e$ 与 $\{u\}_e$ 间的增量关系为

$$\{\Delta S\}_e = [t]\{\Delta u\}_e \quad (2\text{-}38)$$

其中，$[t]$单元为对应于随动坐标系的切线刚度矩阵[2]。

2.3.3.3 梁-柱单元的刚度矩阵[5,6]

图 2-5 中杆单元在局部坐标系下的杆端力 $\{F\}_e$、杆端位移 $\{q\}_e$ 与图 2-6 中杆端力 $\{S\}_e$、杆端位移 $\{u\}_e$ 之间的关系可由几何及平衡条件求得

$$\{F\}_e = [B]\{S\}_e \quad (2\text{-}39)$$

$$\{\Delta u\}_e = [B]^T\{\Delta q\}_e \quad (2\text{-}40)$$

式中，$[B]$ 为局部坐标系下的静态矩阵，且

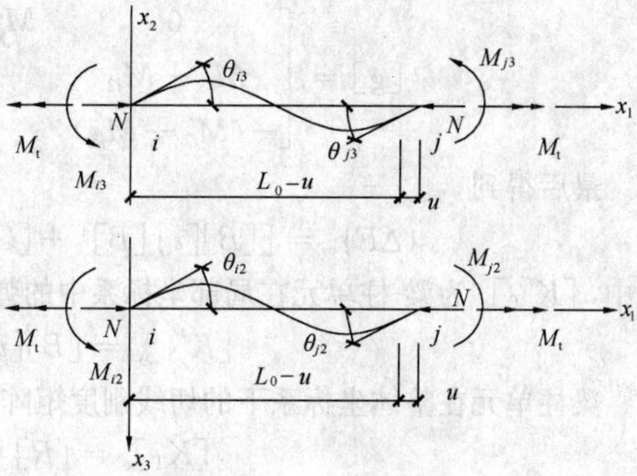

图 2-6 梁-柱单元随动坐标系及单元内力

$$[B] = \begin{bmatrix} 0 & 0 & 0 & 0 & 0 & \dfrac{1}{L_0} \\ \dfrac{1}{L} & \dfrac{1}{L} & 0 & 0 & 0 & 0 \\ 0 & 0 & -\dfrac{1}{L} & -\dfrac{1}{L} & 0 & 0 \\ 0 & 0 & 0 & 0 & -1 & 0 \\ 0 & 0 & 1 & 0 & 0 & 0 \\ 1 & 0 & 0 & 0 & 0 & 0 \\ 0 & 0 & 0 & 0 & 0 & -\dfrac{1}{L_0} \\ -\dfrac{1}{L} & -\dfrac{1}{L} & 0 & 0 & 0 & 0 \\ 0 & 0 & \dfrac{1}{L} & \dfrac{1}{L} & 0 & 0 \\ 0 & 0 & 0 & 0 & 1 & 0 \\ 0 & 0 & 0 & 1 & 0 & 0 \\ 0 & 1 & 0 & 0 & 0 & 0 \end{bmatrix} \quad (2\text{-}41)$$

式 (2-39) 的增量形式为

$$\{\Delta F\}_e = [B]\{\Delta S\}_e + [\Delta B]\{S\}_e$$

上式中右边第二项可改写成

$$[\Delta B]\{S\}_e = [G]\{\Delta q\}_e$$

式中

$$[G] = \begin{bmatrix} [g] & 0 & -[g] & 0 \\ 0 & 0 & 0 & 0 \\ -[g] & 0 & [g] & 0 \\ 0 & 0 & 0 & 0 \end{bmatrix}$$

$$[g]=\begin{bmatrix}0 & M_{i3}+M_{j3} & -(M_{i2}+M_{j2})\\ M_{i3}+M_{j3} & -NL_0 & 0\\ -(M_{i2}+M_{j2}) & 0 & -NL_0\end{bmatrix}$$

最后得到

$$\{\Delta F\}_e=[[B][t][B]^T+[G]]\{\Delta q\}_e=[K'_T]_e\{\Delta q\}_e \tag{2-42}$$

式中，$[K'_T]_e$ 为梁-柱单元在局部坐标系中的弹性切线刚度矩阵

$$[K'_T]_e=[B][t][B]^T+[G] \tag{2-43}$$

梁柱单元在整体坐标系下的切线刚度矩阵，可通过坐标转换得到[2,6]，即

$$[K_T]_e=[R][K'_T]_e[R]^T \tag{2-44}$$

其中，$[R]$ 为坐标转换矩阵。

2.3.4 空间直线索单元

2.3.4.1 基本假定

根据索单元的受力特点，索单元分析所采用的基本假定如下：

(1) 节点为理想无摩擦的铰节点，忽略节点对杆单元转动的影响；

(2) 杆件受拉符合弹性定律，材料为理想的弹性体；

(3) 杆单元仅受节点荷载的作用。

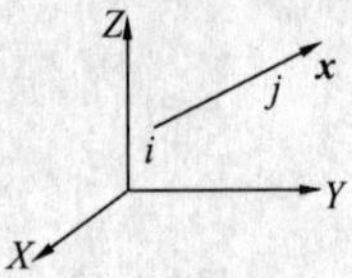

图 2-7 索单元坐标系

2.3.4.2 索单元坐标系

在整体坐标系 XYZ 中任取一个空间杆元，它的 2 个节点分别是 i 和 j，如图 2-7 所示。现设定单元的局部坐标系为 ix，ix 的正向规定为由 i 到 j。

现记单元的 2 个节点 i 和 j 在整体坐标系中的坐标向量、位移向量、荷载向量为

$$\boldsymbol{x}=\{x_i \quad y_i \quad z_i \quad x_j \quad y_j \quad z_j\}^T$$

$$\boldsymbol{u}=\{u_i \quad v_i \quad w_i \quad u_j \quad v_j \quad w_j \quad u_m \quad v_m \quad w_m\}^T$$

$$\boldsymbol{p}=\left\{p_{xi} \quad p_{yi} \quad p_{zi}\, p_{xj} \quad p_{yj} \quad p_{zj}\right\}^T$$

2.3.4.3 几何条件及应变表达式

在上述坐标系中，设单元 ij 两端节点在整体坐标系中的坐标为 (X_i, Y_i, Z_i) 和 (X_j, Y_j, Z_j)，则单元 ij 在未受力之前的初始长度为：

$$l_{ij}^0=\sqrt{(X_i-X_j)^2+(Y_i-Y_j)^2+(Z_i-Z_j)^2} \tag{2-45}$$

结构在外荷载作用下产生变形时，单元 ij 也产生变形，其两端节点 i、j 在整体坐标系中的新坐标为 $(X_i+u_i, Y_i+v_i, Z_i+w_i)$ 及 $(X_j+u_j, Y_j+v_j, Z_j+w_j)$，其中 u_i、v_i、w_i、u_j、v_j、w_j 分别为节点 i、j 在整体坐标系中沿着 X、Y、Z 方向的线位移。则单元 ij 处于新平衡位置时的长度为

$$l_{ij}=\sqrt{(l_{ij}{}^0)^2+2\cdot(X_j-X_i)\cdot(u_j-u_i)+2\cdot(Y_j-Y_i)\cdot(v_j-v_i)+2\cdot(Z_i-Z_j)\cdot(w_i-w_j)+(u_j-u_i)^2+(v_j-v_i)^2+(w_j-w_i)^2} \tag{2-46}$$

单元的应变 ε 为：

$$\varepsilon=\frac{l_{ij}-l_{ij}^0}{l_{ij}^0}=\sqrt{1+2a+b}-1 \tag{2-47}$$

其中，

$$a=\frac{1}{l_{ij}^0}\cdot\{-\cos\alpha\quad -\cos\beta\quad -\cos\gamma\quad \cos\alpha\quad \cos\beta\quad \cos\gamma\}\cdot\begin{Bmatrix}u_i\\v_i\\w_i\\u_j\\v_j\\w_j\end{Bmatrix} \tag{2-48}$$

$$b=\frac{1}{(l_{ij}^0)^2}\cdot\{u_i\quad v_i\quad w_i\quad u_j\quad v_j\quad w_j\}\cdot\begin{Bmatrix}-(u_j-u_i)\\-(v_j-v_i)\\-(w_j-w_i)\\(u_j-u_i)\\(v_j-v_i)\\(w_j-w_i)\end{Bmatrix} \tag{2-49}$$

其中，$\cos\alpha$、$\cos\beta$、$\cos\gamma$ 分别为局部坐标系 ix 对整体坐标系 XYZ 的方向余弦。

$$\cos\alpha=\frac{X_j-X_i}{l_{ij}^0}\quad \cos\beta=\frac{Y_j-Y_i}{l_{ij}^0}\quad \cos\gamma=\frac{Z_j-Z_i}{l_{ij}^0}$$

将式（2-47）所示的应变表达式按 Taylor 级数展开，并略去应变表达式中 5 阶量以上的高阶项，得单元的应变：

$$\varepsilon=a+\frac{b}{2}-\frac{a^2}{2}-\frac{1}{2}ab+\frac{a^3}{2}+\frac{3}{4}a^2b-\frac{b^2}{8}-\frac{5}{8}a^4 \tag{2-50}$$

而应变的二阶量为

$$\varepsilon^2=a^2+ab-a^3-\frac{3}{2}a^2b+\frac{5}{4}a^4+\frac{b^2}{4} \tag{2-51}$$

式（2-51）即为结构考虑大变形的几何条件。

2.3.4.4 有限元基本方程的建立

根据最小势能原理可建立有限元基本方程。现任取一个单元 e_{ij}，单元 e_{ij} 的总势能等于其应变能即内力势能和外力势能之和，单元 e_{ij} 的总势能泛函 π_e 为：

$$\pi_e=\frac{1}{2}\cdot\int_v\varepsilon_e\cdot\sigma\cdot dv-\sum\boldsymbol{u}_e^T\cdot\boldsymbol{P}_e \tag{2-52}$$

其中，$\varepsilon_e=\varepsilon_0+\varepsilon$，$\sigma=E\varepsilon_e$

ε_0 为单元受力之前的初始应变，ε 为结构受力之后单元所产生的弹性应变。以后单元的初始长度简写为 L，单元的截面积为 A（等截面），于是

$$\pi_e=\frac{EA}{2}\cdot\int_L(\varepsilon_0+\varepsilon)^2\cdot dL-\sum\boldsymbol{u}_e^T\cdot\boldsymbol{P}_e=\frac{EAL}{2}\cdot(\varepsilon_0+\varepsilon)^2-\sum\boldsymbol{u}_e^T\cdot\boldsymbol{P}_e \tag{2-53}$$

令 $\pi_{e1}=\frac{EAL}{2}\cdot\varepsilon_0^2$；$\pi_{e3}=\frac{EAL}{2}\cdot\varepsilon^2$；$\pi_{e2}=P^0L\varepsilon$（$P^0$ 为单元的初始张力），则

$$\pi_e=\pi_{e1}+\pi_{e2}+\pi_{e3}-\sum\boldsymbol{u}_e^T\cdot\boldsymbol{P}_e \tag{2-54}$$

考虑到单元的几何条件，将式（2-50）和式（2-51）代入式（2-53），并忽略5阶以上的高阶项，得

$$\begin{cases}\pi_{e1}=\dfrac{EAL}{2}\cdot\varepsilon_0^2\\[2ex]\pi_{e2}=P^0L\cdot\left(a+\dfrac{b}{2}-\dfrac{a^2}{2}-\dfrac{ab}{2}+\dfrac{a^3}{2}+\dfrac{3}{4}a^2b-\dfrac{b^2}{8}-\dfrac{5}{8}a^4\right)\\[2ex]\pi_{e3}=\dfrac{EAL}{2}\cdot\left(a^2+ab-a^3-\dfrac{3}{2}a^2b+\dfrac{5}{4}a^4+\dfrac{b^2}{4}\right)\end{cases}\tag{2-55}$$

根据最小总势能原理，即

$$\frac{\partial\pi_e}{\partial u_e}=0\tag{2-56}$$

于是有

$$\frac{\partial\pi_e}{\partial u_e}=\frac{\partial\pi_{e1}}{\partial u_e}+\frac{\partial\pi_{e2}}{\partial u_e}+\frac{\partial\pi_{e3}}{\partial u_e}-\Sigma\frac{\partial u_e^{\mathrm{T}}\cdot P_e}{\partial u_e}=\frac{\partial\pi_{e2}}{\partial a}\cdot\frac{\partial a}{\partial u_e}+\frac{\partial\pi_{e2}}{\partial b}\cdot\frac{\partial b}{\partial u_e}+$$
$$\frac{\partial\pi_{e3}}{\partial a}\cdot\frac{\partial a}{\partial u_e}+\frac{\partial\pi_{e3}}{\partial b}\cdot\frac{\partial b}{\partial u_e}-P_e$$

又注意到 a、b 的矩阵表达式（2-48）、（2-49），可得整体坐标系中单元的基本方程

$$(\boldsymbol{K}_E+\boldsymbol{K}_G)\cdot\boldsymbol{U}_e=\boldsymbol{P}_e^0+\boldsymbol{P}_e+\boldsymbol{R}_e\tag{2-57}$$

式中 $\boldsymbol{K}_E$——单元在整体坐标系中的弹性刚度矩阵；

$\boldsymbol{K}_G$——单元几何刚度矩阵；

$\boldsymbol{R}_e$——单元赘余力向量或不平衡力向量，它表现了应变表达式中的位移高阶项的影响；

$\boldsymbol{P}_e^0$——与单元初始力等效的节点力向量；

$\boldsymbol{P}_e$——作用于单元节点的外荷载向量。

它们的具体表达式分别为

$$\boldsymbol{K}_E=\frac{EA}{L}\cdot\begin{bmatrix}l^2 & & & & & \\ lm & m^2 & & & & \\ nl & mn & n^2 & \text{对} & \text{称} & \\ -l^2 & -lm & -nl & l^2 & & \\ -lm & -m^2 & -mn & lm & m^2 & \\ -nl & -mn & -n^2 & nl & mn & n^2\end{bmatrix}\tag{2-58}$$

$$\boldsymbol{K}_G=\frac{P^0}{L}\cdot\begin{bmatrix}1-l^2 & & & & & \\ -lm & 1-m^2 & & & & \\ -nl & -mn & 1-n^2 & & \text{对} & \text{称}\\ l^2-1 & lm & nl & 1-l^2 & & \\ lm & m^2-1 & mn & -lm & 1-m^2 & \\ nl & mn & n^2-1 & -nl & -mn & 1-n^2\end{bmatrix}\tag{2-59}$$

$$\boldsymbol{R}_{\mathrm{e}}=-\frac{[EA-P^0]}{L}\left[\begin{Bmatrix}-(u_j-u_i)\\-(v_j-v_i)\\-(w_j-w_i)\\(u_j-u_i)\\(v_j-v_i)\\(w_j-w_i)\end{Bmatrix}\left[a-\frac{3}{2}a^2+\frac{b}{2}\right]+\frac{L}{2}\cdot\begin{Bmatrix}-l\\-m\\-n\\l\\m\\n\end{Bmatrix}\cdot\left[b-3a^2-3ab+5a^3\right]\right] \tag{2-60}$$

2.3.4.5 索单元松弛的处理方法

索在未施加预应力之前是没有任何刚度的柔性单元，对结构整体刚度没有任何贡献，索单元在施加预应力之后就具有了一定的刚度，对结构刚度的贡献随着索单元中张力的增大而逐渐增大。当索单元中的主应力有负值时，索单元将处于失效或半失效状态。考虑索单元松弛对于结构刚度的影响在结构分析中具有重要意义，通常在迭代用分析中进行处理。在每一迭代步中，计算索的张力，如果索的张力出现负值，则在下一迭代步中，该单元就退出总刚度矩阵组合。对于二节点索单元，只能承受单向的拉力，在迭代过程中，若索力小于或等于零，则令索力为零，并将索的弹性模量取为一个很小的正数。

2.3.4.6 索结构计算步骤与程序设计框图

(1) 计算步骤

1) 取 $i=1$，结构切线刚度矩阵 K_{T}^0 为初始线性刚度矩阵；

2) ${}^iP={}^i\Delta\lambda P$；

3) 假定不平衡力 ${}^iR^0=0$；

4) 解线性方程组 ${}^iK_{\mathrm{T}}^0\,{}^iu^0={}^iP$，得位移向量 ${}^i\Delta u^0={}^iu^0$；

5) 根据初始位移向量 ${}^iu^0$，计算单元应变中由位移高阶量引起的不平衡力向量 ${}^iR^1$；

6) 假定 $k=1$；

7) 修正系统各节点坐标 ${}^iX^k={}^iX^{k-1}+{}^i\Delta u^{k-1}$，并重新形成新的切线刚度矩阵 ${}^iK_{\mathrm{T}}^k$；

8) 解线性方程组 ${}^iK_{\mathrm{T}}^k\,{}^iu^k=-{}^iR^{k-1}$，得第 $k+1$ 次线性化过程的位移向量的增量 ${}^i\Delta u^k$；

9) 根据位移向量的增量 ${}^i\Delta u^k$ 计算新的不平衡力向量 ${}^iR^k$；

10) 计算系统各节点的位移向量 ${}^iu^{k+1}={}^iu^k+{}^i\Delta u^k$；

11) 判别收敛条件，如果 $\|{}^iR^k\|/\|P\|\leqslant\varepsilon$ 或 $\|{}^i\Delta u^k\|\leqslant\delta$，则收敛转 12)；否则不收敛，令 $k=k+1$，转 7)；

12) 再修正系统各节点的坐标 ${}^{i+1}X^0={}^iX^0+{}^iu^{k+1}$；

13) 令 $i=i+1$，转 2)。

(2) 流程设计

根据索单元有限元模型编制非线性计算程序，程序框图如图 2-8 所示。

2.3.5 半解析悬链线索单元

2.3.5.1 概述

上节所述直线索单元未考虑索单元垂度对索单元刚度的影响，因此，在长索计算中误

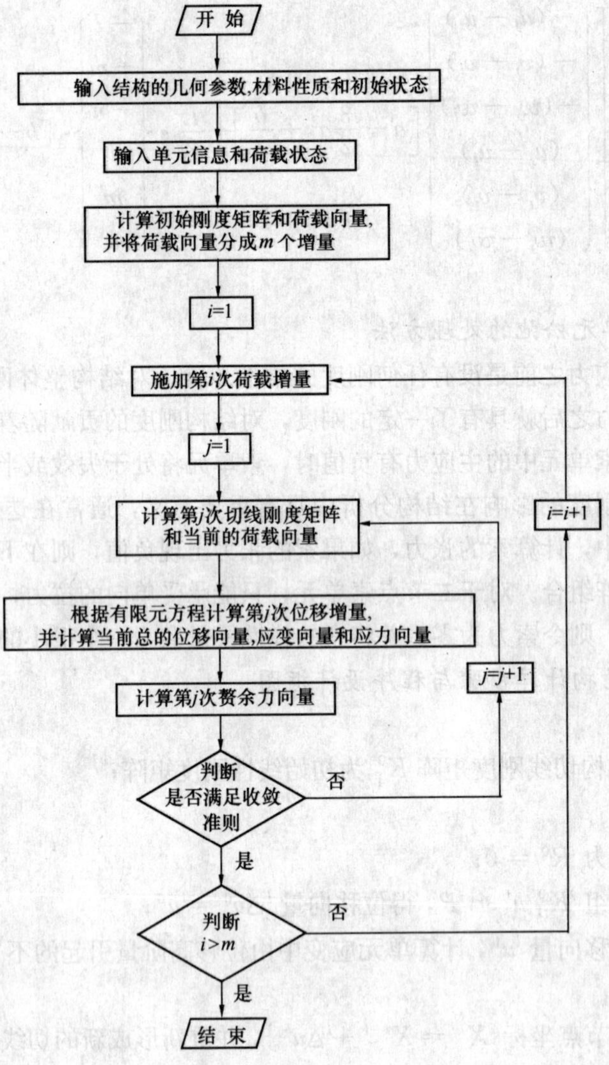

图 2-8　索的非线性有限元分析的计算程序框图

差较大。索单元在自重作用下的平衡形态是接近于悬链线的空间曲线，如果仅简单地采用Lagrangian插值函数描述，则既增加运算量，又不精确。历史上，对索结构的解析解法与数值解法从未很好结合，往往偏重于一方面，而忽视另一方面。因此，在推导索单元刚度矩阵时，引入单索在一定荷载和位形条件下的解析解可以大大提高索单元的计算精度。本节给出的索单元刚度矩阵考虑索元自重和初始垂度对于索元刚度的影响。

2.3.5.2　基本符号

理论推导所采用的基本符号如下：

n——索单元的数量；

w_1——索单元单位长度上的荷载；

E——索的弹性模量；

A——索的横截面面积；

t——温度；

L_H，L_V——局部坐标系下的向量 IJ 的水平分量和垂直分量；

T_I，T_J——索端张力；

F_1，F_2，F_3，F_4——索端张力 T_I、T_J 在局部坐标系下的水平和垂直分量；

$F_H=|F_1|=|F_3|$——索的水平张力；

L——索承受荷载伸长后的实际长度；

L_u——索承受荷载之前，在温度为 t 时的长度；

L_{u0}——索承受荷载之前，在温度为 0 时的原长。

图 2-9 所示为大垂度平面索单元。

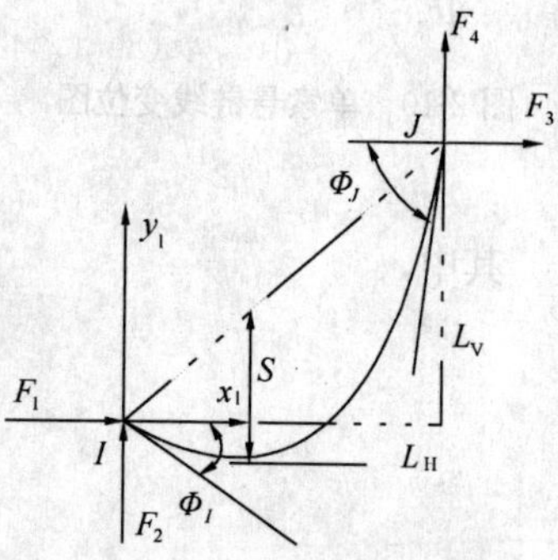

图 2-9 单索悬链线示意图

2.3.5.3 基本公式[8,9]

式 (2-61) 为图 2-9 所示自重作用下单索悬链线方程

$$L^2=L_V^2+L_H^2\frac{\mathrm{Sinh}^2(\lambda)}{\lambda^2} \tag{2-61}$$

$$F_1=\frac{-w_l\cdot L_H}{2\lambda} \tag{2-62a}$$

$$F_2=\frac{w_l}{2}\left[-L_V\frac{\cosh(\lambda)}{\sinh(\lambda)}+L\right] \tag{2-62b}$$

其中，

$$\lambda=\frac{w_l\cdot|H|}{2\cdot F_H} \tag{2-63}$$

通过对控制微分方程沿索长积分，得到附加的几何约束条件如下

$$L_H=-F_1\left(\frac{L_u}{EA}+\frac{1}{w_l}\log\frac{T_J+F_4}{T_I-F_2}\right) \tag{2-64}$$

$$L_V=\frac{1}{2EAw_l}(T_J^2-T_I^2)+\frac{T_J-T_I}{w_l} \tag{2-65}$$

$$L=L_u+\frac{1}{2EAw_l}\left(F_4T_J+F_2T_I+F_1^2\log\frac{T_J+F_4}{T_I-F_2}\right) \tag{2-66}$$

式(2-64)～(2-66)中包含索的弹性伸长，并可表示为以 F_1、F_2 为参变量的函数，即

$$L_H=F_H(F_1,F_2) \tag{2-67a}$$

$$L_V=F_V(F_1,F_2) \tag{2-67b}$$

$$L=F_L(F_1,F_2) \tag{2-67c}$$

由于 F_1、F_2、F_3、F_4、F_I、F_J 存在如下关系式

$$F_4=-F_2+w_lL_u \tag{2-68a}$$

$$F_3=-F_1 \tag{2-68b}$$

$$T_I=(F_1^2+F_2^2)^{1/2} \tag{2-68c}$$

$$T_J=(F_3^2+F_4^2)^{1/2} \tag{2-68d}$$

其中，F_1^i、F_2^i代表第 i 个迭代步的节点力；L_H^i、L_V^i 代表第 i 个迭代步的向量 IJ 的水平和垂直投影长度，如图 2-10 所示。

迭代关系式为

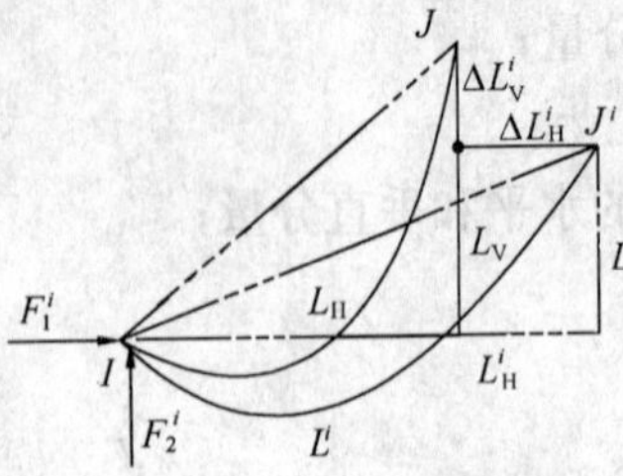

图 2-10　单索悬链线变位图

$$F_1^{i+1}=F_1^i+\Delta F_1^i=F_1^i+\alpha\cdot\Delta L_H^i+\beta\cdot\Delta L_V^i \tag{2-69a}$$

$$F_2^{i+1}=F_2^i+\Delta F_2^i=F_2^i+\gamma\cdot\Delta L_H^i+\delta\cdot\Delta L_V^i \tag{2-69b}$$

其中，α，β，γ，δ 为常数。由式（2-69）的右端两项，得到

$$\Delta L_H^i=\varepsilon\cdot\Delta F_1^i+\xi\cdot\Delta F_2^i \tag{2-70a}$$

$$\Delta L_V^i=\eta\cdot\Delta F_1^i+\theta\cdot\Delta F_2^i \tag{2-70b}$$

其中，

$$\alpha=\frac{\theta}{DET},\ \beta=\frac{-\eta}{DET} \tag{2-71a}$$

$$\gamma=\frac{-\xi}{DET},\ \delta=\frac{\varepsilon}{DET} \tag{2-71b}$$

而且，

$$DET=\varepsilon\cdot\theta-\eta\cdot\xi$$

由函数关系式（2-67）可得，常数 ε，ξ，η，θ 可表示为

$$\varepsilon=\frac{\partial F_H^i}{\partial F_1^i}=\frac{L_H^i}{F_1^i}+\frac{1}{w_1}\left(\frac{F_4^i}{T_J^i}+\frac{F_2^i}{T_I^i}\right) \tag{2-72}$$

$$\xi=\frac{\partial F_H^i}{\partial F_2^i}=\frac{F_1^i}{w_1}\left(\frac{1}{T_J^i}-\frac{1}{T_I^i}\right) \tag{2-73}$$

$$\eta=\frac{\partial F_V^i}{\partial F_1^i}=\frac{F_1^i}{w_1}\left(\frac{1}{T_J^i}-\frac{1}{T_I^i}\right) \tag{2-74}$$

$$\theta=\frac{\partial F_V^i}{\partial F_2^i}=\frac{-L^i}{EA}-\frac{1}{w_1}\left(\frac{F_4^i}{T_J^i}+\frac{F_2^i}{T_I^i}\right) \tag{2-75}$$

以上的迭代序列需要首先知道起始值 F_1^0、F_2^0 比较理想的取值[9]，即

$$F_1^0=\frac{-w_1\cdot L_H}{2\lambda^0} \tag{2-76}$$

$$F_2^0=\frac{w_1}{2}\left[-V\frac{\cosh(\lambda)}{\sinh(\lambda)}+L_u\right] \tag{2-77a}$$

$$F_2^0=\frac{w_1}{2}\left[-V\frac{\cosh(\lambda^0)}{\sinh(\lambda^0)}+L_{u0}\right] \tag{2-77b}$$

其中，

$$\lambda^0=\left[3\cdot\left(\frac{L_u^2-L_V^2}{L_H^2}-1\right)\right]^{1/2} \tag{2-78}$$

由于索的初始态长度 L_u 为未知数，因此，由式（2-78）还得不到 λ^0 的值。而初始态长度 L_u 小于向量 IJ 的长度，因此，可做如下假设，系数 λ 的值大约为索的垂度与索的水平跨度之比的 4 倍，该比例系数的 5% 即可取为 λ^0 的值，一般取 0.2。当索垂直放置时，即 $L_H=0$，λ^0 的值一般取一任意大的数如 10^6。这时，由式（2-76）就可以确定初始迭代值 F_1^0。

如果 F_2 的值太小，则迭代关系式（2-69b）就没有意义，因此，为了保证解收敛，必

须保证 F_2 的值一直足够大。这就要求起始节点 I 不能太低，否则，节点反力 F_2 的值就会很小。为了使初始迭代值 F_2^0 的取法能使得任意情况的索结构都可以得到收敛解，假设所有的索单元节点 I 都高于节点 J，由此，对单元刚度矩阵组装成整体刚度矩阵提出了要求，可通过节点 I、J 的编号顺序来控制。这样，L_V 的值总是负值。通过式（2-77a）可以确定一初始迭代正值 F_2^0。

对于如图 2-9 所示的局部坐标系下单索的刚度方程可表示为

$$\{\Delta F_l\}=[K_l]\{\Delta X_l\} \tag{2-79}$$

其中，$\{\Delta F_l\}$、$\{\Delta X_l\}$ 为 6×1 的局部坐标系（local）下的索端内力和索端位移列向量；

$$\{\Delta F_l\}=\begin{Bmatrix} F_1 \\ F_2 \\ 0 \\ F_3 \\ F_4 \\ 0 \end{Bmatrix},\{\Delta X_l\}=\begin{Bmatrix} \Delta X_I \\ \Delta Y_I \\ 0 \\ \Delta X_J \\ \Delta Y_J \\ 0 \end{Bmatrix} \tag{2-80}$$

$$[K_l]=\begin{bmatrix} a_1 & a_3 & 0 & -a_1 & -a_3 & 0 \\ a_2 & a_4 & 0 & -a_2 & -a_4 & 0 \\ 0 & 0 & 0 & 0 & 0 & 0 \\ -a_1 & -a_3 & 0 & a_1 & a_3 & 0 \\ -a_2 & -a_4 & 0 & a_2 & a_4 & 0 \\ 0 & 0 & 0 & 0 & 0 & 0 \end{bmatrix} \tag{2-81}$$

其中，

$$a_1=\frac{F_3'-F_3}{\alpha\cdot L_H};\ a_2=\frac{F_4'-F_4}{\alpha\cdot L_H};$$
$$a_3=\frac{F_3'-F_3}{\alpha\cdot L_V};\ a_4=\frac{F_4'-F_4}{\alpha\cdot L_V}; \tag{2-82}$$

令 α 为比例系数，假设为一较小的常数如 10^{-4}。F_3、F_4 为对应于几何 L_H、L_V 的索端力；F_3'、F_4' 为对应于几何 $(1+\alpha)L_H$、L_V 的索端力；F_3''、F_4'' 为对应于几何 L_H、$(1+\alpha)L_V$ 的索端力。则第 i 个迭代步的不平衡力为[9]

$$\{Q^i\}=\{F_c^i\}+\{F_s^i\}+\{P\} \tag{2-83}$$

其中，$\{F_c^i\}$ 为重力场和速度场（如自重、风速、水流速度等）引起的节点力；$\{F_s^i\}$ 为子结构（如索桁架中的桁架子结构，若是索网结构则该项为零）施加给节点的力；$\{P\}$ 为节点外荷载。

如果节点不平衡力 $\{Q^i\}$ 没有达到足够小，继续位移迭代步可减小不平衡力。

$$\{X^{i+1}\}=\{X^i\}+\{\Delta X^i\}=\{X^i\}+([K^i]+[D^i])^{-1}\{Q^i\} \tag{2-84}$$

其中，$[D^i]$ 为一对角矩阵，控制迭代方程的收敛速度，并避免计算不稳定。矩阵 $[D^i]$ 减小节点位移的变化速度，相当于在节点自由度方向设置阻尼。计算实践证明，矩阵 $[D^i]$ 按下式取值时，控制方程的迭代收敛速度比较快。

$$D_{j,j}^{i}=\frac{DS}{i^{1.5}}+DSM \tag{2-85}$$

其中，DS 为与初始刚度矩阵 $[K^0]$ 中的最大数值相同数量级的一个正数；DSM 为一比较小的正数，一般可以取为 0。

引入局部坐标与整体坐标的变换关系，得到整体坐标系下的刚度矩阵或柔度矩阵以及迭代算式，就可以计算任意复杂的索网结构。

2.3.6　索单元的改进[11,12]

2.3.6.1　线性刚度矩阵的改进形式

考虑索单元初始垂度对单元刚度矩阵的影响，并结合直线索单元简洁的单元表达形式，索单元的单刚矩阵可进行如下修正。对应的线性刚度矩阵修正为

$$\boldsymbol{K}_{\mathrm{L1}}=\frac{A\cdot E}{L}\cdot\begin{bmatrix}1&0&0&-1&0&0\\0&0&0&0&0&0\\0&0&0&0&0&0\\-1&0&0&1&0&0\\0&0&0&0&0&0\\0&0&0&0&0&0\end{bmatrix}$$

另外，

$$k1=\int_0^{\mathrm{L}}\frac{1}{4}\left(\frac{\mathrm{d}z}{\mathrm{d}x}\right)^4\mathrm{d}x \tag{2-86}$$

$$k2=\int_0^{\mathrm{L}}\left(\frac{\mathrm{d}z}{\mathrm{d}x}\right)^2\mathrm{d}x \tag{2-87}$$

考虑单元初始垂度的索单元线性刚度矩阵修正部分为

$$\boldsymbol{K}_{\mathrm{L2}}=-k2\cdot\frac{A\cdot E}{L}\cdot\begin{bmatrix}1&0&0&-1&0&0\\0&0&0&0&0&0\\0&0&0&0&0&0\\-1&0&0&1&0&0\\0&0&0&0&0&0\\0&0&0&0&0&0\end{bmatrix}$$

$$\boldsymbol{K}_{\mathrm{L3}}=k1\cdot\frac{A\cdot E}{L}\cdot\begin{bmatrix}1&0&0&-1&0&0\\0&0&0&0&0&0\\0&0&0&0&0&0\\-1&0&0&1&0&0\\0&0&0&0&0&0\\0&0&0&0&0&0\end{bmatrix}$$

则索单元总体线性刚度矩阵的表达式为

$$\boldsymbol{K}_{\mathrm{L}}=\boldsymbol{K}_{\mathrm{L1}}+\boldsymbol{K}_{\mathrm{L2}}+\boldsymbol{K}_{\mathrm{L3}} \tag{2-88}$$

忽略高阶项的影响，线性刚度矩阵的表达式简化为

$$\boldsymbol{K}_{\mathrm{L}}=\boldsymbol{K}_{\mathrm{L1}}+\boldsymbol{K}_{\mathrm{L2}} \tag{2-89}$$

转换到整体坐标系中，得到

$$
\boldsymbol{K}_{\mathrm{L}}=(1-k2)\cdot\frac{A\cdot E}{L}\cdot\begin{bmatrix}
k^2 & & & & & \\
km & m^2 & & & \text{对} & \text{称} \\
-k^2 & -km & -kn & k^2 & & \\
-km & -m^2 & -mn & km & m^2 & \\
-kn & -mn & -n^2 & kn & mn & n^2
\end{bmatrix} \tag{2-90}
$$

2.3.6.2　几何刚度矩阵的改进形式

一般直线索单元的几何非线性矩阵为 $\boldsymbol{K}_{G1}$，即

$$
\boldsymbol{K}_{G1}=\frac{P_0}{L}\cdot\begin{bmatrix}
0 & 0 & 0 & 0 & 0 & 0 \\
0 & 1 & 0 & 0 & -1 & 0 \\
0 & 0 & 1 & 0 & 0 & -1 \\
0 & 0 & 0 & 0 & 0 & 0 \\
0 & -1 & 0 & 0 & 1 & 0 \\
0 & 0 & -1 & 0 & 0 & 1
\end{bmatrix}
$$

转换到整体坐标系中，整理得到：

$$
\boldsymbol{K}_{G1}=\frac{P_0}{L}\cdot\begin{bmatrix}
1-k^2 & -km & -kn & k^2-1 & km & kn \\
-km & 1-m^2 & -mn & km & m^2-1 & mn \\
-kn & -mn & 1-n^2 & kn & mn & n^2-1 \\
k^2-1 & km & kn & 1-k^2 & -km & -kn \\
km & m^2-1 & mn & -km & 1-m^2 & -mn \\
kn & mn & n^2-1 & -kn & -mn & 1-n^2
\end{bmatrix}
$$

考虑初始垂度对索单元几何非线性矩阵的贡献，考虑单元初始垂度的索单元几何非线性刚度矩阵修正部分为 $\boldsymbol{K}_{G2}$，其中 $k2$ 的表达式如式（2-87），把 $\boldsymbol{K}_{G2}$ 转换到整体坐标系中，整理得到

$$
\boldsymbol{K}_{G2}=-k2\cdot\frac{P_0}{L}\cdot\begin{bmatrix}
1-k^2 & -km & -kn & k^2-1 & km & kn \\
-km & 1-m^2 & -mn & km & m^2-1 & mn \\
-kn & -mn & 1-n^2 & kn & mn & n^2-1 \\
k^2-1 & km & kn & 1-k^2 & -km & -kn \\
km & m^2-1 & mn & -km & 1-m^2 & -mn \\
kn & mn & n^2-1 & -kn & -mn & 1-n^2
\end{bmatrix} \tag{2-91}
$$

则该索单元的几何非线性矩阵为

$$
\boldsymbol{K}_{G}=\boldsymbol{K}_{G1}+\boldsymbol{K}_{G2}
$$

即

$$\boldsymbol{K}_{\mathrm{G}}=(1-k2)\cdot\frac{P_0}{L^2}\cdot\begin{bmatrix}1-k^2 & -km & -kn & k^2-1 & km & kn\\ -km & 1-m^2 & -mn & km & m^2-1 & mn\\ -kn & -mn & 1-n^2 & kn & mn & n^2-1\\ k^2-1 & km & kn & 1-k^2 & -km & -kn\\ km & m^2-1 & mn & -km & 1-m^2 & -mn\\ kn & mn & n^2-1 & -kn & -mn & 1-n^2\end{bmatrix} \tag{2-92}$$

2.3.6.3　初始力向量与不平衡力向量的改进形式

由虚功原理和线性应变矩阵的表达式，得到

$$A\cdot\int_0^{\mathrm{L}}\boldsymbol{B}_{\mathrm{L}}^{\mathrm{T}}\cdot\sigma_0\,\mathrm{d}x=A\cdot\int_0^{L}\boldsymbol{B}_{\mathrm{L1}}^{\mathrm{T}}\cdot\sigma_0\,\mathrm{d}x+A\cdot\int_0^{L}\boldsymbol{B}_{\mathrm{L2}}^{\mathrm{T}}\cdot\sigma_0\,\mathrm{d}x$$

方程右端第一项为不平衡力向量，转换到整体坐标系中，得到

$$R_0^{\mathrm{e}}=-P_0\cdot\begin{Bmatrix}-k\\-m\\-n\\k\\m\\n\end{Bmatrix}$$

上式即为与初始力等效的节点力向量，它与一般两节点直线单元初始力等效的节点力向量表达式一致。有积分式

$$k3=\int_0^{L}\frac{1}{2}\left(\frac{\mathrm{d}z}{\mathrm{d}x}\right)^2\mathrm{d}x \tag{2-93}$$

从以上表达式可知

$$k3=2\cdot k2$$

因此，与单元初始力等效的节点力向量的修正项为

$$\boldsymbol{R}_1^{\mathrm{e}}=-A\cdot\int_0^{L}\boldsymbol{B}_{\mathrm{L2}}^{\mathrm{T}}\cdot\sigma_0\,\mathrm{d}x$$

转换到整体坐标系中，得到

$$\boldsymbol{R}_1^{\mathrm{e}}=2\cdot k2\cdot P_0\cdot\begin{Bmatrix}-k\\-m\\-n\\k\\m\\n\end{Bmatrix}$$

忽略索垂度对该项的影响，则表达式与一般两节点直线单元右端不平衡力向量相同。在整体坐标系中的表达式为

$$\boldsymbol{R}_2^{\mathrm{e}} = -(EA-P^0)\cdot\begin{Bmatrix} -\dfrac{(u_j-u_i)}{L} \\ -\dfrac{(v_j-v_i)}{L} \\ -\dfrac{(w_j-w_i)}{L} \\ (u_j-u_i) \\ (v_j-v_i) \\ (w_j-w_i) \end{Bmatrix}\left(a-\frac{3}{2}a^2+\frac{b}{2}\right)+\frac{1}{2}\cdot(EA-P^0)\cdot\begin{Bmatrix} -k \\ -m \\ -n \\ k \\ m \\ n \end{Bmatrix}\cdot(b-3a^2-3ab+5a^3)$$

因此，总的右端不平衡力列向量为

$$\boldsymbol{R}^{\mathrm{e}} = \boldsymbol{R}_1^{\mathrm{e}} + \boldsymbol{R}_2^{\mathrm{e}} \tag{2-94}$$

2.4 结构大位移非线性分析方法

2.4.1 结构非线性平衡方程

根据需要将大位移结构单元刚度矩阵或单元切线刚度矩阵通过变形协调和平衡条件进行叠加，可求得结构整体刚度方程的全量形式或增量形式。

$$[K_{\mathrm{P}}]\{\delta\} = \{P\} \tag{2-95a}$$

$$[K_{\mathrm{T}}]\{\Delta\delta\} = \{\Delta P\} \tag{2-95b}$$

式中 $[K_{\mathrm{P}}]$、$[K_{\mathrm{T}}]$——分别为结构割线刚度矩阵和切线刚度矩阵；

$\{\delta\}$、$\{\Delta\delta\}$——分别为结构节点位移向量和节点位移增量向量；

$\{P\}$、$\{\Delta P\}$——分别为结构节点荷载向量和节点荷载增量向量。

式 (2-95) 是一组非线性方程组，其中刚度矩阵 $[K_{\mathrm{P}}]$、$[K_{\mathrm{T}}]$ 与节点位移相关，需采用增量迭代法求解，获得结构非线性平衡路径。在结构非线性分析中，现阶段最有效的方法为弧长控制迭代过程的牛顿—拉夫森增量法，可以自动调整荷载增量步，跟踪荷载位移曲线全过程，同时，可采用控制弧长参数的方法获取任意指定荷载水平的位移或变形[2,6,7,13]。

2.4.2 结构大位移全过程非线性分析的全量等弧长法[2,7]

结构非线性分析中，常将弧长控制法应用于结构的切线增量迭代方程之中。在结构整个屈曲平衡路径的跟踪求解中，在结构的临界点附近，迭代计算常由于结构切线刚度矩阵 $[K_{\mathrm{T}}]$ 的病态或奇异而难以求解甚至不收敛，这样就需要反复改变控制迭代过程的弧长增量，以使迭代过程避开或跳过切线刚度矩阵 $[K_T]$ 的奇异点或病态区。

如果在弧长法控制的增量迭代方程中改用结构的割线刚度矩阵 $[K_P]$ 代替切线刚度矩阵 $[K_T]$，则在结构非线性分析的整个过程中，刚度矩阵就不会出现病态或奇异，将改善非线性分析的数值稳定性和效率，这种方法称为全量等弧长法，全量等弧长法迭代方法步骤如下。

（1）荷载与位移向量的表示方法

图 2-11 所示为全量弧长法迭代计算结构屈曲平衡路径的荷载(λ)—位移(δ)曲线示意图。设当荷载增量增加到第 $i-1$ 级时，式（2-95a）所描述的非线性迭代分析收敛到曲线上的 $i-1$ 点，此时结构的内力、位移向量和割线刚度矩阵分别为

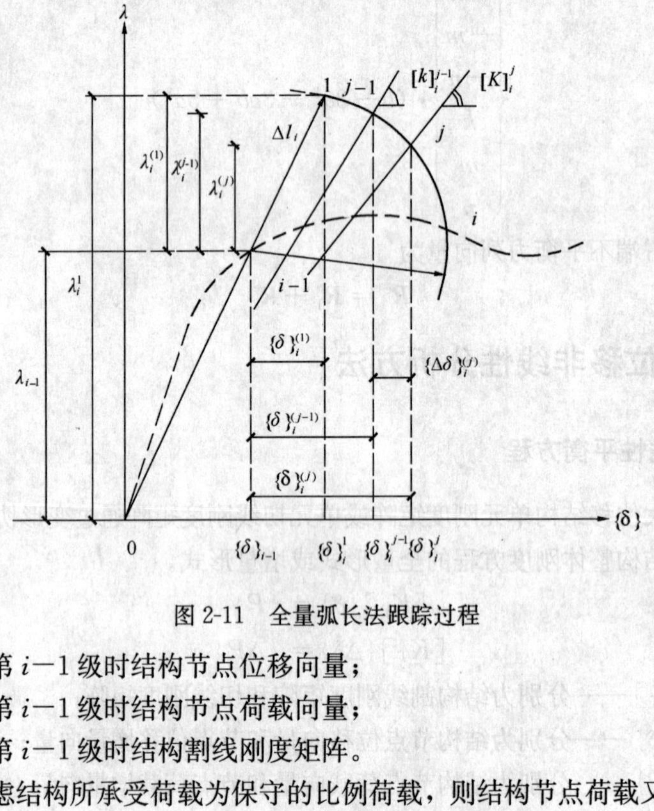

图 2-11　全量弧长法跟踪过程

$\{\delta\}_{i-1}$ ——第 $i-1$ 级时结构节点位移向量；

$\{P\}_{i-1}$ ——第 $i-1$ 级时结构节点荷载向量；

$[K_P]_{i-1}$ ——第 $i-1$ 级时结构割线刚度矩阵。

此处，仅考虑结构所承受荷载为保守的比例荷载，则结构节点荷载又可表示为

$$\{P\}_{i-1} = \lambda_{i-1}\{P_0\} \tag{2-96}$$

式中 λ_{i-1} 为荷载因子，$\{P_0\}$ 为结构节点参考荷载向量。

根据等弧长法的概念，从图 2-11 可知，从已收敛点 $i-1$ 向前进行下一步（第 i 荷载步）迭代时，迭代求解中的任一次迭代（j）时的节点力和位移向量可表示为

$$\{P\}_i^j = \{P\}_{i-1} + \{P\}_i^{(j-1)} + \{\Delta P\}_i^{(j)}$$

或

$$\lambda_i^j = \lambda_{i-1} + \lambda_i^{(j-1)} + \Delta\lambda_i^{(j)} \tag{2-97}$$

$$\{\delta\}_i^j = \{\delta\}_{i-1} + \{\delta\}_i^{(j-1)} + \{\Delta\delta\}_i^{(j)} \tag{2-98}$$

其中，$\{P\}_i^{(j-1)}$ 或 $\lambda_i^{(j-1)}$ 和 $\{\delta\}_i^{(j-1)}$ 为第 i 荷载步中到第 $j-1$ 次迭代时相对于第 $i-1$ 步时的荷载增量或荷载因子增量及位移增量的累积；$\{\Delta P\}_i^{(j)}$ 或 $\Delta\lambda_i^{(j)}$ 和 $\{\Delta\delta\}_i^{(j)}$ 为第 j 次迭代时相对于第 $j-1$ 次迭代时的增量值。

(2) 每个荷载步中，初始荷载因子增量 $\lambda_i^{(1)}(j=1)$ 的确定

根据球面弧长法基本方程，在每个荷载步，有以下关系式成立

$$\Delta l_i^2=[\lambda_i^{(1)}]^2+\{\delta\}_i^{(1)\mathrm{T}}\{\delta\}_i^{(1)} \tag{2-99}$$

当 $j=1$ 时，第 i 荷载步中第 $j=1$ 次迭代时的位移向量为

$$\{\delta\}_i^{(1)}=\lambda_i^{(1)}[K_\mathrm{P}]_{i-1}^{-1}\{P_0\}=\lambda_i^{(1)}\{\delta^\mathrm{I}\}_i^{(1)} \tag{2-100}$$

式中

$$\{\delta^\mathrm{I}\}_i^{(1)}=[K_\mathrm{P}]_{i-1}^{-1}\{P_0\} \tag{2-101}$$

由式 (2-99) 和 (2-100)，可得第 i 荷载步时第一次 ($j=1$) 迭代时的荷载因子增量 $\lambda_i^{(1)}$ 与弧长 Δl_i 的关系为

$$\lambda_i^{(1)}=\pm\Delta l_i/\sqrt{1+\{\delta^\mathrm{I}\}_i^{(1)\mathrm{T}}\{\delta^\mathrm{I}\}_i^{(1)}} \tag{2-102}$$

式 (2-102) 中的 $\lambda_i^{(1)}$ 的正负号取决于在本次 (i) 荷载步和上次 ($i-1$) 荷载步时，在 $N+1$ 维荷载—位移空间中两次空间曲线的走向，使两曲线增量正向夹角为锐角者为所求之根。

(3) 每个荷载步中，后继 ($j>1$) 迭代步的荷载因子增量 $\Delta\lambda_i^{(j)}$ 的确定

若在某个荷载步 i 中，第 $j-1$ 次迭代已结束，但未收敛，则可得到本迭代步 $j-1$ 结束时的一组全量参数值 $\lambda_i^{(j-1)}$、$\{P\}_i^{(j-1)}$、$\{\delta\}_i^{(j-1)}$、$[K_\mathrm{p}]_i^{(j-1)}$、$\{R\}_i^{(j-1)}$，其中 $\{R\}_i^{(j-1)}$ 为结构节点不平衡力，且

$$\{R\}_i^{(j-1)}=\{P\}_i^{(j-1)}-[K_\mathrm{P}]_i^{(j-1)}\{\delta\}_i^{(j-1)} \tag{2-103}$$

下次 (j) 迭代方程应为

$$[K_\mathrm{P}]_i^{(j)}\{\Delta\delta\}_i^{(j)}=\Delta\lambda_i^{(j)}\{P_0\}+\{R\}_i^{(j-1)} \tag{2-104}$$

令

$$\begin{cases}\{\Delta\delta^\mathrm{I}\}_i^{(j)}=([K_\mathrm{P}]_i^{(j)})^{-1}\{P_0\}\\ \{\Delta\delta^\mathrm{II}\}_i^{(j)}=([K_\mathrm{P}]_i^{(j)})^{-1}\{R\}_i^{(j-1)}\end{cases} \tag{2-105}$$

则由式 (2-104) 有

$$\{\Delta\delta\}_i^{(j)}=\Delta\lambda_i^{(j)}\{\Delta\delta^\mathrm{I}\}_i^{(j)}+\{\Delta\delta^\mathrm{II}\}_i^{(j)} \tag{2-106}$$

式 (2-106) 为第 j 次迭代时的位移增量。为了求得 $\Delta\lambda_i^{(j)}$，需计算本荷载步内的总位移增量和荷载增量。

令 $\{\delta\}_i^{(j)}$ 表示本荷载步迭代到 j 步时的位移增量，$\lambda_i^{(j)}$ 表示本荷载步迭代到 j 步时的荷载因子增量，则在第 j 次迭代时，有

$$\begin{aligned}\{\delta\}_i^{(j)}&=\{\delta\}_i^{(j-1)}+\{\Delta\delta\}_i^{(j)}\\ \lambda_i^{(j)}&=\lambda_i^{(j-1)}+\Delta\lambda_i^{(j)}\end{aligned} \tag{2-107}$$

根据弧长法约束方程 (2-99)，将式 (2-107) 代入，并注意式 (2-106)，可得 $\Delta\lambda_i^{(j)}$ 与弧长 Δl_i 的关系式为

$$\Delta\lambda_i^{(j)}=(-B\pm\sqrt{B^2-4AC})/2A \tag{2-108}$$

式中

$$A=\{\Delta\delta^\mathrm{I}\}_i^{(j)\mathrm{T}}\{\Delta\delta^\mathrm{I}\}_i^{(j)}+1 \tag{2-109}$$

$$B=2[(\{\Delta\delta^\mathrm{II}\}_i^{(j)}+\{\delta\}_i^{(j-1)})^\mathrm{T}\{\Delta\delta^\mathrm{I}\}_i^{(j)}+\lambda^{(j-1)}] \tag{2-110}$$

$$C=(\{\delta\}_i^{(j-1)}+\{\Delta\delta^\mathrm{II}\}_i^{(j)})^\mathrm{T}(\{\delta\}_i^{(j-1)}+\{\Delta\delta^\mathrm{II}\}_i^{(j)})+[\lambda_i^{(j-1)}]^2-\Delta l_i^2 \tag{2-111}$$

$\Delta\lambda_i^{(j)}$ 的根的确定方法与 $\lambda_i^{(1)}$ 相同。

采用全量等弧长法跟踪结构非线性平衡路径与传统的增量法的本质区别是，迭代方程

中采用结构的割线刚度矩阵 $[K_p]_i$ 而不是切线刚度矩阵 $[K_T]_i$，克服了平衡路径上 $[K_T]_i$ 出现奇异或病态的缺点。

2.4.3 结构大位移极限承载力的增量迭代计算方法

求解结构大位移极限承载力的增量迭代法，是求解大位移非线性有限元方程的增量迭代过程，在每一次增量过程中，需经过多次迭代，才能求得荷载—位移曲线上的平衡点。若要跟踪结构无回退跳跃（snap-through）现象的平衡路径，采用沿法平面方向迭代的弧长法即可；若要跟踪结构有回退跳跃（snap-back）现象的平衡路径的下降段（当结构承载曲线在下降段时，尽管有杆件退出工作，但结构仍几何不变），则需采用沿球面迭代的弧长法控制迭代过程。采用切线刚度矩阵的增量迭代求解过程步骤如下：

（1）赋初值，选择初始荷载向量即参数荷载向量 $\{P_0\}$ 和初始荷载因子增量 $\lambda_1 = \Delta\lambda_1^{(1)}$，一般可取 $\Delta\lambda_1^{(1)} = 1$。

（2）计算初始位移增量 $\{\Delta\delta\}_1^{(1)}$ 和初始弧长因子增量 Δl_1

$$\{\Delta\delta\}_1^{(1)} = [K_T]_1^{-1}\Delta\lambda^{(1)}\{P_0\}$$

$$\Delta l_1 = \sqrt{\{\Delta\delta\}_1^{(1)\mathrm{T}} \cdot \{\Delta\delta\}_1^{(1)} + [\Delta\lambda_1^{(1)}]^2}$$

式中，$[K_T]_1$ 为初始切线总刚矩阵，在第一级荷载时（$i=1$）的总刚矩阵，$[K_T]_1$ 通常为线性刚度矩阵。然后转步（4）。

（3）计算第 i 荷载增量步的第一次（$j=1$）迭代位移增量及荷载因子增量

$$\{\Delta\delta^{\mathrm{I}}\}_i = [K_T]_i^{-1}\{P_0\}$$

$$\Delta\lambda_i^{(1)} = \frac{\pm\Delta l_i}{\sqrt{1 + \{\Delta\delta^{\mathrm{I}}\}_i^{\mathrm{T}}\{\Delta\delta^{\mathrm{I}}\}_i}}$$

$$\{\Delta\delta\}_i^{(1)} = \Delta\lambda_i^{(1)}\{\Delta\delta^{\mathrm{I}}\}_i$$

（4）求第 i 荷载步第一次迭代步时的荷载向量 $\{P\}_i^{(1)}$ 和位移向量 $\{\delta\}_i^{(1)}$

$$\{P\}_i^{(1)} = \{P\}_{i-1} + \Delta\lambda_i^{(1)}\{P_0\}$$

$$\{\delta\}_i^{(1)} = \{\delta\}_{i-1} + \{\Delta\delta\}_i^{(1)}$$

当 $i=1$ 时，$\{P\}_{i-1} = \{\delta\}_{i-1} = 0$。

（5）由位移向量 $\{\delta\}_i^{(1)}$ 修正 β_{ik} 值（$k = 1,2,\cdots,m_l$，m_l 为杆件数），得修正割线总刚矩阵 $[K_P]_i$ 和修正切线总刚矩阵 $[K_T]_i$。

（6）求各节点不平衡力

$$\{R\}_i^{(1)} = \{P\}_i^{(1)} - [K_P]_i \cdot \{\delta\}_i^{(1)}$$

（7）求第 i 荷载步第 j 次迭代步时的位移增量 $\{\Delta\delta^{\mathrm{I}}\}_i^{(j)}$ 和 $\{\Delta\delta^{\mathrm{II}}\}_i^{(j)}$

$$\{\Delta\delta^{\mathrm{I}}\}_i^{(j)} = [K_T]_i^{-1} \cdot \{P_0\}$$

$$\{\Delta\delta^{\mathrm{II}}\}_i^{(j)} = [K_T]_i^{-1} \cdot \{R\}_i^{(j-1)}$$

全量弧长法中用 $[K_P]_i$ 代替 $[K_T]_i$。

（8）求第 i 荷载步第 j 次迭代步的荷载增量因子 $\Delta\lambda_i^{(j)}$

（a）沿法平面迭代

$$\Delta\lambda_i^{(j)}=-\frac{\{\Delta\delta\}_i^{(1)\mathrm{T}}\cdot\{\Delta\delta^{\mathrm{II}}\}_i^{(j)}}{\{\Delta\delta\}_i^{(1)\mathrm{T}}\cdot\{\Delta\delta^{\mathrm{I}}\}_i^{(j)}+\Delta\lambda_i^{(1)}}=-\frac{\{\Delta\delta^{\mathrm{I}}\}_i^{(j)\mathrm{T}}\cdot\{\Delta\delta^{\mathrm{II}}\}_i^{(j)}}{1+\{\Delta\delta^{\mathrm{I}}\}_i^{\mathrm{T}}\cdot\{\Delta\delta^{\mathrm{I}}\}_i}$$

(b) 沿球面迭代

$$\Delta\lambda_i^{(j)}=(-B\pm\sqrt{B^2-4AC})/2A$$

式中

$$A=\{\Delta\delta^{\mathrm{I}}\}_i^{(j)\mathrm{T}}\{\Delta\delta^{\mathrm{I}}\}_i^{(j)}$$

$$B=2[(\{\Delta\delta^{\mathrm{II}}\}_i^{(j)}+\{\delta\}_i^{(j-1)})^{\mathrm{T}}\{\Delta\delta^{\mathrm{I}}\}_i^{(j)}]$$

$$C=(\{\delta\}_i^{(j-1)}+\{\Delta\delta^{\mathrm{II}}\}_i^{(j)})^{\mathrm{T}}(\{\delta\}_i^{(j-1)}+\{\Delta\delta^{\mathrm{II}}\}_i^{(j)})-\Delta l_i^2$$

(9) 第 j 迭代步时位移向量 $\{\delta\}_i^{(j)}$ 和荷载向量 $\{P\}_i^{(j)}$

$$\{\Delta\delta\}_i^{(j)}=\Delta\lambda_i^{(j)}\{\Delta\delta^{\mathrm{I}}\}^{(j)}+\{\Delta\delta^{\mathrm{II}}\}^{(j)}$$

$$\{\delta\}_i^{(j)}=\{\delta\}_i^{(j-1)}+\{\Delta\delta\}^{(j)}$$

$$\{P\}_i^{(j)}=\{P\}_i^{(j-1)}+\Delta\lambda_i^{(j)}\{P_0\}$$

(10) 由 $\{\delta\}_i^{(j)}$ 再修正 β_{ik} 值，得修正割线总刚度矩阵 $[K_{\mathrm{P}}]_i^{(j)}$ 和修正切线总刚矩阵 $[K_{\mathrm{T}}]_i^{(j)}$。

(11) 求各节点不平衡力

$$\{R\}_i^{(j)}=\{P\}_i^{(j)}-[K_{\mathrm{P}}]_i^{(j)}\cdot\{\delta\}_i^{(j)}$$

(12) 当 $\|\{R\}_i^{(j)}\|>P_\varepsilon$（允许精度要求）时，表明未收敛，进入第 $j+1$ 步，转 (7) 继续迭代；当 $\|\{R\}_i^{(j)}\|\leqslant P_\varepsilon$ 时，表明已收敛，且得

$$\{P\}_i=\{P\}_i^j$$

$$\{\delta\}_i=\{\delta\}_i^j$$

随后进入第 $i+1$ 荷载步，求 $[K_{\mathrm{T}}]_{i+1}$，且令 $\Delta l_{i+1}=\Delta l_i\sqrt{\frac{n_i}{n_0}}$，转第 (3) 步计算下一级荷载 $\{P\}_{i+1}^{(1)}$ 及对应的 $\{\delta\}_{i+1}^{(1)}$。

(13) 在第 (12) 步中，当第 i 荷载步的迭代次数 j 超过某限值时，如 $j\geqslant N_{\max}$，一般取 $N_{\max}=50$ 次，若不收敛，则可用 $n_k=\sqrt{\frac{N_1}{N_2}}$（当 $n_k>1$ 时，取 $n_k=\frac{1}{n_k}$）乘以 Δl_i 来修正弧长，重新转第 (3) 步计算（N_1 为上次收敛时迭代次数，N_2 为预定迭代次数）。

通过连续增量迭代运算，可得出结构的 P-δ 曲线。

当 $[K_{\mathrm{T}}]=0$ 时，结构刚度矩阵奇异，结构变为机构，或当网架某点位移或挠度 w 大于允许值 $[w]$ 时，整个结构失效或破坏，由此可求出结构的极限承载力。

2.4.4 弧长法非线性平衡路径的跟踪技术

结构大位移非线性有限元法中，增量迭代求解的方程为

$$[K_{\mathrm{T}}]_i\{\Delta v\}_i^{(j)}=\{\Delta P\}_i^{(j)}+\{R\}_i^{(j-1)} \tag{2-112}$$

式中，i 为第 i 次增量步；$j-1$ 和 j 为在 i 增量步中的迭代次数；$\{\Delta P\}_i^{(j)}$ 为第 j 次迭代时的荷载增量；$\{R\}_i^{(j-1)}$ 为第 j 次迭代开始时的残余力向量；$[K_{\mathrm{T}}]_i$ 为第 i 次增量步开始时也即第 $i-1$ 次增量步完成时的总体切线刚度矩阵；$\{\Delta v\}_i^{(j)}$ 为第 j 次迭代时，节点位移

向量相比第 $j-1$ 次迭代时的增量。

若作用于结构上的荷载为比例荷载，则式（2-112）可改写为

$$[K_{\mathrm{T}}]_i\ \{\Delta v\}_i^{(j)} = \Delta\lambda_i^{(j)}\{P_0\} + \{R\}_i^{(j-1)} \tag{2-113}$$

式中，$\{P_0\}$ 为参考荷载向量，是外荷载的模式向量；$\Delta\lambda_i^{(j)}$ 为第 j 次迭代时的荷载因子增量（见图 2-12）。

由式（2-113）可求得位移向量

$$\{\Delta v\}_i^{(j)} = \Delta\lambda_i^{(j)}\ \{\Delta v^{\mathrm{I}}\}_i + \{\Delta v^{\mathrm{II}}\}_i^{(j)} \tag{2-114}$$

式中

$$\left.\begin{aligned}\{\Delta v^{\mathrm{I}}\}_i &= [K_{\mathrm{T}}]_i^{-1}\{P_0\}\\ \{\Delta v^{\mathrm{II}}\}_i^{(j)} &= [K_{\mathrm{T}}]_i^{-1}\{R\}_i^{(j-1)}\end{aligned}\right\} \tag{2-115}$$

在任一次荷载增量步 i 中，第 j 次迭代后的本荷载增量步内位移增量总和及相应的荷载因子增量总和分别表示为

$$\{v\}_i^{(j)} = \{v\}_i^{(j-1)} + \{\Delta v\}_i^{(j)} = \sum_{k=1}^{j}\{\Delta v\}_i^{(k)} \tag{2-116}$$

$$\lambda_i^{(j)} = \lambda_i^{(j-1)} + \Delta\lambda_i^{(j)} = \sum_{k=1}^{j}\Delta\lambda_i^{(k)} \tag{2-117}$$

其几何意义详见图 2-12 所示。

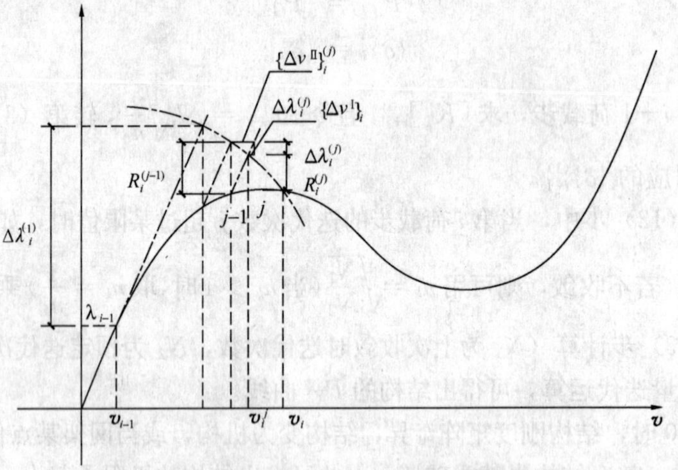

图 2-12　弧长法控制迭代过程示意图

在弧长法迭代求解中，弧长约束方程通常主要有三种形式：即球面弧长法、柱面弧长法和椭球面弧长法。三种方法的约束方程分别为

球面弧长法：　$$\{v\}_i^{(j)\mathrm{T}}\{v\}_i^{(j)} + [\lambda_i^{(j)}]^2 = \Delta l_i^2 \tag{2-118}$$

柱面弧长法：　$$\{v\}_i^{(j)\mathrm{T}}\{v\}_i^{(j)} = \Delta l_i^2 \tag{2-119}$$

椭球面弧长法：　$$\{v\}_i^{(j)\mathrm{T}}\{v\}_i^{(j)} + S_{pi}[\lambda_i^{(j)}]^2 = \Delta l_i^2 \tag{2-120}$$

合起来可表示为　$$\{v\}_i^{(j)\mathrm{T}}\{v\}_i^{(j)} + \eta[\lambda_i^{(j)}]^2 = \Delta l_i^2 \tag{2-121}$$

$$\eta=\begin{cases}1 & \text{球面法}\\ 0 & \text{柱面法}\\ S_{pi} & \text{椭球面法}\end{cases}$$

式中，$\{v\}_i^{(j)}$、$\lambda_i^{(j)}$ 分别为第 i 荷载增量步内直到第 j 次迭代后的位移增量及荷载因子增量总和；Δl_i 为第 i 增量步的弧长参数；S_{pi} 为当前刚度参数，根据定义，有

$$S_{pi}=S_{pi}^*/S_{p1}^* \tag{2-122}$$

式中 S_{p1}^* 和 S_{pi}^* 分别为结构在第 1 荷载步和第 i 荷载步的刚度，且

$$S_{p1}^*=\frac{\|\{P\}_1\|^2}{\{v\}_1^{1\mathrm{T}}\{P\}_1} \tag{2-123}$$

$$S_{pi}^*=\frac{\|\{P\}_i^{(j)}\|^2}{\{v\}_i^{(j)\mathrm{T}}\{P\}_i^{(j)}} \tag{2-124}$$

将式（2-114）、（2-116）和（2-117）代入式（2-121），可得第 i 荷载增量步第 j 迭代次的荷载因子增量 $\Delta\lambda_i^{(j)}$ 为

$$\Delta\lambda_i^{(j)}=(-B\pm\sqrt{B^2-4AC})/2A \tag{2-125}$$

式中

$$\left.\begin{aligned}A&=\{\Delta v^{\mathrm{I}}\}_i^{\mathrm{T}}\{\Delta v^{\mathrm{I}}\}_i+\eta\\ B&=2\{[\{\Delta v^{\mathrm{II}}\}_i^{(j)}+\{v\}_i^{(j-1)}]^{\mathrm{T}}\{\Delta v^{\mathrm{I}}\}_i+\eta\lambda_i^{(j-1)}\}\\ C&=[\{v\}_i^{(j-1)}+\{\Delta v^{\mathrm{II}}\}_i^{(j)}]^{\mathrm{T}}[\{v\}_i^{(j-1)}+\{\Delta v^{\mathrm{II}}\}_i^{(j)}]+\eta\{\lambda_i^{(j-1)}\}]^2-\Delta l_i^2\end{aligned}\right\} \tag{2-126}$$

式（2-125）若出现虚根，则应减小弧长 Δl_i 重新计算；若 $\Delta\lambda_i^{(j)}$ 为两个不相等的实根，则选取使 $\{v\}_i^{(j)}$ 与 $\{v\}_i^{(j-1)}$ 的夹角为最小锐角者。

在每一新的荷载增量步，增量弧长变化由下式控制

$$\Delta l_i=\sqrt{\frac{N_1}{N_2}}\Delta l_{i-1} \tag{2-127}$$

其中，N_2、N_1 分别为预先指定的迭代收敛时的期望迭代次数和上步收敛时的迭代次数。

在初始增量步（$i=1$），初始弧长参数为

$$\Delta l_1=\sqrt{\{\Delta v^{\mathrm{I}}\}_1^{\mathrm{T}}\{\Delta v^{\mathrm{I}}\}_1+\eta\Delta\lambda_1^2} \tag{2-128}$$

式中，$\Delta\lambda_1$ 为初始设定的荷载因子增量，$\{\Delta v^{\mathrm{I}}\}_1$ 由式（2-115）的第一式确定。

在每一荷载增量步 i 中，第一次（$j=1$）迭代时荷载因子增量 $\Delta\lambda_i^{(1)}$ 为

$$\Delta\lambda_i^{(1)}=\pm\Delta l_i/\sqrt{\{\Delta v^{\mathrm{I}}\}_i^{\mathrm{T}}\{\Delta v^{\mathrm{I}}\}_i+\eta} \tag{2-129}$$

式中，正负号表明结构处于加载或卸载状态，与结构切线刚度矩阵$[K_{\mathrm{T}}]_i$ 的性态有关。通常采用当前刚度参数 S_{pi} 来确定 $\Delta\lambda_i^{(1)}$ 的正负号，即 $\Delta\lambda_i^{(1)}$ 与 S_{pi} 同号；当 $S_{pi}=0$ 时，说明计算点位于曲线的峰点或谷点，则由 S_{pi-1} 判断，若 S_{pi-1} 为正，则 $\Delta\lambda_i^{(1)}$ 取负，反之取正。由以上控制迭代，可求得结构非线性平衡路径上的一系列平衡点。

2.4.5 求解结构非线性屈曲平衡路径上预定荷载水平点的弧长法[13]

常用的弧长控制迭代技术，可求得结构屈曲平衡路径上一系列平衡点，但这些求解得

到的点均是在自动跟踪计算中由程序搜索求得的，难以甚至不可能求得结构在某一预先给定荷载水平下的变形及应力状态，而预定荷载水平的获得往往是设计或研究中非常需要甚至是很重要的数据。为此，利用广义弧长的概念，可通过控制弧长参数增量的方法，获取预定荷载水平的数值解。

令广义弧长

$$l = \sum_{k=1}^{i} \Delta l_k \tag{2-130}$$

式中的 Δl_k 为第 k 荷载增量步的弧长增量，而广义弧长 l 是荷载参数 λ 的非线性函数，即

$$l = l(\lambda) \tag{2-131}$$

设 $\lambda=\lambda_s$ 为预先指定需要求得的预定荷载水平，在 $\lambda<\lambda_s$ 之前，增量迭代求解可按常规弧长法进行，若已求得 λ_i，且 $\lambda_i<\lambda_s$ 但 λ_i 接近 λ_s，为了求得 $\lambda=\lambda_s$ 这一预定荷载水平，将式（2-121）中的 $l=l_s(\lambda_s)$ 在 $\lambda=\lambda_i$ 点附近展开

$$l_s = l_s(\lambda_s) = l_s(\lambda_i + \Delta\lambda_s) = l_i + \frac{dl_i}{d\lambda_i}\Delta\lambda_s + \frac{1}{2!}\frac{d^2 l_i}{d\lambda_i^2}\Delta\lambda_s^2 + \cdots \tag{2-132}$$

式中

$$\Delta\lambda_s = \lambda_s - \lambda_i \tag{2-133}$$

忽略式（2-132）中关于 $\Delta\lambda_s$ 的二次以上项，可得由 $\lambda=\lambda_i$ 迭代收敛到 $\lambda=\lambda_s$ 的弧长增量 Δl_s 为

$$\Delta l_s = l_s - l_i \approx \frac{dl_i}{d\lambda_i}\Delta\lambda_s + \frac{1}{2}\frac{d^2 l_i}{d\lambda_i^2}\Delta\lambda_s^2 \tag{2-134}$$

上式即为从已知点 λ_i 迭代收敛到预定荷载水平 λ_s 所需的弧长增量。其中的导数难以求解，可用差分的方法近似求解，即

$$\frac{dl_i}{d\lambda_i} = \frac{l_i - l_{i-1}}{\lambda_i - \lambda_{i-1}} = \frac{\Delta l_i}{\Delta\lambda_i} \tag{2-135}$$

$$\frac{d^2 l_i}{d\lambda_i^2} = \frac{\dfrac{dl_i}{d\lambda_i} - \dfrac{dl_{i-1}}{d\lambda_{i-1}}}{d\lambda_i} = \left(\frac{\Delta l_i}{\Delta\lambda_i} - \frac{\Delta l_{i-1}}{\Delta\lambda_{i-1}}\right)\frac{1}{\Delta\lambda_i} \tag{2-136}$$

在增量迭代求解中，预定荷载水平 λ_s 的求解，往往需要 2～3 次反复应用以上公式，才能收敛到精确值。

参 考 文 献

[1] 沈祖炎，陈扬骥. 网架与网壳[M]. 上海：同济大学出版社，1997.

[2] 沈祖炎等. 钢结构学[M]. 北京：中国建筑工业出版社，2005.

[3] 董石麟，钱若军. 空间网格结构分析理论与计算方法[M]. 北京：中国建筑工业出版社，2000.

[4] 陆赐麟等. 现代预应力钢结构[M]. 北京：人民交通出版社，2007.

[5] C. Oran. Tangent Stiffness in Space Frames. ASCE, Vol. 99，St6，1973. 987-1009.

[6] 罗永峰. 网壳结构弹塑性稳定及承载全过程研究[P]. 同济大学博士学位论文. 1991.

[7] 沈祖炎，杨宝明等. 杆系结构全过程非线性分析的全量等弧长法[J]. 工程力学. 1992 增刊：653-659.

［8］ H. Max Irvine. Cable Structures. the MIT press，1981.
［9］ A. H. Peyrot and A. M. Goulois，Analysis of cable structures. Computers & Structures. 1979，10(5)：805-813.
［10］ 金问鲁. 悬挂结构计算[M]. 北京：中国建筑工业出版社，1996.
［11］ 王春江. 平板型张力集成体系的几何稳定性及预应力分析研究[D]. 同济大学博士学位论文. 2002.
［12］ 王春江，董石麟，王人鹏，钱若军. 一种考虑初始垂度影响的非线性索单元[J]. 力学季刊. 2002，(3)：354-361.
［13］ 罗永峰，J. G. Teng，沈祖炎，沈永兴. 结构非线性分析中求解预定荷载水平的改进弧长法[J]. 计算力学学报. 1997，14(4)：462-467.

3　施工时变钢结构系统的分析方法

3.1　施工过程中钢结构系统的演变

大型复杂钢结构的施工过程是一个复杂的结构系统渐变过程，施工过程中结构体系从无到有、从小到大、从简单到复杂、从局部到整体、从非完整到完整、从施工安装位形到竣工终态位形，经历了一系列变化[1,2]。在整个施工过程中结构的几何构形和体系（结构几何形状及结构构造组成）、结构的刚度、结构的边界条件（边界约束的形式、位置及数量）、结构上的荷载（荷载类型、分布形式和大小）、结构的施工环境（风速、温度、洪水及其他可能的自然灾害）等，都将随着施工进程发生动态变化甚至灾变。因而，施工过程中不断变化的结构系统（包括临时支承结构体系）的力学性态将随着结构的施工进程发生变化。如何合理准确地模拟施工过程中各个施工阶段结构系统的变化，如何正确且准确地预测不同施工阶段结构系统的力学性态和累积效应，如何控制施工过程中结构应力状态和变形状态始终处于可控制的安全范围内，并使竣工成形结构的造型与内力达到设计要求且结构本身处于最优的受力状态，就需要对结构系统在施工过程中的系统变化、控制参数变化、结构动态变化特征等进行过程分类、分析，明确不同参数在不同施工阶段的影响和计算方法，为施工过程跟踪验算建立合理准确的计算模型，这也是目前大型复杂钢结构系统安全施工所迫切需要的理论技术之一[3-10]。

进行大型复杂钢结构的施工过程模拟验算和过程控制，需要考虑的主要时变因素包括[1]：施工过程中结构体系的变化、施工过程中结构上荷载或作用的变化以及预应力结构施工中预应力的输入与控制。只有明确不同的结构参数及施工参数的演变特征，才能准确建立数值模拟计算模型，才能准确预测结构的力学性态。

3.1.1　施工过程中结构构型及体系的变化

大型复杂钢结构系统在施工过程中需要考虑结构造型及体系的主要时变因素包括：

3.1.1.1　结构几何构型的变化

在施工过程中，结构的几何构造和形状，是按照设计要求在施工安装中逐步形成的。随着施工进程的发展，结构构件按预先设定的顺序或规律安装到相应的位置上[11]。在施工安装期间，结构规模从小到大、几何形式从非完整到完整，几何构造和形状的增长变化是阶段性的，具有时变特征。但在每一个施工阶段，已施工安装的结构系统（包括临时支承结构的非完整结构）应该是稳定的，能够承受施工期间的各种荷载。

3.1.1.2　结构体系可能发生变化

施工过程中引起结构体系可能变化的原因有两个：

（1）由于施工作业的原因，施工中结构的部分构件可能不能按顺序或构造需要及时安装到位，而要等结构其他构件均安装后才能安装，这就造成已形成的非完整结构体系与原设计结构体系不同。这一施工阶段中的结构有时可能是不稳定的，需要增设临时支承保证其安全性。如大型网壳结构施工中采用的折叠展开法，在折叠提升中就属于这种非完整结构体系。

(2) 大型复杂钢结构，由于体量庞大、系统复杂，施工期间往往需要设置临时支承结构。施工过程中，临时支承结构与主体结构共同作用，形成一种与原设计结构不同的“复合结构体系”，承受施工期间的荷载和作用。在施工结束后，临时支承结构就须拆除，临时支承结构的拆除过程，是一个将临时支承结构上的荷载转移到主体结构上的过程，这是一个将“复合结构体系”转变为原设计单一结构体系的过程，施工结构系统将在此转变过程中发生体系上的变化，在现代结构施工模拟分析中称之为“结构体系转换”。

对于大型复杂钢结构来说，不论何种原因引起结构体系的转换，都将引起结构内力的重分布和结构位移（或变形）的变化，这一变化对结构的受力性能有着不可忽视的影响，结构的安全性及承载能力验算必须考虑这种影响。

3.1.1.3 结构刚度变化

随着施工过程的发展，伴随着结构几何构型的不断变化和结构体系的可能转换，施工过程中结构的刚度也在不断发生阶段性变化。施工中结构刚度的变化主要表现在两个方面：

(1) 构件数量的变化

施工过程中构件的增加或减少，直接影响所安装部位的刚度，进而影响施工结构系统的整体刚度。施工过程中构件安装的顺序也影响结构的刚度分布，可能对结构的变形模式甚至结构的稳定性、安全性产生影响。

(2) 初始预应力的变化

施工过程中预应力构件在预应力输入前后，构件的刚度是完全不同的，初始预应力的大小，也直接影响构件刚度的大小，进而影响施工结构系统的整体刚度。

3.1.1.4 结构边界条件的变化

施工过程中，结构边界条件的变化包括：边界支座节点位置的变化、数量的变化、约束形式的变化。

结构边界条件的变化和结构的施工安装方法有关，结构在施工期间的支座位置和数量往往和竣工后状态不同。结构支座节点的约束方式通常由设计确定，有时可能在不同荷载作用下约束条件不同。边界条件的不同或变化，直接影响结构的内力和变形。

3.1.1.5 结构施工误差的累积变化

结构的施工误差分为两类：构件制作误差、结构安装误差。

施工误差的产生和累积将影响结构的安装精度或结构的几何形状和结构变形，最后在结构安装合龙或封闭阶段，将产生节点或构件的强迫就位，从而产生附加内力，直接影响结构的内力分布和安全性。

3.1.2 施工过程中预应力的施加与调整

与传统的无预应力刚性钢结构不同，预应力钢结构是一种半刚性结构体系，而张拉结构则是一种柔性结构体系，无预应力时这两类结构的刚度较弱或很弱甚至刚度为零。在施工过程中常需要设置临时支承结构才能安全施工，结构的形状和刚度与预应力的输入方法、预应力大小及其分布形式密切相关。因而，在这类预应力钢结构的施工跟踪模拟计算中，需要根据施工进程，考虑以下结构体系主要的阶段性变化：

（1）预应力的输入引起结构形体变化；

（2）不同的预应力输入方式，结构的形状和刚度变化不同；

（3）预应力的调整，结构的形状、刚度相应发生变化；

（4）施工中不可避免的施工荷载影响预应力的分布，进而影响结构的成形；

（5）结构的形态、刚度与预应力分布相关。

3.1.3 施工过程中结构上荷载或作用的变化

结构在施工过程中的荷载和作用主要包括：结构自重、施工用设备和辅助材料重量、风荷载、温度变化以及施工过程中可能出现的碰撞或其他意外作用如火灾、水灾，由于结构的施工周期相对于其生命周期很短，通常施工过程中，不考虑地震作用的影响。

施工过程中结构上荷载或作用的变化表现为以下几种方式：

（1）结构的自重在施工进程中随着安装单元或构件的不断增减而变化；

（2）施工用设备和辅助材料的重量随着结构安装位置的移动而改变位置及其大小；

（3）自然风风速大小和施工时的天气有关，但在处于施工中的非完整结构上产生的风压，和当时的风向、结构的形状、体系、尺度甚至结构的刚度有关；

（4）由于大型复杂结构的施工，不会在一朝一夕间完成，施工期间结构的温度将随着气温变化，施工过程中温度的变化直接影响钢构件的尺寸变化，也就影响结构的整体安装尺寸和形状；

（5）在施工过程中，需要考虑可能的意外事故或灾害对结构安全施工的影响，意外的撞击或其他灾害的发生，可能会造成构件甚至结构的损坏，有时即使没有造成损坏，也可能会造成结构构件的变形或损伤。

3.2 施工过程中时变钢结构的模拟计算方法

结构施工过程的力学分析与传统结构设计计算的主要不同在于[1]：一是结构上的作用或荷载不同，施工过程中的荷载属于施工荷载而非结构的设计荷载；二是施工过程中结构形状和体系随着施工进程发生变化，内力也将随之发生重分配。这两种因素使结构在整个施工过程中，内力和变形具有时空变化特征。结构构件最不利的内力状态往往可能未必全部对应于结构的设计状态，而部分构件最不利的内力状态可能对应于结构的施工状态，因而，只有同时进行结构施工状态和设计状态的验算，才能保证结构生命全过程的安全。

相对而言，目前关于结构的设计计算方法已较为成熟，而对于大型复杂钢结构施工过程模拟跟踪计算方法的研究发展较慢，尚不能满足工程实际的需要。本节对施工过程中的计算方法进行原则性论述，关于不同结构体系相应不同的施工过程计算方法，在后续章节中详细论述。

3.2.1 施工过程中结构单元或构件的吊装验算方法

3.2.1.1 吊装方案的确定

对大型结构或构件进行吊装验算前，应先确定吊装方案，即进行以下初始准备工作：

(1) 根据拟采用吊装设备的起重能力，将结构或构件划分为合理的吊装单元；

(2) 根据吊装单元或构件的几何尺寸，合理选择吊装单元或构件上吊点的数量和位置；

(3) 根据吊点布置，合理确定吊索长度和布索方式，保证构件在吊装过程中的正确姿态；

(4) 根据构件或吊装单元的几何尺寸和刚度分布，确定是否需要对吊装单元进行吊装过程中的临时加固或采取其他措施；

(5) 根据施工现场条件，选择合理的吊运路线和吊装速度；

(6) 吊装到位后，选择合理的节点连接顺序和工艺过程。

3.2.1.2 建立计算模型及吊装验算

根据已确定的吊装方案，建立构件吊装计算模型。通常钢构件的吊装验算，均认为构件材料的本构关系为线弹性，构件的变形位于弹性范围内，构件在吊装过程中的内力及变形，可采用常规的结构力学方法进行建模计算，进而按照钢结构设计规范验算构件的承载力、稳定与变形。

特别需要重复指出的是，进行构件吊装验算均假定：在吊装过程中构件可能出现的薄弱区域或部位已得到充分加固或加强，构件均不会出现永久变形。

另外，需要补充说明，如果构件在吊装过程中，构件质量较大且起吊时加速度较大，则应考虑初始加速度对构件内力和变形的影响。

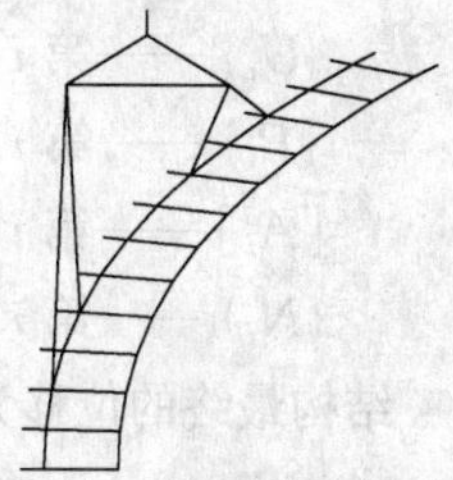

图 3-1 大型构件的吊装模式及吊装验算力学模型

图 3-1 为某大型构件在吊装过程中的吊装模式及吊装验算力学模型。

3.2.2 施工过程中刚性结构系统的计算方法

本节所涉及的刚性结构体系是由梁、柱、杆、板、壳等刚性构件组成的结构体系，结构不需施加预应力即有刚度，可承受荷载，结构构件在荷载作用下的变形与构件截面尺寸相比很小可以忽略，在设计荷载下结构整体变形也很小。刚性结构体系的设计理论常为线弹性理论，同样，相应的施工过程模拟跟踪计算理论也为线弹性理论。

把一个复杂结构由分段的子结构或单元最终拼装成一个完整的结构系统，是大型复杂空间钢结构施工的常用方法，如单元拼装法、分条分块吊装法、分条分块滑移法、悬挑安装法、折叠展开法等。结构在不同施工阶段其体量大小、边界条件、荷载条件等均可能发生时空变化，有着不同的结构形态和不同的受力状态。因而，对大型复杂空间结构的施工过程进行合理准确的跟踪分析验算，就不能采用结构在使用阶段的力学模型——即完整的整体结构力学模型——来模拟计算结构在施工过程中乃至施工完成后的内力与变形。为了合理准确地跟踪验算结构在施工阶段的内力和变形，文献[3]提出了结构施工阶段的状态变量叠加法，该方法应按照结构的实际施工过程[3]，根据每个施工阶段相应的结构几何形态、边界条件、荷载条件，依次计算施工过程中非完整状态结构的内力、变形等阶段状态变量，当完整结构施工成形后，再把各个施工过程所得的内力、变形等状态变量分别叠加，得到施工结束后结构的最终内力、变形。

对于杆系结构或网格结构，假设结构在施工过程中可分为 n 个施工安装单元或安装子块，即施工过程分为 1，2，…，n 个施工阶段，则结构在施工过程中每个施工阶段的有限元基本方程为[4]

施工第一阶段 $$[K_1]\{U_1\}=\{P_1\} \tag{3-1a}$$

相应的内力 $$[N_1]=[k_1][A_1]\{U_1\} \tag{3-1b}$$

施工第二阶段 $$[K_2]\{U_2\}=\{P_2\} \tag{3-2a}$$

相应的内力 $$[N_2]=[k_2][A_2]\{U_2\} \tag{3-2b}$$

……

施工第 n 阶段 $$([K_1]+[K_2]+\cdots+[K_n])\{U_n\}=\{P_n\} \tag{3-3a}$$

相应的内力 $$[N_n]=[K_n][A_n]\{U_n\} \tag{3-3b}$$

式中 $[K_i]$——第 i 施工阶段中第 i 单元块相对应的结构总刚度矩阵；

$[k_i]$——第 i 施工阶段时非完整结构的杆单元刚度矩阵；

$\{U_i\}$——第 i 施工阶段时非完整结构的位移向量；

$\{P_i\}$——第 i 施工阶段中第 i 单元块安装时的结构节点力向量；

$[A_i]$——第 i 施工阶段时非完整结构的几何矩阵；

$\{N_i\}$——第 i 施工阶段时非完整结构中杆件的内力向量。

结构最终的位移为

$$\{U\}=\sum_{i=1}^{n}\{U_i\} \tag{3-4}$$

结构最终的内力为

$$\{N\}=\sum_{i=1}^{n}\{N_i\} \tag{3-5}$$

3.2.3 施工过程中预应力钢结构的分析方法

本节所涉及的预应力钢结构是由刚性（或半刚性）结构和高强度预应力索（或钢棒）共同组成的钢结构体系，结构体系中的刚性结构部分在无预应力时既具有确定的初始形状、一定的刚度和承载能力，预应力的施加提高了结构的整体刚度，也使结构构件或结构局部产生了一定量的变形，但结构的整体形态或造型却未发生改变。这类预应力结构常见的形式或体系有：预应力桁架、预应力网架、预应力网壳、张弦梁、张弦拱、弦支穹顶、斜拉网架、斜拉网壳等。

在大型或大跨度预应力钢结构中，通常刚性子结构部分的刚度相对较弱，施工过程中预应力的输入，将可能引起刚性子结构较大的变形，但结构在预应力状态的力学性态仍然在弹性范围内。因而，预应力钢结构的施工张拉过程是一个大位移小应变的弹性力学过程，施工过程分析需要考虑结构几何非线性的影响。

3.2.3.1 预应力钢结构体系在施工过程中的状态

预应力钢结构从施工安装开始到安装结束，整个过程通常历经三个不同的结构状态[5]：即零状态、初始状态和荷载状态。

结构的零状态：结构中无预应力且不承受除自重外的任何外荷载作用时的状态为结构的零状态，属于结构安装成形前的状态。

结构的初始状态：结构初始状态是指结构不承受外荷载，仅在预应力作用下或在预应力和结构自重共同作用下的工作状态。

结构的荷载状态：结构在施加预应力成型后即形成初始状态后，在其他各种工作荷载作用下的工作状态称为结构的荷载状态。

大型预应力钢结构体系施工过程的跟踪计算，主要是分析结构从零状态到预应力初始状态这一施工过程中的力学性态。通常大型预应力钢结构体系中的刚性子结构较柔，在预应力的输入过程中将会产生较大的变形，这种大变形对结构的内力分布具有很大的影响，不能忽略。因而，预应力钢结构的施工分析计算必须考虑施工变形的几何非线性效应。

3.2.3.2 大型预应力钢结构体系的张拉过程计算

大型预应力钢结构体系的施工张拉过程，是在已确定的无预应力状态结构或零状态结构上输入预应力，使其达到目标预应力状态即初始状态结构的过程。在这一施工张拉过程中，预应力的最终分布形式及其大小可能需要数次调整才能完成，但结构在张拉施工完成后的体系，在几何形态和内应力分布上应与理论设计的结构初始状态相同。

无预应力零状态几何形式已确定的结构，结构输入预应力后的初始状态需要通过精确位移协调原则确定[5]。图 3-2 所示为一个零状态已确定的结构经施工张拉直至达到结构预定的初始状态的示意过程，图中实线表示已确定的结构零状态，虚线表示施加预应力后“起拱”得到的结构初始状态。由于结构零状态已知，初始状态未知，则结构初始状态的理论计算确定就是一个非线性迭代分析过程，这一非线性迭代分析的步骤为：

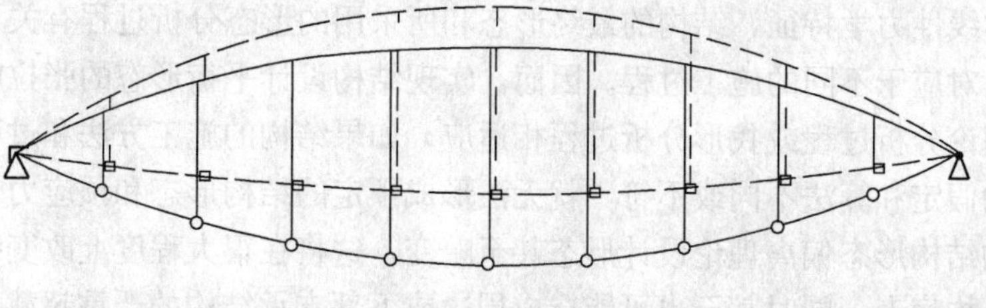

图 3-2 精确位移协调计算模型

(1) 输入已知的结构零状态几何位置坐标 $\{X_0, Y_0, Z_0\}$；

(2) 在已知零状态结构位形基础上，建立结构计算模型及非线性有限元方程；

(3) 输入第一级预应力，进行几何非线性迭代计算，求得结构的平衡位形及内力分布，其中位移向量为$\{U_0\}$，则新的预应力状态平衡位形为$\{X_1, Y_1, Z_1\}=\{X_0, Y_0, Z_0\}+\{U_0\}$；

(4) 判断已求得的结构预应力状态平衡位形 $\{X_1, Y_1, Z_1\}$ 是否为理论设计的初始状态位形，若满足结构初始状态位形的条件，则结构初始状态位形已找到，否则，输入第二级预应力（或者调整预应力），再次进行几何非线性迭代计算，如此按预定施工方案反复调整预应力，直至达到满足结构初始状态位形的条件；

(5) 求得结构初始状态位形后，输出结构的初始状态位置坐标 $\{X, Y, Z\}$。

在进行结构施工张拉的非线性迭代计算过程中，结构将产生不平衡力，这种不平衡力一方面是由于结构在张拉中本身的位形变化引起的，同时预应力拉索在张拉过程中的位形变化将导致预张力方向的变化，也进而产生不平衡力。这一不平衡力，在不断的迭代计算中得到消除。

3.2.4 施工过程中柔性钢结构系统的分析方法

本节所涉及的柔性钢结构体系是分别由高强度索、撑杆、张力膜组成的结构体系，结构体系中的柔性单元（索或膜）只能受拉，无预应力时，结构无刚度且形状不定，结构受力后的变形不属于小变形，结构构件内力与结构几何形态密切相关，结构的力学性态表现出很强的非线性特征，结构的施工张拉过程也是一个非线性的力学过程。因而，结构的设计计算理论及施工过程模拟计算理论均为非线性弹性理论。这类柔性结构常见的形式或体系有：悬索结构、索网结构、索桁架结构、膜结构、索与膜结构、索穹顶结构、整体张拉结构等。

3.2.4.1 柔性结构体系施工的特点

柔性结构体系从施工安装开始到安装结束，同样需要历经三个不同的结构状态：即零状态、初始状态和荷载状态[5]。三种状态的定义与上节相同，不再赘述。

大跨度柔性结构体系成形的关键步骤是结构初始平衡状态的找形分析，合理的结构平衡形态将使得结构形状、预应力分布、支承条件达到优化组合[7]。大跨度柔性结构体系的平衡形态与其预应力分布直接相关，两者之间的协调关系是通过严格且合理的非线性理论分析及设计得到的，这一理论设计平衡形态的实现，需要经历一个复杂的分组分批张拉的施工过程而非一次整体成形，也就是说，结构的施工过程就是结构的成形过程。由于这类结构显著的非线性力学特征，结构的最终形态和所采用的形态分析过程有关，而不同的形态分析过程又对应于不同的施工过程。因而，实现结构设计平衡形态的张拉施工过程必须与所采用的理论分析过程或找形分析过程相适应，如果结构的施工方法和过程与初始理论分析与设计的假定和算法不同或不符，就无法形成预定的结构形态和预应力分布，可能使得最终成形的结构形态偏离理论设计形态甚至畸变，这将在很大程度上改变结构的受力性态甚至导致结构病态，同时甚至也可能造成周边或下部支承结构的严重超载，也就无法保证结构在使用阶段的安全性。因此，大跨度柔性结构体系的施工技术方案、施工工艺过程和施工控制措施等都与结构的理论设计方法及分析过程密切相关。

柔性结构体系在本质上与传统的刚性结构体系不同，柔性结构体系的施工力学分析包括结构构件弹性大变形、机构运动、刚体运动和时间变化等时空非线性特征，而这些特征在传统的刚性结构施工过程中是不考虑的，因而，采用与传统刚性结构施工分析相同的线弹性理论分析柔性结构的施工过程显然是不合理的。因此，只有采用考虑刚体运动的柔体动力学有限单元方法，才能准确地进行柔性结构施工过程非线性数值模拟，才能正确指导施工过程。

3.2.4.2 柔性结构体系施工过程分析方法

在柔性结构施工过程中，有两种不同性质的构件需要区分：

主动索或主动构件——是指在张拉施工过程中，需要直接输入预应力或直接进行张拉的索或构件。

被动索或被动构件——是指在张拉施工过程中，不需要直接张拉的索或构件。这类索或构件中的预应力是由于主动构件张拉后，结构需要平衡引起内力重分布而被动产生的。

柔性结构体系的施工过程模拟计算，是结构从零状态到预应力初始状态的成形过程分析，通常需要进行两个阶段的模拟计算，首先根据理论设计的张拉方案和步骤进行模拟计算，确定施工张拉方案、施工过程和施工控制方法；然后根据测量获得的施工误差，进行施工张拉调整或修正过程的数值模拟计算。柔性结构体系在施工过程中的张拉调整或修正模拟计算，在理论设计阶段是无法考虑的，需要在获得施工误差后，根据施工误差制定修正模拟计算方法，进而制定张拉施工调整修正方案和控制方法。文献［8］通过对索穹顶结构施工过程模拟方法的研究，提出了基于索原长的有限元施工过程模拟方法和考虑施工误差的施工伺服方法。

(1) 基于索原长的施工过程模拟

大跨度柔性结构体系的张拉施工一般采用分批张拉施工方法，由于结构的零状态和预应力初始状态具有一一对应的关系，理论上可先将分批的主动索分步张拉到标定索原长，然后计算出每批主动索被主动张拉时的张力，再将该主动索的张力作为该批主动索施工张拉时的控制值进行张拉[8]。具体的施工张拉数值模拟计算步骤为：

1) 建立有限元数值模拟计算模型，为了数值模拟的方便，可采用常用的生死单元技术；

2) 张拉第一批主动索，将其张拉到标定索原长，其余尚未张拉的主动索不张拉，计算此时第一批主动索的张力，作为该批主动索施工张拉时的拉力控制值；

3) 张拉第二批主动索，同样将其张拉到标定索原长，而第一批已张拉的主动索此时变为被动索且长度保持不变，其余尚未张拉的主动索不张拉，计算此时第二批主动索的张力，作为该批主动索施工张拉时的拉力控制值；

……

4) 反复进行同样的张拉模拟计算过程，直到最后一批主动索张拉完毕。

若不考虑索在节点处的滑移以及施工误差，则张拉施工过程模拟计算完成，结构的最终形态应与理论设计形态（初始平衡状态）相同。

事实上，在实际结构的张拉施工过程中，后批索的张拉一定会影响此前已张拉索的内力，进而导致已张拉索的长度发生变化，同时张拉过程中可能产生索在节点处的滑移，钢索及其节点在制造过程中的误差，也会影响索在张拉后的实际长度，而索的内力对索长度变化极其敏感，因而，按理论模拟计算结果进行张拉施工，得到的结构形态可能与设计结构形态有偏差甚至不符。

(2) 考虑施工误差的施工伺服方法

在施工过程中，可根据施工进程随时测出主动索两端节点坐标以及索的张力，由此计算出主动索的实际长度，根据索的实际长度修正施工过程模拟计算模型，重新进行准确的施工过程模拟计算，具体步骤为：

1）在完成基于索原长的施工张拉后，测量并记录各主动索两端节点坐标及其张力，并按式（3-6）计算索原长度[8]

$$L_u = L - \Delta L \approx \frac{EA}{EA+T}\left(V^2 + H^2\,\frac{\sinh^2\lambda}{\lambda^2}\right) \tag{3-6}$$

其中，L_u 为索的原长，L 为索张拉后的长度，ΔL 为索在张力作用下的弹性伸长量，T 为索中张力，V、H 为索的两个投影长度，如图 3-3 所示，λ 可由式（3-7）求得

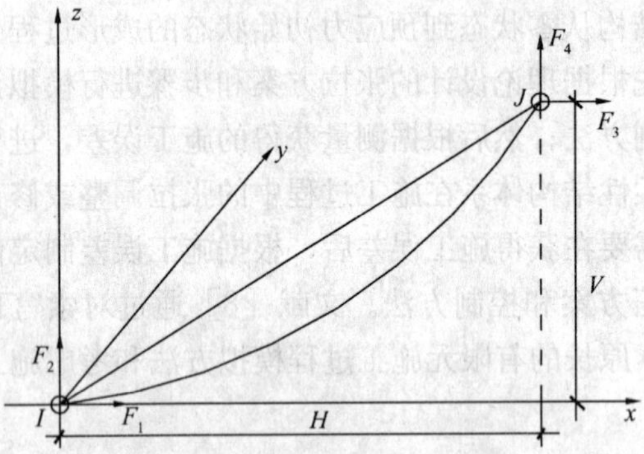

图 3-3 索单元

$$\lambda = \frac{WH}{2|F_1|} \tag{3-7}$$

上式中，W 为索重量，F_1 为索张力的水平分量，见图 3-3。

2）根据重新计算得到的索原长，修正施工模拟计算模型。

3）根据修正后的施工模拟计算模型，进行第一批主动索的张拉计算。将其张拉到修正后的标定长度，其余尚未张拉的主动索不张拉，计算此时第一批主动索的张力，作为该批主动索施工张拉时的拉力控制值。

4）根据修正后的施工模拟计算模型，进行第二批主动索的张拉计算。同样将其张拉到修正后的标定长度，其余尚未张拉的主动索不张拉，计算此时第二批主动索的张力，作为该批主动索施工张拉时的拉力控制值。

……

5）反复进行同样的修正后张拉模拟计算过程，直到最后一批主动索张拉完毕。

6）若修正后模拟张拉得到的结构形态满足理论设计预应力初始形态要求，则张拉完成。否则，重复进行 3）～5）步的修正张拉过程，直到满足理论设计预应力初始形态为止。

柔性结构的施工过程是一个由零预应力状态到初始预应力平衡状态的成形过程，根据找形分析理论过程制定的结构体系施工方案和施工过程模拟计算，是施工过程中结构成形和张拉控制的理论依据，也是施工作业过程中必须遵循的技术路线。因此，正确的施工张拉过程必须严格遵循施工模拟分析所制定的张拉顺序和张拉控制值进行施工，以实现理论分析所期望的结构预定几何形态和预应力目标。

大跨度柔性结构体系的整体刚度由预应力提供，结构在自然状态下无刚度，结构的形状、刚度与预应力分布及预应力值直接相关。因此，施工过程中预应力张拉值的控制必须适度。一般情况下，预应力过小不能使结构获得必要的刚度和稳定性；过大则可能导致部分杆件失效，而且过大的超张拉将大大加速钢索徐变松弛所产生的预应力损失[7]。

综上所述，大跨度柔性结构体系在施工前，施工者必须全面且清晰了解理论设计计算方法和过程，根据理论设计方法制定相应的施工成形方案，有效控制每一施工步骤，以达到实现结构预定平衡形态和结构整体刚度的目标。

3.2.5 施工过程中变边界约束结构的分析方法

现代大型空间钢结构造型新颖、体量庞大、体系复杂，为了经济合理、技术先进、安全可靠，关于大型空间钢结构的设计与施工理念在迅速发展变化。目前工程中出现的一种变边界约束结构——即结构在施工阶段和使用阶段具有不同的边界条件——是现代大型空间钢结构设计与施工中的一种新方法，变边界约束概念的采用使得结构系统的某些参数或条件在分析计算时不再像传统结构分析那样保持为恒定不变，而是随时间或结构的状态发生变化。尽管这种变化通常与结构体系的生命周期相比非常短暂，但这种变化对结构的受力性能、承载能力和经济性能却有着显著的影响，并且传统的分析方法不再适用。

本节涉及的变边界约束结构是结构系统的边界参数在其生命周期内的某个时间点发生突变的一种结构体系。这类结构应归为时变结构的范畴[1]，时常力学的分析方法已不足以满足此种结构的分析要求，需要采用新的计算方法进行分析。文献［9，10］提出了一种变边界约束结构分析的有效方法，并给出了相应的非线性有限元方程和计算策略。

3.2.5.1 变边界约束结构的受力特点

本节所分析的变边界约束结构体系的特征是，一个结构在其生命周期的不同阶段具有不同的边界条件，因而这类结构的内力分布和受力性能就不同于传统的在其生命周期内具有常值边界条件的结构。例如一个结构在施工阶段边界条件为一种约束，而在使用阶段边界条件变为另一种约束，这样该结构由于边界约束的改变，结构的内力分布和承载性能都将改变。因而这类变边界约束结构体系荷载响应的分析，不能再采用传统的在结构生命周期内具有常值不变边界约束条件的分析方法进行计算。

3.2.5.2 变边界约束结构的线性有限元法

(1) 线性静力分析

不失一般性，假设一种变边界约束结构在其生命周期经历一次边界变化也即结构具有二种边界条件相应的二个阶段。设结构体系在阶段 1 的刚度矩阵为 $[K_{1E}]$，承受的荷载为 $\{F_1\}$，相应的位移为 $\{U_1\}$；结构在进入阶段 2 后刚度矩阵变为 $[K_{2E}]$，结构上的荷载在 $\{F_1\}$ 基础上增加了 $\{F_2\}$，而对应于 $\{F_2\}$ 的位移为 $\{U_2\}$，则在线性条件下有

$$[K_{1E}]\{U_1\} = \{F_1\} \tag{3-8a}$$

$$[K_{2E}]\{U_2\} = \{F_2\} \tag{3-8b}$$

由于在不同阶段结构边界条件不同，通常 $[K_{1E}]$ 和 $[K_{2E}]$ 的维数不同，为了求得结构终态的位移，需要将不同阶段的刚度矩阵和位移向量转换为相同的维数，以方便结构位移的叠加。假定 $[K_{1E}]$、$\{U_1\}$ 的维数大于 $[K_{2E}]$、$\{U_2\}$，则可由扩充矩阵 $[A]$ 将 $\{U_2\}$ 扩充到与 $\{U_1\}$ 同维，即

$$\{U'_2\} = [A]\{U_2\}$$

或

$$\{U_2\} = [A]^{\mathrm{T}}\{U'_2\} \tag{3-9}$$

$$\{F'_2\} = [A]\{F_2\}$$

其中 $\{F'_2\}$、$\{U'_2\}$ 分别为将 $\{F_2\}$、$\{U_2\}$ 扩充到与 $\{F_1\}$、$\{U_1\}$ 同维数的荷载、位移向量。

根据线性叠加原理，可得到结构的总位移为

$$\{U\} = \{U_1\} + \{U'_2\} = [K_{1E}]^{-1}\{F_1\} + [A][K_{2E}]^{-1}\{F_2\} \tag{3-10}$$

(2) 线性稳定分析

假定结构在阶段 1 不失稳(若结构在阶段 1 失稳，则结构不可能进入阶段 2，采用常规稳定性分析方法即可)，进入阶段 2 可能失稳。阶段 1 结构在荷载$\{F_1\}$作用下产生的位移$\{U_1\}$为结构进入阶段 2 的初变位，同样结构构件也有相应的初内力。因而，在阶段 2 结构上作用的荷载为$\{F\}=\{F_1\}+\{F'_2\}$，且结构具有初始位移$\{U_1\}$。结构在阶段 2 的线性平衡方程为

$$[K_{1E}]\{U_1\}+[K'_{2E}]\{U'_2\}=\{F\} \tag{3-11}$$

其中

$$[K'_{2E}]=[A][K_{2E}][A]^{T} \tag{3-12}$$

在临界状态(阶段 2 中)，结构线性失稳的特征方程为

$$[K_T]\{\Delta U\}=\{0\} \tag{3-13}$$

其中 $\{\Delta U\}$——结构增量位移向量，且

$$\{\Delta U\}=\{\Delta U_2\}$$

$[K_T]$——阶段 2 结构切线刚度矩阵，且

$$[K_T]=[K_{2E}]+[K_{2G}] \tag{3-14}$$

求解方程(3-13)可得到变边界约束结构的线性稳定系数。这里需要强调的是，式(3-14)中的几何刚度矩阵$[K_{2G}]$与结构临界状态前的荷载$\{F\}=\{F_1\}+\{F'_2\}$有关，也即与阶段 1 的荷载有关，且需考虑阶段 1 在结构上产生的初变位的影响，因而$[K_{2G}]$的元素与传统线性方法中不同。

(3) 非线性分析

1) 变边界约束结构的非线性有限元方程

结构非线性分析的增量有限元方程为

$$[K_T]_j\{\Delta U\}=\{P\}_j-\{R\}_j \tag{3-15}$$

在修正的 Newton-Raphson 法中，结构切线刚度矩阵$[K_T]_j$在每一荷载增量步中保持不变。对于变边界约束结构，可设定荷载增量，使得在每一荷载增量步中$[K_T]_j$的阶数也恒定不变，而边界条件的改变发生在某一荷载增量步开始之际，同时结构切线刚度矩阵在该增量步开始前后发生突变。与线性分析方法相仿，假定荷载步 i 时结构边界条件为阶段 1，荷载步 $i+1$ 时结构边界条件变为阶段 2，则可将任意一个荷载增量步末结构的位移表示如下：

$$\{U_j\}=\{U_{j-1}\}+\{\Delta U\},\ j\leqslant i \tag{3-16a}$$

$$\{U_j\}=\{U_{j-1}\}+[A]\{\Delta U\},\ j\geqslant i+1 \tag{3-16b}$$

其中，$\{U_j\}$为第 j 荷载增量步末结构的位移响应，$\{U_{j-1}\}$为结构第 $j-1$ 个荷载增量步末的总位移，$\{\Delta U\}$为当前荷载增量步的位移增量，$[A]$为扩充矩阵。

由式(3-16)可得到结构中任意一点的位移，进而可得到结构的内力以及荷载——位移曲线，并跟踪结构的后屈曲反应。

2) 变边界约束结构线性化分析的强制约束法计算策略

在非线性有限元方程的线性化增量求解中，采用“强制约束法”计算策略可进行变边界约束结构的分析。根据以上线性化增量有限元方程，“强制约束法”计算方法可表述为：①建立结构几何模型，施加阶段 1 的边界约束以及荷载，对结构进行分析；

②记录结构节点位移以及构件内力；

③获取在阶段 2 边界条件将发生变化的节点的位移，作为后续分析该节点的强迫位移；

④修改结构模型的边界条件为阶段 2 的边界条件，在新增加的边界约束方向按步骤③中计算的位移作为强迫位移施加到新边界上，同时将步骤②中计算得到的节点位移作为已知位移施加到修改后的结构模型相应坐标上，以形成阶段 2 的新计算模型；

⑤在修改后的新模型上施加阶段 2 增加的荷载；

⑥对修改后的模型进行增量分析。

强制约束法是在阶段 1 结构模型上修改约束条件使结构模型改变为阶段 2，将阶段 1 中求得的结构未知节点位移作为已知强迫位移施加到阶段 2 结构上，从而使得阶段 2 模型能得到和原结构在同样荷载作用下相同的计算结果。

参 考 文 献

[1] 曹志远. 土木工程分析的施工力学与时变力学基础[J]. 土木工程学报. 2001，34(3)：41-46.

[2] 王光远. 论时变结构力学[J]. 土木工程学报. 2000，33(6)：105-108.

[3] 卓新. 空间结构施工方法研究与施工全过程力学分析[D]. 浙江大学博士学位论文. 2001.

[4] 崔晓强等. 大跨度钢结构施工过程的结构分析方法研究[J]. 工程力学. 2006，23(5)：83-88.

[5] 罗晓群. 大型钢结构施工全过程数值模拟及 CAD 实现[D]. 同济大学博士学位论文. 2003.

[6] 史凯. 大跨度球状空间网格钢结构施工方法研究[D]. 同济大学硕士学位论文. 2005.

[7] 沈祖炎，赵宪忠. 现代大跨度非刚性结构体系建筑施工中的关键问题[J]. 建筑施工. 2000，22(3)：54-57.

[8] 汤荣伟. 索穹顶结构成形理论及结构优化[D]. 同济大学博士学位论文. 2005.

[9] 杨薇. 变边界对结构受力性能影响的研究[D]. 同济大学硕士学位论文. 2005.

[10] YF Luo，R Yu，X Li & W Yang，Static and Linear Buckling Analysis of Changed Boundary Beam，Steel and Composite Structures，Proceedings of the 3rd International Conference on Steel and Composite Structures(ICSCS07)，Manchester，UK，30 July-1 August2007，pp295-300.

[11] 郭彦林等. 复杂钢结构施工力学问题的研究与应用[J]. 施工技术. 2006，35(12)：1-9.

4　超高层钢结构施工中的力学问题

4.1　超高层建筑的发展趋势

4.1.1　现代超高层建筑的发展概况

超高层建筑是人类征服自然，不断取得进步的重要标志，是科学技术的结晶，也是一个国家科技发展水平和综合实力的集中体现。因此，无论是发达国家还是发展中国家，都把建造超高层建筑作为展示社会发展成就的重要手段。

现代超高层建筑起源于美国，已有一百多年的发展历史[1,2]，经历过三个发展阶段。20 世纪 30 年代，以美国纽约帝国大厦（102 层，381m，1931）为代表，是超高层建筑的第一个发展阶段；20 世纪 70 年代，以美国纽约世界贸易中心（110 层，417m 和 415m，1972）和美国芝加哥西尔斯大厦（108 层，442m，1974）为代表，是超高层建筑的第二个发展阶段；20 世纪 90 年代，以马来西亚吉隆坡石油大厦（88 层，452m，1998）为代表，是超高层建筑的第三个发展阶段。

超高层建筑的建造，不但具有显著的经济效益和社会效益，展现一个时代、一个国家的科技发展成就，而且也可极大地促进相关领域科学技术的发展。因此，目前世界上又兴起了超高层建筑建设的新高潮。已建成的台北 101 环球金融中心高度达 508m，高达 492m 的上海环球金融中心结构已封顶，正在建造的广州新电视塔的高度达 610m，正在建造的迪拜大厦预计高达 700 多米，美国世界贸易中心重建计划的高楼高度达 541m，韩国最近宣布将开始建设一座 130 层、高达 580m 的国际商务中心大厦。目前世界上已建成的十大高层建筑及其相关信息见表 4-1 所示。

目前世界上已建成的十大高层建筑　　表 4-1

序号	建筑	城市	高度（m）	层数	时间
1	环球金融中心	台北	508	101	2003
2	石油大厦 2	吉隆坡	452	88	1998
3	石油大厦 1	吉隆坡	452	88	1998
4	西尔斯大厦	芝加哥	442	108	1974
5	金茂大厦	上海	421	88	1998
6	国际金融中心	香港	415	88	2003
7	中信广场	广州	391	80	1997
8	地王大厦	深圳	384	69	1996
9	帝国大厦	纽约	381	102	1931
10	中环广场	香港	374	78	1992

当前超高层建筑发展主要表现在三个方面：一是高度继续增加，延续人类的通天梦想，阿联酋迪拜大厦（预计 705m）就是明显标志；二是造型开始多样化，克服现有超高层建筑造型单调的缺陷，马德里欧洲之门（27 层，高 115m）和中国中央电视台新大楼（52 层，高 163m）就是典型代表；三是超高层建筑同本民族的传统文化相结合，体现民族的文化气息，如上海金茂大厦（88 层，高 421m）。

图 4-1、图 4-2 为前文所述的一些超高层建筑。

(*a*) (*b*) (*c*)

(*d*) (*e*) (*f*)

图 4-1 部分著名的超高层建筑

(*a*) 381m 的帝国大厦；(*b*) 442m 的西尔斯大厦；(*c*) 452m 的石油大厦；
(*d*) 上海金茂大厦 421m；(*e*) 台北 101 508m；(*f*) 欧洲之门 115m (15°)

4.1.2 超高层建筑施工建造技术的发展

关于超高层建筑的施工建造技术，目前日本的研究最为系统、深入，日本熊谷组（Kumagai Gumi Co. Ltd）承建了台北 101 层的世界金融中心，日本大林组株式会社（Obayashi Co. Ltd）在高性能混凝土和超高层建筑施工工艺方面取得了丰硕成果，通过最新的计算机技术、自动控制技术和施工技术的交叉整合，在世界上首先开发了用于超高层建筑钢筋混凝土结构施工的自动化施工系统和用于超高层建筑钢结构施工的自动化施工系统。这些系统通过利用自动爬升的全天候屋顶来覆盖施工中的建筑物，将工厂自动化生产

(a) (b) (c) (d)

图 4-2 正在建设的超高层建筑

(a) 广州新电视塔 610m；(b) 中央电视台新大楼 163m；(c) 上海环球金融中心 492m；(d) 迪拜大厦 705m

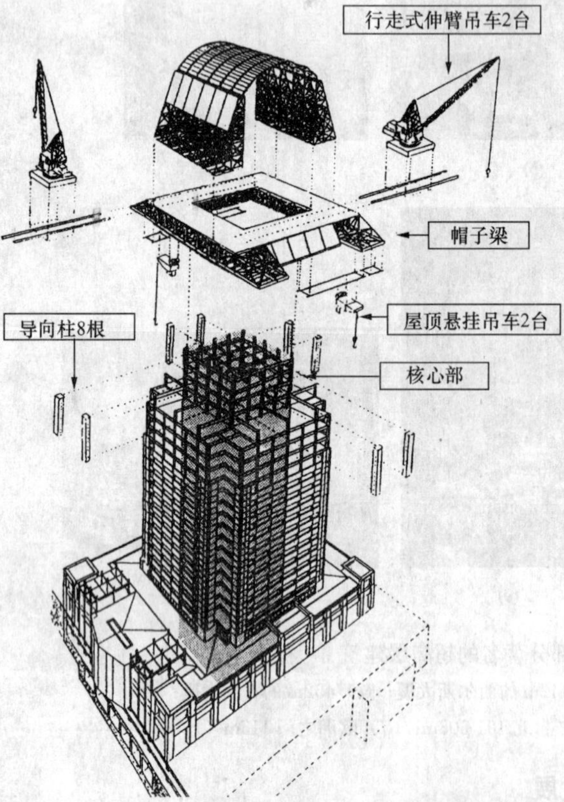

图 4-3 超高层建筑全自动化建筑施工

引入施工现场，从施工材料采购到计算机控制安装，以达到部分自动化乃至全自动化建筑施工的目的，如图4-3所示[3]。

为了进一步提高超高层建筑施工技术水平，日本大林组株式会社提出了建造 800m 高千年塔的设想，并围绕千年塔的建设进行科技开发。1989 年，日本竹中工务店株式会社也向世界宣布建设 1000m 高的空中城市的规划，引起了全球工程技术人员的关注。竹中工务店株式会社通过这一规划，既扩大了其在世界同行中的影响，又促进了其超高层建筑施工技术水平的提高。韩国三星建设株式会社（Samsung Engineering & Construction Co. Ltd）通过成功承建 88 层、452m 高的马来西亚石油大厦，在世界超高层建筑施工方面也赢得了声誉。

我国关于超高层建筑的设计与施工研究及工程应用起步较晚，但发展迅速，技术成就世界瞩目，目前世界上已建成的十大超高层建筑中（表 4-1），我国就占有 6 座。快速的经济及技术发展，在我国已形成了理论规范完备、计算及施工技术先进、人才辈出的超高层建筑设计与施工队伍，同时表明我国已是世界超高层建筑的建造大国。

4.2 超高层建筑结构特点

4.2.1 不同材料的超高层建筑结构

4.2.1.1 超高层钢筋混凝土结构

1903年钢筋混凝土开始应用于超高层建筑。1990年建造的高292m、65层芝加哥南威克街311大厦（311S Wacker Dr），采用钢筋混凝土结构。1990年结构完工的平壤柳京饭店，地上101层，高334m，总面积537000m²，采用现浇钢筋混凝土剪力墙结构，墙体底层最厚70cm，混凝土强度等级为C45，往上逐步减小到C20。

在我国，1980年建成的香港合和中心（65层，216m），1985年建成的深圳国际贸易中心（50层，160m），1992年建成的广东国际大厦（63层，199m）、香港中环广场（78层，374m）和1996年建成的广州中信广场（80层，391m）均采用了钢筋混凝土结构。到1995年，我国已建超过100m的超高层建筑152栋中，有143栋为钢筋混凝土结构。

钢筋混凝土结构的主要优点有：混凝土原料来源丰富，钢材用量较低，结构刚度大，防火性能好，造价较便宜。不足之处是恒载（自重）大，现场用工多，工期较长。需要改善材料的性能，完善结构体系，发展各种工业化施工方法。

4.2.1.2 超高层钢结构

1995年发布的世界上最高的建筑中，有45栋采用了纯钢结构体系。其中包括高度400m以上的芝加哥西尔斯大厦和纽约世界贸易中心。我国1934年建成了第一栋钢结构高层建筑——上海国际饭店，20世纪80年代，在北京、上海、深圳、香港、台北等地相继建成了一批高层和超高层钢结构建筑。20世纪90年代，在深圳、上海、北京、大连、厦门等地，高层超高层钢结构有了新的发展。进入21世纪以来，我国的高层超高层钢结构建筑又进入了新一轮发展，如上海环球金融中心、中央电视台新大楼、广州新电视塔等。我国钢产量自1996年首次突破1亿t，成为世界上第一产钢大国，钢材质量不断提高，品种、规格不断增加并完善，为扩大应用、建造高层超高层钢结构建筑创造了条件。

作为建筑材料，钢材的显著优点是：材质均匀，抗拉、抗压、抗弯和抗剪的强度均高。钢结构体系的特点是：恒载（自重）较轻，且有良好的延性，抗震性能好，工厂制作精度高，安装速度快，用工省，施工现场文明，适用于超高层建筑及大跨度建筑物、构筑物。

4.2.1.3 超高层混合结构和组合结构

不同结构材料有各自不同的优缺点，在超高层建筑结构中，根据材料特性，在结构的不同部位采用不同的结构材料以扬长避短，就形成了混合结构。也可在同一个结构部位采用不同的结构材料，便形成了组合（或复合）结构。

20世纪80年代，北京香格里拉饭店、上海静安希尔顿酒店、上海瑞金大厦和深圳发展中心大厦等都采用了钢框架-钢筋混凝土筒相结合的结构体系，北京京城大厦钢框架采用预制钢筋混凝土墙板作为剪力墙。这类混合体系，较纯钢结构减少了钢材用量，降低了造价，也增加了结构刚度，减小了结构水平位移。

20世纪90年代，超高层建筑采用钢-钢筋混凝土的混合结构更多，特别是外框架采用钢结构而内筒采用钢筋混凝土的混合结构，如上海金茂大厦（88 层，421m）、深圳地王大厦（69 层，384m）、上海新金桥大厦（42 层，167m）、森茂国际大厦（46 层，201m）、世界金融大厦（46 层，189m）、证券大厦（27 层，120m）等。上海金茂大厦为我国首栋高度超过 400m 的超高层建筑，除了采用上述外钢框架-钢筋混凝土内筒外，在四边还设有 8 根劲性混凝土巨型柱，断面由底层 5.0m×1.5m 缩至 87 层的 3.5m×1.0m，底层采用 C60 混凝土、顶层用 C40 混凝土。

混合结构和组合结构体系的特点，与混凝土结构比，恒载（自重）较轻，延性好，抗震性能好，施工速度快。与钢结构比，结构刚度大，防火性能好，造价较便宜。

4.2.2 不同结构体系的超高层建筑

高层建筑结构除承受由重力引起的竖向荷载外，更重要的甚至是起决定作用的是需要承受由风及地震引起的水平荷载或作用，因此高层建筑结构体系常根据抗侧力结构的特点进行分类。高层钢结构体系按其组成形式可分为[1,2]：框架体系、支撑-框架体系、框架-筒体体系和巨型结构体系。

4.2.2.1 框架结构体系

框架结构体系是指沿房屋的纵、横向均采用框架作为承重构件和抗侧力构件所形成的结构体系。钢框架结构按其梁与柱间的连接形式又可分为刚接框架和半刚接框架，半刚接框架梁-柱连接为半刚性，可采用全高强度螺栓连接，由于梁-柱间会产生相对变形，将降低结构的刚度和承载力。

框架结构体系的特点：框架结构中各杆件的变形以弯曲变形为主；框架结构整体变形为剪切型；结构体系抗侧刚度较弱；刚接框架结构适用于 30 层以下高层建筑，而半刚接框架结构仅适用于 15 层以下的建筑。

4.2.2.2 支撑-框架结构体系

框架结构的抗侧刚度相对较小，当结构高度增大时，在风或地震作用下难以满足设计要求，为此，可通过增加支撑来提高结构的抗侧刚度。在框架结构的纵、横向或其他主轴方向，增设竖向支撑，所形成的结构体系称为支撑-框架结构体系。

在支撑-框架结构中，框架部分是剪切型结构，底部层间位移大，支撑部分是弯曲型结构，底部位移小，两者并联组合，可明显减小建筑物下部的层间位移。

支撑-框架结构体系的特点：与纯框架结构相比，由于支撑的增加，大大提高了结构体系的抗侧刚度，使结构顶部侧移和下部层间位移均减小。支撑-框架结构体系适用于 40 层以下高层建筑。

4.2.2.3 框架-筒体体系

为了提高结构抗侧刚度以增加高层建筑的高度，可采用密柱深梁的方式构成框筒结构。通常将平行于水平力方向的框架称为腹板框架，将垂直于水平力方向的框架称为翼缘框架。在水平力作用下，框筒的梁以剪切变形为主，或为剪弯变形，有较大的刚度；而框筒的柱主要产生与结构整体弯曲相适应的轴向变形，即基本为轴力构件。

框筒结构体系的特点：结构的抗侧、抗扭刚度均大，整体性强。但由于框筒梁的剪切变形，使得框筒柱的轴力分布与实际连续筒体不一致，而出现“剪力滞后”现象。“剪力滞后"会削弱框筒结构的"筒体"性能，降低结构的抗侧刚度。柱距越大，剪力滞后效应越大。

框筒结构体系又可进一步分为：外框筒体系、筒中筒体系、成束筒体系。外框筒体系适于 80～100 层高层建筑结构；筒中筒体系适于 100 层左右高层建筑结构；成束筒体系适于 110～140 层高层建筑结构。

4.2.2.4 巨型结构体系

常规高层结构的梁、柱、支撑为一个楼层和一个开间内的构件，如果将梁、柱、支撑的概念扩展到数个楼层和数个开间，则可构成巨型框架结构和巨型支撑结构。与传统框架结构的梁、柱为实腹构件不同，巨型结构的梁、柱均为巨型空间空腹式或格构式构件。巨型空间构件所组成的结构是超高层结构的主要传力体系。

巨型结构体系的特点：结构体量大、抗侧刚度大，结构上的水平力和倾覆力矩均由巨型结构承受，适于 140 层以上高层建筑结构。

高层结构体系的类型及其适用范围如图 4-4 所示。

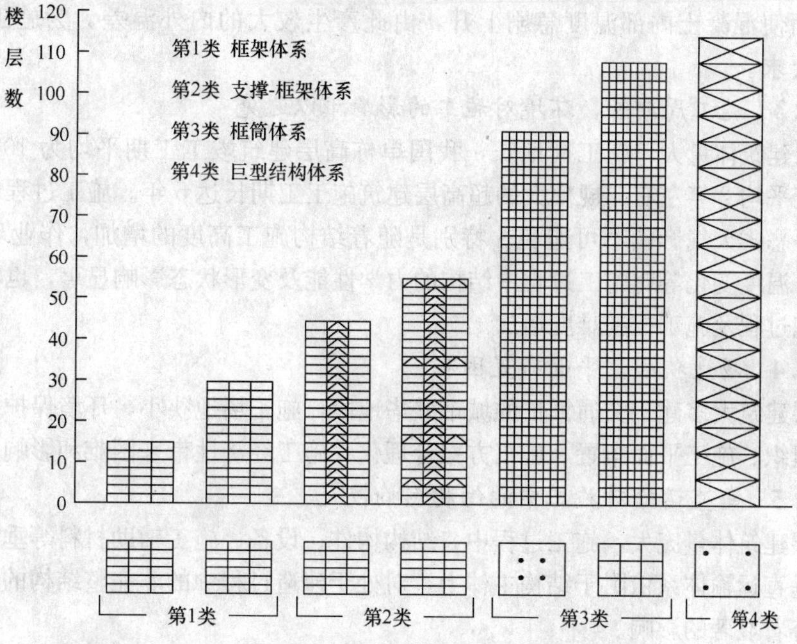

图 4-4 高层建筑结构体系分类

4.3 超高层建筑钢结构的施工特点

4.3.1 超高层建筑结构施工特点

超高层建筑结构的基本施工方法，均是自下而上施工安装的。对于超高层混凝土结构，施工过程须逐层进行，而超高层钢结构，可分施工段进行安装，每一施工段包含结构的数层，应通过施工过程模拟验算确定。超高层建筑的施工特点主要包括以下几方面。

4.3.1.1 结构高，施工控制难度大

超高层建筑最为显著的特点是高度高，通常为垂直向上扩展，这一特点决定了超高层

建筑的施工只能逐层或逐段依次向上进行，作业空间狭小，施工组织的难度高，难以有效利用作业时间和空间。然而，有些超高层建筑高度并不高，但造型奇特，如马德里欧洲之门和中国中央电视台新台址大厦，由于建筑物并非垂直向上，而使得施工工艺技术和施工过程控制更为复杂。现代超高层建筑高度的不断增加和建筑造型的奇异变化，都增加了结构施工的难度，如混凝土超高程输送、安全高效的模板体系、重型钢结构吊装、结构施工控制等。同时，施工过程中结构的变形和构件内力的累积及变化将更为复杂、显著，这都为施工过程的预先模拟和施工过程控制提出了更高的要求。

4.3.1.2 基础的施工与控制难度大

为了结构稳定和开发地下空间的需要，超高层建筑的基础埋置都比较深，如有的工程基础桩长达 80 多米，无论采用现浇灌注桩还是预制桩，桩基础施工难度都非常高。同时为了改善上部结构的受力，基础底板的厚度都比较大，混凝土的强度等级高，如中央电视台新台址主楼的基础底板厚度达 7.5m，电梯井部位基础底板更是厚达 13.35m，底板混凝土强度等级达 C40。因大体积混凝土中的水泥水化产生的热量不易散发而使混凝土内部温度急剧上升，由此产生较大的内外温差，为施工控制提出了更高的要求。

4.3.1.3 施工周期长，环境对施工的影响难以避免

超高层建筑体量大，施工周期长，我国单栋高层建筑竣工工期平均为 10 个月左右，超高层建筑平均 2 年左右，规模大的超高层建筑施工工期长达 5 年。施工过程中冬期、雨期、大风等恶劣天气影响不可避免。特别是随着结构施工高度的增加，作业环境更加恶劣，大风、温度变化等对施工过程中结构的力学性能及变形状态影响显著，也将使得结构的施工工艺过程及施工控制难度增加。

4.3.1.4 场地狭小，平面布置困难

超高层建筑大多建于交通繁忙的城市繁华地段，施工场地狭小，环境保护要求高，这均给施工组织、施工平面布置、施工方案合理化及施工经济性带来困难和影响。

4.3.1.5 垂直运输对施工中的结构影响较大

超高层建筑体量庞大，施工过程中，结构构件、设备、施工辅助材料等垂直运输量往往很大，垂直运输体系依附于结构主体上，对处于建造过程中的非完整结构的受力性能和施工过程有着显著的影响。

4.3.2 超高层建筑结构施工主要技术策略

超高层建筑施工前，应首先根据工程的特点，分析并明确施工的技术难点和要点，然后制订针对性的施工方案、技术路线，根据预定的施工方案，对施工过程中的每一施工阶段，进行施工过程跟踪验算及模拟仿真，最终确定明确的施工工艺作业过程和施工控制方法。超高层建筑主要的施工技术策略为：控制主楼结构施工、流水作业、机械化施工等。

4.3.2.1 控制主楼结构施工

在超高层建筑施工过程中，主楼结构的施工工期起控制作用，缩短工期的关键是缩短主楼的工期。在结构施工前，应进行合理的多施工方案模拟验算比较，以寻求结构安全、施工过程安全、所需工期短、经济效果好的最优或较优的施工方案，并制定出合理的施工

过程控制方法。

4.3.2.2 流水作业

超高层建筑施工作业面狭小，通常须自下而上逐层或逐段施工，其优点是可充分利用每一个楼层空间，通过有序组织，使各工种紧密衔接，实现空间立体流水作业，大大加快施工速度，缩短建设工期。但在结构施工过程中，每个施工单元的层数及楼面浇筑顺序，均应通过施工模拟验算确定，以控制尽可能合理的构件内力分布及结构变形。

4.3.2.3 机械化施工

超高层建筑施工作业面狭小，高空作业条件差，施工进度要求高，因此应有效利用现代科技成果，采用大型机械化施工与控制技术，以减少现场作业量特别是高空作业量，加快施工速度，缩短施工工期，提高施工质量。但大型机械设备的采用，却在施工过程中增加了荷载甚至动力作用，因此，结构的施工过程模拟验算，应考虑设备荷载及其动力效应对结构及施工过程的影响，以保证结构、施工过程及设备使用的安全性。

4.3.3 超高层建筑结构施工的主要技术

超高层建筑结构的施工工艺技术，随着结构高度的不断增加和结构形体的日益复杂化，所带来的需要攻克的技术难题日益增多。目前，主要的施工技术有：

(1) 施工方案的确定和施工过程的跟踪模拟验算；

(2) 桩基础施工中，控制桩基础沉降和提高桩基础承载力；

(3) 基坑工程施工中，基坑的围护方案，应保证主楼先行施工；

(4) 大体积混凝土结构施工中，结构内外温差及温差裂缝控制；

(5) 钢筋混凝土结构施工中，高效模板体系和混凝土超高程泵送；

(6) 钢结构工程施工中，深化设计、钢结构加工制作、运输、高空安装、恶劣环境下特厚钢板焊接；

(7) 施工过程中，结构变形、内力及稳定性的控制。

4.4 超高层建筑施工中结构的荷载及其效应

超高层建筑结构在施工过程中，与高耸结构类似，结构自下而上施工安装，直至封顶。在施工过程中，因施工作业（如焊接、可能的预应力施加）、自重荷载、施工荷载、施工设备荷载等作用以及混凝土收缩、徐变等影响，结构构件及结构体系不断随施工进程发生变形及内力变化，同时在施工环境条件（风、温度、不均匀日照等）的影响下，结构的变形及内力也将随着施工进程不断发生变化[4-9]。为了保证结构在施工过程中的安全、确保施工精度以及施工完成后整体结构具有合理的力学性态（理论设计的力学性态），需要对影响结构施工变形的各种因素进行综合分析，根据施工方案对施工过程进行模拟跟踪计算，并结合现场实测数据确定结构在各个施工阶段和各种环境条件下的变形规律，为施工控制提供科学依据和具体数值指标，以指导和控制结构的整个施工过程。

4.4.1 恒荷载作用下的结构变形效应

在超高层建筑结构的施工过程中，主要承重结构的施工安装一般总是自下而上对称流水作业，在施工过程中，结构体系及刚度随施工进程不断变化，结构所承受的恒荷载（自重及施工恒荷载）也随着施工进程不断变化，因而，结构的内力分布及变形也随之不断变化。结构在施工状态的这种内力和变形及其变化，与设计状态的完整结构体系在恒荷载下的内力与变形本质不同、分布模式及数值也不同，而这种变化通常在结构的设计阶段是不考虑的。

另外，不同的高层结构体系，在恒荷载作用下，在施工过程中的变形将可能不同。对于大多数形体较为规则、垂直向上延伸的超高层结构，在恒荷载作用下，其施工变形主要以竖向为主，在水平方向几乎没有变形或者说变形可以忽略。如果施工顺序均匀对称，则相应的施工变形也将均匀对称，同时，施工过程中，先期施加的恒荷载对后期安装的结构单元的变形没有影响。但是，对于建筑造型奇异、结构形体不规则或传力方式不直接的高层建筑结构，如中国中央电视台新台址大楼、广州新电视塔、马德里欧洲之门等，结构沿立面倾斜或扭转布置，结构有不对称或不均匀悬挑、连廊等，施工过程中，这类结构在恒荷载作用下的变形将是空间三维的、耦连的且非常复杂，即水平方向的变形与竖向变形属于同一量级甚至更大，不能忽略，同时，随着施工进程的发展，结构可能产生不同程度的整体扭转或弯曲变形。另外，这类结构在施工过程中将可能需要设置临时支承结构，而临时支承结构的存在或拆除，将在结构内产生常规高层结构不会发生的内力与变形的变化。这一施工过程中的变形及其累积，也将不同于设计状态的完整结构体系在恒荷载下的内力与变形。

随着超高层建筑结构高度的增加和体系的复杂化，在施工过程中结构的变形及结构不同区域的变形差将是显著的，而这些变形及其差异在结构设计的整体计算中是无法考虑的。因此，对于不同体系的结构（特别是沿竖向不规则结构）、不同体量的结构和不同的施工方案，必须深入分析和精确模拟计算每一施工阶段结构的变形模式和变形数值，为确定合理的施工工艺技术和变形控制方案提供可靠的预测数据。

4.4.2 风荷载作用下的结构变形效应

超高层结构在施工阶段的风荷载一般可分为：可允许正常施工的风荷载和非正常施工的风荷载两种。

在正常施工风荷载条件下，进行结构变形分析主要有两个目的：一是为了保证构件吊装过程的安全和施工人员高空作业的安全。正常施工风荷载的上限一般为8级风，可按此上限风速进行构件吊装过程的模拟分析和已安装结构部分的分析，确定正在进行正常安装的结构构件或组装单元的安全性（强度、稳定性和变形）以及已安装结构部分的安全性，同时也应验算施工作业平台的安全性，以保证作业人员的安全；二是为定位测量和相应的施工控制监测确定合适的气候条件，定位测量的上限风速一般为4级，根据此风荷载条件进行施工状态结构分析，为施工定位测量提供基础数据。

在非正常施工风荷载条件下，进行结构变形分析的主要目的也有两个：一是在规范规定的风荷载条件下（一般取10年一遇的风荷载），应保证处于施工状态的结构及构件安全可靠；二是在有可能发生的极端风速条件下（一般根据当地天气预报确定），进行处于待施工状态的非完整结构及构件的分析验算，确定结构的受力性态、变形状态以及可能的薄弱区域，为确定合理的结构加固方案、设备固定措施、紧急事故应急方法及防灾策略提供依据。

4.4.3 施工活荷载和施工设备荷载作用下的结构变形效应

在超高层结构的施工过程中，施工活荷载（如人员、辅助材料等）对结构的影响是很有限的，一般不会使主体结构的受力性态及变形产生不可忽略变化，仅对施工用临时结构或设施有较大影响，这是因为一般的施工活荷载往往小于结构正常使用状态的活荷载。

设备荷载一般指塔吊等，通常荷载数值大且作用复杂，对处于施工状态的非完整结构及构件的受力及变形状态影响较大，有时甚至对个别局部构件起控制作用，因此在施工过程中必须重视其作用。设备荷载作用下的结构分析通常包括两个方面：一是设备和结构连接处的结构分析，需要确定施工过程中该处构件及连接的强度、变形，为是否需要加固或确定合理的加固方案提供依据；二是进行设备荷载作用对已安装部分结构整体影响的分析，这一分析应同时考虑上述正常施工风荷载的作用，并考虑塔吊与混凝土施工模板的爬距、钢构件的吊装节段等参数，以确定超高层结构施工中最为关键的高度方向的流水作业步距以及结构整体的安全与变形。

图 4-5 所示为某实际工程中塔吊对结构整体影响的分析，由于塔吊作用，结构的最大拉应力达 $5N/mm^2$，最大变形达 1.5mm，实际工程数据表明，虽然结构的变形较小（因为混凝土核心筒的横截面尺寸相对较大），但是结构的应力却超出或接近混凝土的抗拉强度。因此施工设备荷载对处于施工状态的结构的影响是不可忽视的。

4.4.4 温度作用下的结构变形效应

对于超高层结构，其施工周期往往较长，一般需要跨年度施工才能完成。因而，在施工模拟计算中就需要考虑不同季节环境温度变化引起的季节性温差效应。这种季节温度变化在结构中的分布往往是均匀的。通常，在进行结构施工过程数值模拟分析之前，应预先确定一个结构开始安装时的环境温度——称之为“标准温度”，并以此温度为基础，模拟计算结构在施工过程中相应的两种温差（正、负温差）作用效应。

另外，结构在施工期间由于日光照射作用所产生的温度变化，也将引起结构构件以及已安装结构部分的变形。与高耸结构类似，由于日照具有方向性，施工过程中日照作用引起结构的温度变化，通常在结构的不同部位产生的温差不同，即结构的阳面、阴面及侧面的温度分布各不相同，由此也就造成结构外围各构件的平均温度与结构内部的温差各不相同，这种不同的温差将导致结构不同部位的构件变形不同，进而引起结构整体的不协调变形效应。这一温度变形效应不仅直接影响施工过程中测量与控制的定位精度、构件的安装精度，也直接影响施工过程中结构的力学性态或内力分布乃至结构终态的内力分布，因此，结构的施工过程既要考虑构件的变形效应或尺寸效应，也要考虑由于构件尺寸变化产生的结构内力变化或内力重分布效应。

在超高层结构施工过程中，基础大底板浇筑产生水化热的受力分析，也是超高层结构施工过程中力学分析的一个重要内容。水化热是混凝土在凝结时产生的，如果浇筑和冷却

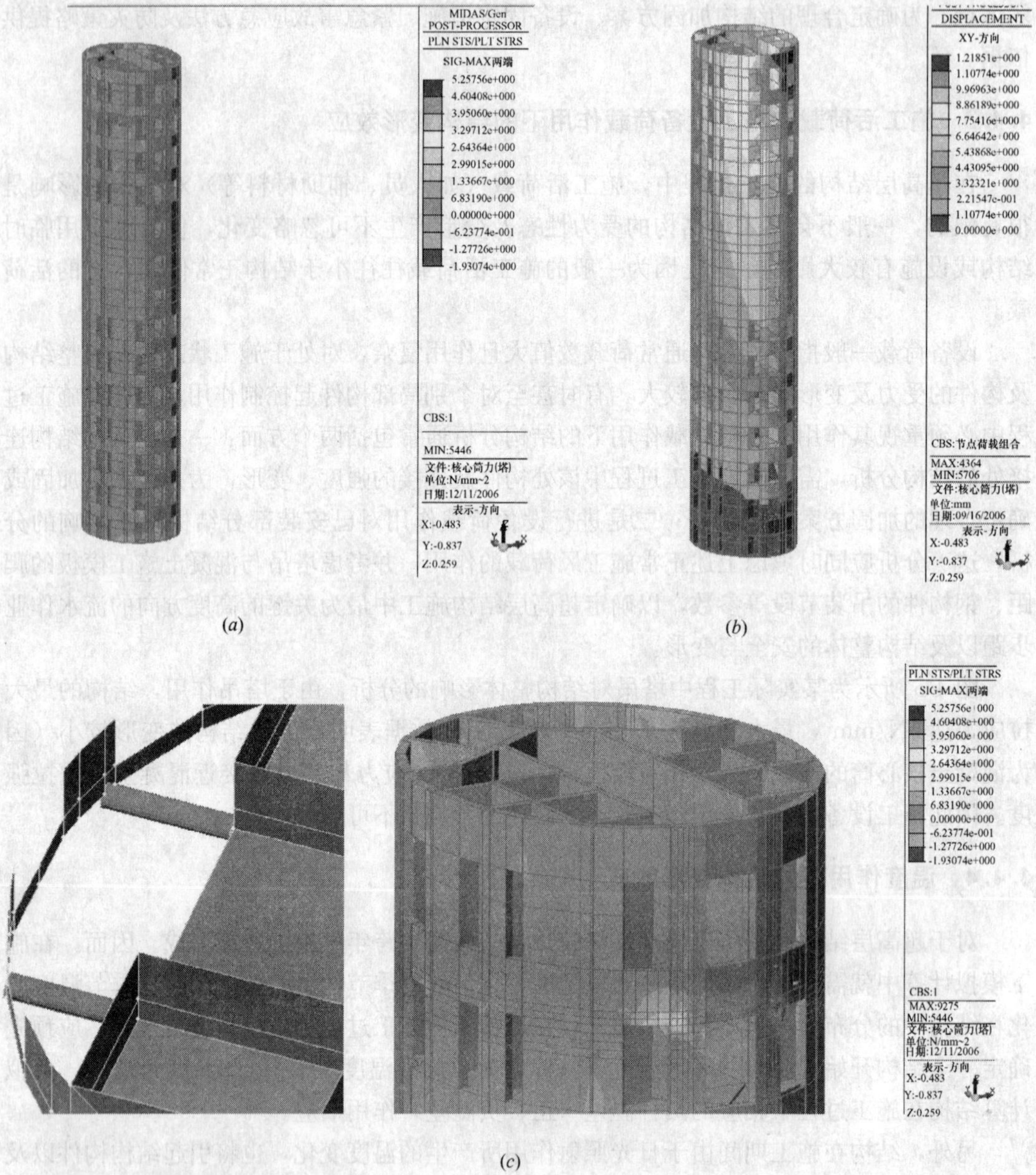

图 4-5　某工程塔吊对结构整体影响分析

(*a*) 应力分布图；(*b*) 变形分布图；(*c*) 塔吊和结构连接加固计算模型及应力分布图

过程控制不好，将使混凝土内外温差太大，混凝土结构就会产生热裂缝，甚至产生影响上部结构施工的较大变形。因此，超高层钢结构的施工过程分析，也需要对此温度效应进行模拟分析，以便确定基础大底板合理的浇筑与冷却方案，减小基础变形对上部结构施工过程及变形控制的影响。图 4-6 所示为某一工程混凝土底板预埋冷却水管后的计算模型以及浇筑 20d 后的应力分布，因采用了合理的浇筑与冷却方案，混凝土底板的应力仅为 $2N/mm^2$。

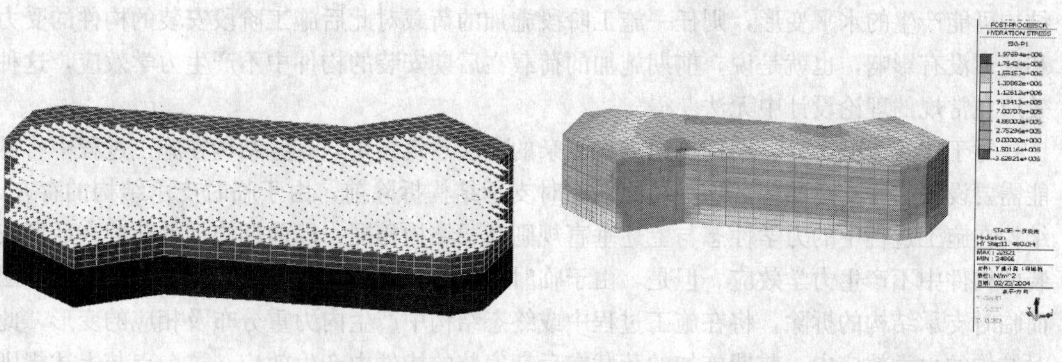

图 4-6 某一工程混凝土底板计算模型及浇筑 20d 后应力分布

4.5 超高层钢结构施工计算模型与分析方法

4.5.1 超高层钢结构施工过程的力学特点

4.5.1.1 结构的内力和变形随着施工进程变化

一般高层建筑结构层数多、规模大，并非一朝一夕能建造完成，而需要一个漫长且复杂的施工过程。这个施工过程，是以设计的建筑结构外形为目标，经过一系列分阶段施工步骤，最终达到结构封顶的过程。在施工过程中，随着施工进程的发展，结构的几何形体、刚度及作用荷载、施工环境均在不断变化。如高层框架结构在施工过程中，随着结构的不断增高，新安装的构件（梁、柱、支撑等）及新浇筑的楼面板，既改变了上一施工阶段结构的几何形态、结构刚度、作用荷载，也改变了荷载及环境（如风、温度）对结构的作用效应。

由于高层建筑结构施工过程的阶段性特征，因而结构上的自重荷载是随着施工进程分阶段施加的，这就导致结构的内力和变形也是随施工阶段发生重分布且不断变化的。这种施工过程中结构的分阶段内力分布和变形状态，与理论设计采用的将荷载一次性施加在一个完整的结构上计算所得到的内力分布和变形状态完全不同，因而用理论设计的结构内力和变形状态来预测施工终态的结构内力和变形是不合理、不准确的。

另外，采用不同的施工方案和控制方法，施工终态结构的内力和变形也可能不同，有时甚至差异较大。也就是说，施工终态结构的内力和变形不仅和施工的阶段性过程相关，也和施工过程中所采用的工艺方法有关。

总之，由于施工过程的存在，高层建筑结构施工终态的内力和变形与理论设计状态存在较大的差异，这种差异对结构的影响是不可忽视的。

4.5.1.2 分阶段施加荷载的效应特点

对于形体较为规则、垂直向上延伸的超高层建筑钢结构，由于其自身的特点，在每个施工阶段中，处于施工状态的结构均可直接承受已安装结构的自重及施工荷载的作用，而无需设置临时支承结构。在施工过程中，每一施工阶段结构的自重及相关恒荷载，均随着施工进程逐段施加在上一施工段已施工完成的结构上，且此阶段结构的内力将发生重分布及相应的变形，直到该施工阶段结构到达新的平衡状态。由此可知，如果忽略施工过程中结构可能产生的水平变形，则任一施工阶段施加的荷载对此后施工阶段安装的构件的受力和变形没有影响，也就是说，前期施加的荷载在后期安装的构件中不产生力学效应，这种效应在常规的理论设计中无法获得。

对于建筑造型奇异、结构传力方式复杂的高层建筑结构，有些结构在施工过程中将可能需要设置临时支承结构。这类结构在临时支承结构拆除前，由于临时支承结构的存在，结构在施工过程中的力学性态与上述垂直规则高层结构相同，即前期施加的荷载在后期安装的构件中不产生力学效应。但是，由于临时支承结构在施工过程中承受了部分荷载，因而临时支承结构的拆除，将在施工过程中或终态结构中产生内力重分布及相应的变形，此时结构的力学效应中，前期施加的荷载在后期安装的构件中产生效应，这一点与上述规则高层结构施工中的力学性态不同，同样，在常规的理论设计中也无法获得。

4.5.1.3 结构竖向差异变形效应特点

在外钢框架-内混凝土筒体结构体系以及有巨型伸臂桁架结构体系中，由于钢与混凝土的弹性模量不同及混凝土的收缩徐变特性[8]，施工过程中，混凝土核芯筒与外围竖向钢构件间将存在差异变形，这种差异变形将在结构中引起较大的次内力。对于有伸臂桁架的结构，结构在施工过程中的竖向差异变形也将在桁架中产生不可忽视的附加内力。结构的这种差异变形是由于施工过程中不同材料、不同构件的不均匀变形导致的，若设计过程不能准确考虑这一效应，则结构的施工过程模拟计算需准确计算这一变形差异及由此带来的结构内力变化，为施工控制方法提供依据和数据。

4.5.2 施工过程中计算模型与分析方法

常规的结构设计，是针对一个理想完整的结构体系进行荷载效应分析。而高层建筑结构的建成，须经历一个漫长复杂的阶段性施工过程。在施工过程中，不断增长变化着的不完整结构承受着不断变化的恒荷载、活荷载及施工荷载，即每一施工阶段结构的几何形态、边界条件及其荷载体系都是变化的，每一施工阶段的承载体系都是由已建成的部分结构、在建结构构件与临时支承体系（如果需要的话）共同组成的阶段性结构[4]，且都有与理论完整结构及施工终态结构不同的几何形态。因而结构在不同的施工阶段，具有与完整结构不同的刚度及不同的荷载体系，因此，仅通过设计采用的理论完整结构计算模型的分析结果，是无法准确预测结构在施工过程中及施工结束后结构的内力与变形状态的。如何使结构分析结果更能真实地反映高层建筑结构在施工过程中及施工结束后的实际力学性态，以保证结构的安全和施工过程的安全与经济，就需要根据结构的施工方法及工艺过程建立相应的施工过程模拟模型，准确模拟计算施工过程中及施工终态结构的力学性态（内力和变形）。

高层建筑结构在施工过程中，其结构的几何形态、结构体系、材料性能（如混凝土弹性模量和强度）、结构刚度、荷载、施工环境等参数随时间变化，因此施工中的高层结构体系是一个时变结构系统。由于施工过程中结构体系和荷载随时间变化的速度缓慢，且施工过程具有明确的阶段性，因而施工过程的模拟分析可以采用按时段离散且时间冻结的近似分析方法，具体计算方法为：将整个施工过程根据施工安装进程划分为一系列施工阶段，在每一个施工阶段中，认为结构体系及其荷载均不变化，这样，可将整个施工过程视为一系列时不变结构，进行各施工阶段结构的静力分析，得到结构在各个施工阶段的力学性态。

对于高层钢筋混凝土建筑结构，常用的施工方法为逐层浇筑施工法，因而，其施工过程模拟需采用逐层递增法建立模拟施工过程的分阶段计算模型（如图 4-7），即按施工阶段逐层修正结构几何及刚度，逐层施加荷载[5,6]。如果结构有 n 层，则就需要对 n 个不同的结构在相应的荷载作用下进行分析，最后将各次计算的结果叠加，即可得到结构施工终态的内力和变形。结构施工到第 i 层时的平衡方程为

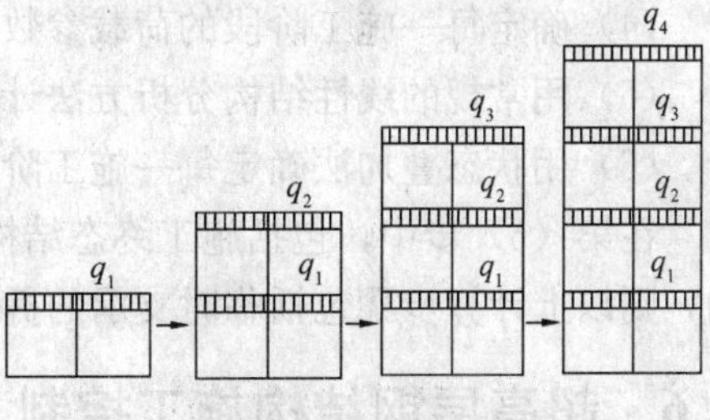

图 4-7 逐层递增法模拟施工过程的分阶段计算模型

$$[K_i(t)]\{\delta_i\} = \{P_i(t)\} \tag{4-1}$$

其中，$[K_i(t)]$ 为施工到第 i 层时（即底层到第 i 层）结构的刚度矩阵；$\{P_i(t)\}$ 为第 i 层的荷载向量，包括第 i 层结构自重及其他荷载；$\{\delta_i\}$ 为施工到第 i 层时，该结构体系的节点位移向量。

由式（4-1）可求得结构在第 i 施工阶段的位移，并可进一步求得此阶段结构的内力状态。对直到第 i 施工阶段之前的所有施工阶段计算得到的位移求和，可得到结构施工到第 i 施工阶段时的总位移为

$$\{\Delta_i\} = \sum_{k=1}^{i} \{\delta_k\} \tag{4-2}$$

当 $i=n$ 即结构封顶时，在式（4-2）中以 n 代替 i 即可得到施工终态结构的总位移，同样可进而求得终态结构的内力分布。

对于高层钢结构，施工过程中施工段的划分并非一定按照自然楼层来分段，而是根据每个施工段吊装柱子的长度及所浇筑的混凝土楼板数量（荷载）来确定，一个施工阶段内可能包含一个或多个楼层。通常在高层钢结构施工中，也将一个施工段称为一个施工（安装）单元，在施工过程中，一个施工单元中的荷载（混凝土浇筑及找平）同时施加。

虽然高层钢结构施工段的划分与高层混凝土结构不同，但其施工过程仍然是自下而上逐段进行安装并浇筑的，因此，同样可将其整个施工过程视为由一系列几何构成不同及荷载不同、但在本阶段内不随时间变化的结构状态组成，这样可采用与高层混凝土结构相同的模型建立方法与分析方法，进行各施工阶段结构的静力分析，求得结构在各个施工阶段的位移与内力，进而经叠加得到施工终态结构的位移与内力。

高层钢结构施工过程中，一个施工单元所包含的楼层数，应通过模拟计算确定，由于新浇筑的混凝土楼面刚度很弱，因而，新安装部分结构的刚度也弱，所以，需要验算钢框架在结构自重、施工荷载及可能的风荷载作用下的承载力、稳定性及位移，据此确定一个施工单元可安装与浇筑混凝土的楼层数量。

高层建筑钢结构基于时变结构的分阶段分析方法的主要步骤为[4]：

（1）按主要施工步骤将结构整体施工过程划分为若干个施工阶段，即确定施工单元；

（2）对每个施工单元的安全性及变形状态进行验算，并进行合理的修正；

（3）确定每一施工阶段的结构形态，并建立相应的计算模型，包括几何模型、材料参数和边界条件；

（4）确定每一施工阶段的荷载参数、施工环境参数（风、温度）；

（5）用常规的线性结构分析方法计算每个施工阶段结构的内力和位移增量；

（6）用状态叠加法确定每一施工阶段结束时的内力和位移状态。

在第（6）步中，包括施工终态结构的受力分析。若结构施工过程中采用临时支承结构，则以上计算步骤包括临时支承的拆除分析。

4.6　超高层钢结构施工控制

如上节所述超高层建筑结构在施工过程中，由于受各种荷载作用，结构构件乃至结构整体的变形随着施工进程不断发生变化。为了合理地控制施工过程，保证结构的施工精度以及施工完成后整体结构具有合理的力学性态（理论设计的力学性态），需要对每个施工阶段的内力和变形进行跟踪计算，获得施工过程中结构在恒载条件下的变形规律，为确定施工控制方法或技术措施提供依据[9]。

对结构施工状态内力和变形的分析，需考虑前一施工阶段结构内力和变形对后一施工阶段内力和变形的影响，这样才能准确评价结构安装时期的内力和变形状态及其变化特征，为合理的构件预变形和施工过程修正方案提供准确可靠的数据。目前，结构预变形的有限元分析方法可以分为正装法和倒拆法两种，两种不同的分析方法可以得到相同的变形规律。

目前，超高层钢结构在施工过程中对施工变形的基本控制方法为，以施工过程理论模拟计算结果为基础，确定结构在各个施工阶段和各种环境条件下的变形规律，根据施工过程中的现场实测数据，对理论模拟计算结果进行修正，确定最终的施工控制措施，并指导整个施工过程。

对施工过程中结构在恒荷载作用下的变形，工程中常采用预变形措施进行控制。预变形的方式，根据不同的分类原则，可分为不同的类别。

（1）根据预变形维数划分

根据钢构件预变形维数的不同可分为：一维预变形、二维预变形和三维预变形。

一般的高层钢结构或者以单向变形为主的结构可采用一维预变形；以平面转动变形为主的结构可采取二维预变形；如果在三个方向上都有显著的变形，结构往往需要采用三维预变形。当结构或结构单元（或大型构件）进行三维预变形时，应特别注意平面预变形，要保证平面上各控制点的变形在合理的范围内，以便保证最终结构的平面度。

（2）根据预变形阶段划分

根据预变形阶段不同可分为：制作预变形和安装预变形。前者是在工厂加工制作构件时进行构件预变形，而后者在现场安装时进行结构预变形。

（3）根据预期目标划分

根据预变形预期目标的不同可分为：部分预变形和完全预变形。前者根据结构理论分析的变形结果仅作部分预变形，后者则作100％的预变形。

对于大底板施工中的水化热问题，一般采取理论模拟分析，在此基础上采取合理的混凝土材料的配合比、合理的施工区域划分、合理的施工顺序和冷却方案进行优化控制。

参 考 文 献

[1] 沈祖炎等. 钢结构学[M]. 北京：中国建筑工业出版社，2005.

[2] 刘大海，杨翠如. 高楼钢结构设计[M]. 北京：中国建筑工业出版社，2003.

[3] 日本钢结构协会. 钢结构技术总览[M]. 北京：中国建筑工业出版社，2004.

[4] 赵宪忠，考虑施工因素的钢筋混凝土高层建筑时变反应分析[D]. 同济大学博士学位论文. 2000.

[5] 唐兴国，钟铁毅. 北京电视中心高层钢结构施工模拟分析[J]. 北京交通大学学报. 2006，30(1)：60-62.

[6] 邬吉吉华等. 多高层建筑结构考虑施工过程的内力分析[J]. 科技通报，2004，20(4)：324-329.

[7] 李瑞礼，曹志远. 高层建筑结构施工力学分析[J]. 计算力学学报. 1999，16(2)：157-161.

[8] 张坚，陈国成. 混凝土筒体先于外钢框架施工阶段结构分析[J]. 结构工程师. 2005，21(2)：23-30.

[9] 高振锋. 土木工程施工控制技术的研究与应用[J]. 建筑施工. 2004，26(1)：49-51.

5 刚性大跨度空间钢结构施工计算模型与分析方法

刚性大跨度空间结构，是指无需施加预应力结构本身便具有足够的刚度和稳定性，即可承受荷载的空间结构体系，如网架、网壳、空间桁架以及空间拱等结构。这类大跨度空间结构具有三维几何构成、可充分发挥材料性能、受力合理、重量轻、造价低以及造型新颖等优点，在国内外得到了广泛应用。近二十多年来，大跨度空间钢结构在我国各类大型场馆、大跨度厂房、机库、干煤棚等建设中得到了空前的应用与发展，随着大跨度空间结构体系与几何形式的日益复杂、跨度不断增大，大跨度空间钢结构施工安装技术的发展遇到了新的机遇与挑战，各种传统的施工技术将不再适用或不再具有发展潜力，而多种机械化的、经济高效、安全可控且具有高科技含量的新型施工技术不断出现。施工工艺技术的变化必然带来施工过程中结构力学性态的变化，新施工技术的应用可能使得大跨度空间钢结构在施工阶段的受力状况与小型结构在传统施工技术条件下完全不同，传统常用的粗略估计施工过程结构内力与变形的方法将无法准确给出大跨度空间钢结构在施工阶段的受力状态。然而，大跨度空间钢结构施工过程对结构最终受力性能的影响远比普通结构要大，因此，对大型空间钢结构在施工阶段力学性态的准确分析就非常重要，合理的施工方案和准确的施工过程模拟分析才能保证经济安全的施工和结构的安全。

5.1 刚性大跨度空间结构施工方法概述

大跨度空间钢结构的施工安装方法通常分为：高空散装法、分条或分块吊装法、整体吊装法、整体提（顶）升法、分条或分块滑移法、整体滑移法、攀达穹顶（Pantadome）法以及折叠展开法等[1-3]。

5.1.1 高空散装法

高空散装法是指将小拼单元或散件直接在结构的设计位置进行拼装的方法，有全支架法（即满堂脚手架）和悬挑法两种，悬挑法又分为向内悬挑法和向外悬挑法。全支架法多用于散件拼装，而悬挑法则多用于小拼单元在高空总拼。由于小拼单元或散件在高空拼装，因而施工中无需用大型起重设备，但需要搭设大规模的拼装支架——脚手架。我国2008奥运主体育场“鸟巢”结构安装采用了小拼单元散装法，如图5-1所示。

美国新奥尔良（New Orleans）体育馆屋盖结构球面为网壳，直径207m，厚度2.24m，网壳拼装时采用向外悬挑拼装法，如图5-2所示。

我国漳州电厂干煤棚球形网壳施工时，采用向内悬挑法施工，其施工流程示意图如图5-3所示。

在高空散装法施工过程中，影响结构体系及施工系统受力性能的关键环节包括：①临

图 5-1 国家体育场“鸟巢”结构的施工

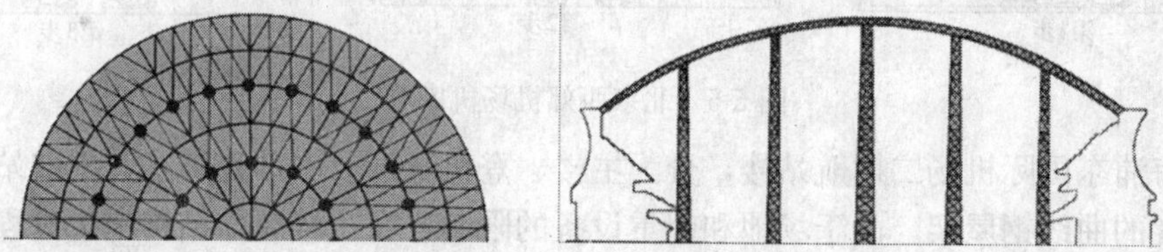

图 5-2 美国新奥尔良体育馆拼装图

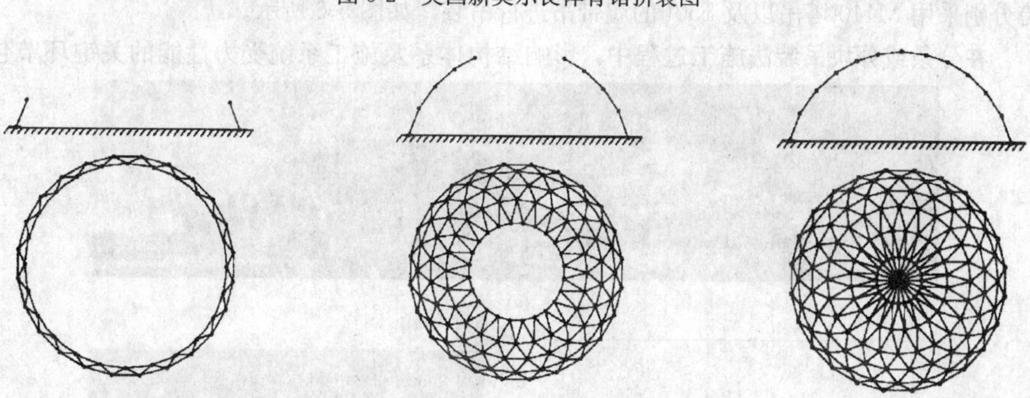

图 5-3 向内悬臂安装法施工顺序

时支承结构的设置与设计；②结构安装方案的确定，包括安装方式与顺序、施工控制方法；③临时支承结构的拆除（或结构体系转换）方法。

因此，在施工安装之前需要对临时支承结构进行设计计算，使其满足强度、稳定及变形要求；需要根据施工现场条件制定多种施工安装方案，对各种施工方案进行数值模拟分析，以确定安全、快速、经济且使结构终态内力与变形最为合理的方案。

5.1.2　分条或分块吊装法

分条或分块吊装法，是指将结构按其组成特点及起重设备的能力在地面拼装成条状或块状单元，分别由起重设备吊至设计位置就位，然后拼接成整体的安装方法，如图 5-4 所示。

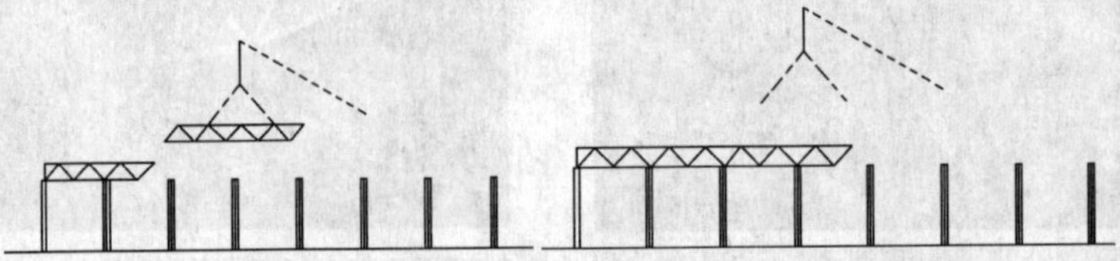

图 5-4　分条或分块安装法示意图

北京西郊机场机库，主体结构为 72m 跨门式刚架，采用分块吊装法安装，施工中，将两榀梁在地面拼成 36m 长半跨刚性单元，先由两台吊机（1 号和 2 号）吊起左半榀梁并与各自轴线处的柱连接，并由吊机 2 吊住梁的跨中端，再移动吊机 1 与吊机 3 吊起右半榀梁并与各自轴线柱对接，最后在中间节点进行对接，从而形成整体刚架，如图 5-5 所示[4]。

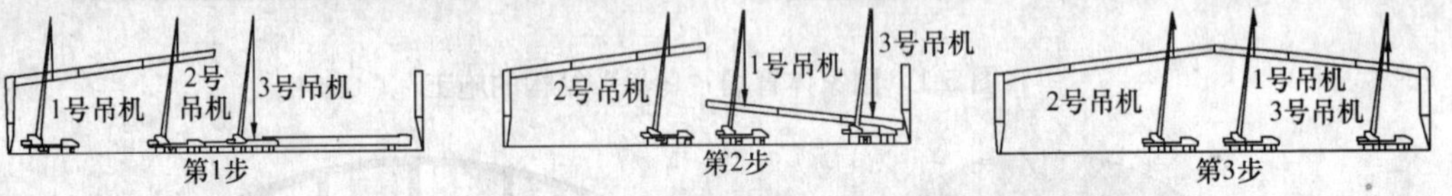

图 5-5　北京西郊机场机库施工

上海浦东国际机场二期航站楼，分为主楼、登机长廊及中部连廊，其中航站主楼为连续大跨度的曲线钢屋架。由于场地和起重设备的限制，在主楼屋盖结构施工过程中，将整个结构分为三部分进行分段吊装，其中 89m 中跨采用 300t 履带吊进行吊装，两个 46m 边跨分别采用 M440 塔吊以及 150t 的履带吊进行吊装，如图 5-6 所示。

在分条或分块吊装法施工过程中，影响结构体系及施工系统受力性能的关键环节包

(a)

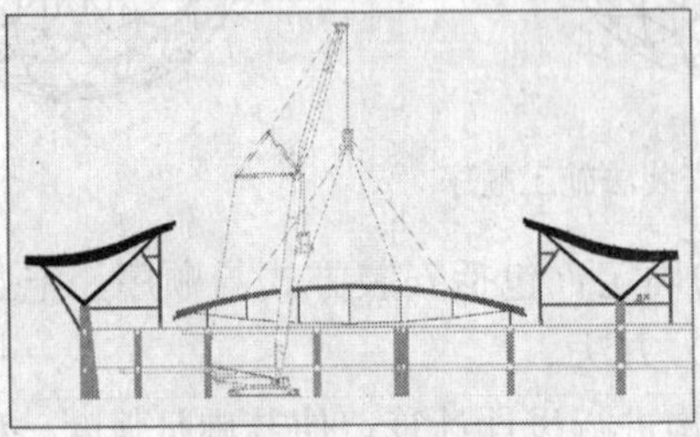

(b)

(c)

图 5-6　上海浦东国际机场二期航站楼施工

(a) 浦东机场二期航站主楼效果图；(b) 航站主楼中跨施工；(c) 航站主楼边跨施工

括：①条块单元的划分方式及单元的刚度；②结构的拼装顺序与控制方法；③起重设备的吊装能力；④可能的结构体系转换方法。

同样，在施工安装之前需要对吊装单元及起重设备进行验算；需要根据施工现场条件对施工方案进行数值模拟分析，确定安全、快速、经济且使结构终态内力与变形最为合理的拼装顺序。

5.1.3 整体安装施工法

整体安装施工法是将结构在地面或胎架上拼装完成后，再运送并安装到设计位置的施工方法。整体安装施工方法可分为：整体吊装法、整体提升法、整体顶升法。与传统的散装法相比整体安装法具有以下优点[5]：①结构在地面整体拼装，高空作业少；②可与下部工程同时进行，工期短；③临时支承少。

5.1.3.1 整体吊装法

整体吊装法是指结构在地面总拼成形后，再用起重设备将其吊装到设计位置就位的施工方法，如图 5-7 所示。由于整体就位依靠起重设备实现，所以起重设备的能力和起重移动的控制尤为重要。

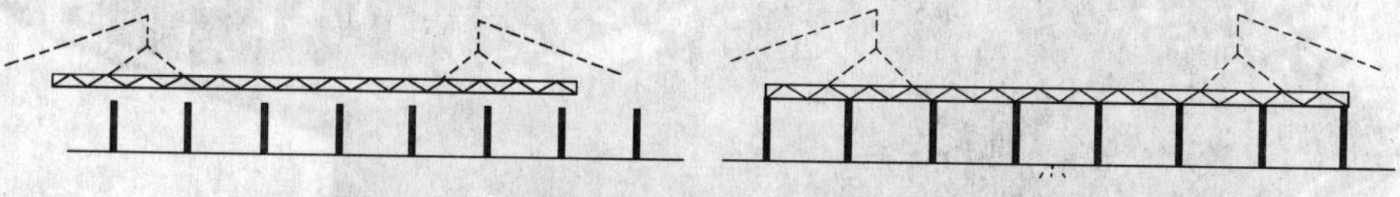

图 5-7 整体吊装法示意图

5.1.3.2 整体提升法

整体提升法是指在已建好的结构柱上安装提升设备，将在地面拼好的结构整体提升就位的施工方法，如图 5-8 所示。

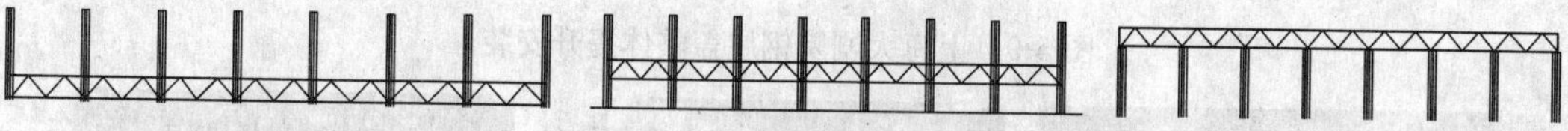

图 5-8 整体提升法示意图

上海大剧院钢屋盖长 100m，宽 90m，高 11.4m，总重约 6075t，屋盖结构安装采用整体提升法，施工过程中在结构电梯井的顶部设置 4 个提升点，通过 44 个千斤顶将整个屋盖结构提升就位，如图 5-9 所示[6]。

北京首都机场四机位机库面积 35903m^2，可同时容纳 4 架波音 747 和 2 架波音 747SP 飞机，机库屋盖结构安装采用整体提升施工方法，如图 5-10 所示[7]。

5.1.3.3 整体顶升法

整体顶升法是指在设计位置的地面将结构拼装成整体，然后在结构的底部设置提升设备，将结构顶升到设计高度的施工方法。顶升法与提升法施工的力学原理基本相同。

在整体安装法施工过程中，影响结构体系及施工系统受力性能的关键环节包括：①提升吊点的确定，包括数量和布置；②提升过程的同步性，提升过程中可能存在的突然动力作用；③结构体系边界条件的变化。

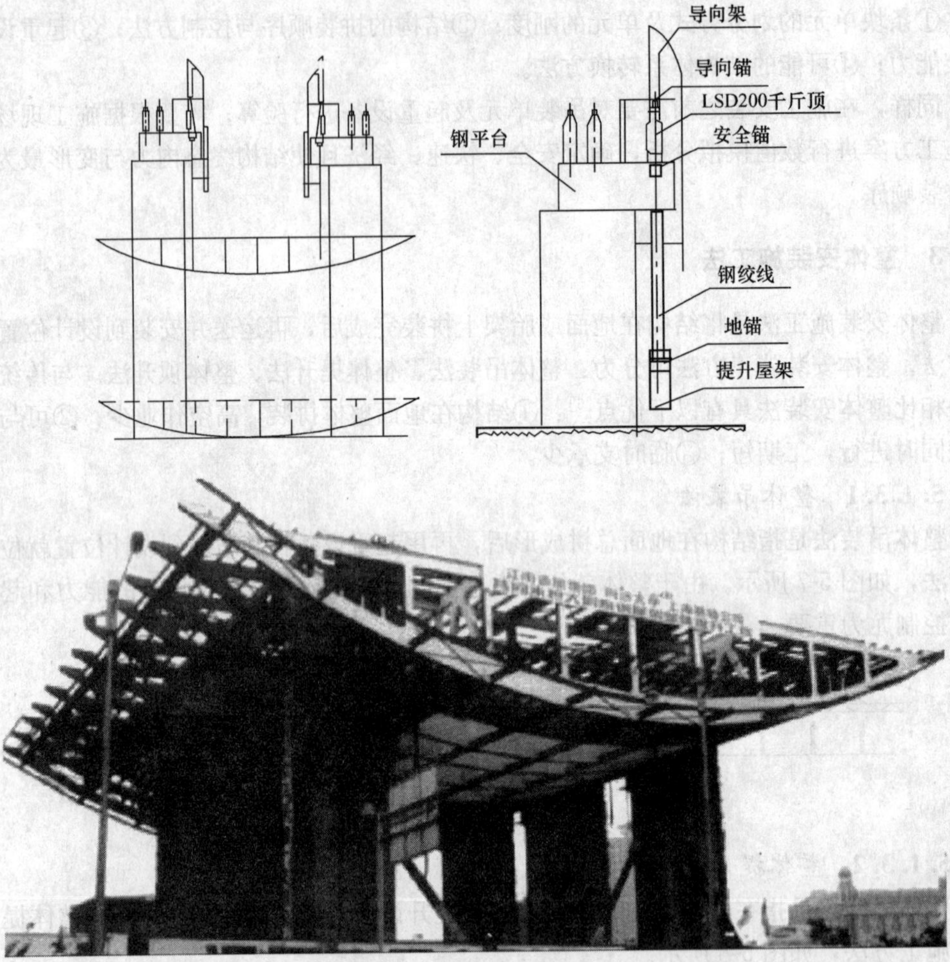

图 5-9　上海大剧院钢屋盖整体提升安装

图 5-10　北京首都机场四机位机库

5.1.4　高空滑移法

滑移法是指将分条的结构单元（或整体结构）在事先设置的滑轨上单条（或逐条）滑移到设计位置并拼接成整体的安装方法，如图 5-11 所示。

滑移法的种类较多，按滑行方式分为单条滑移和逐条累积滑移；按滑移过程中摩擦方式可分为滚动式及滑动式滑移；按滑移过程中移动对象可分为胎架滑移和结构主体滑移；按滑移轨道布置方式可分为直线滑移和曲线滑移；按滑移牵引力作用方式分为牵引法滑移和顶推法滑移。由于高空滑移法中的结构是架空作业，对建筑物内部施工没有影响，滑移安装与下部其他施工可平行立体作业，施工周期短，无需大型起重和牵引设备[8]。

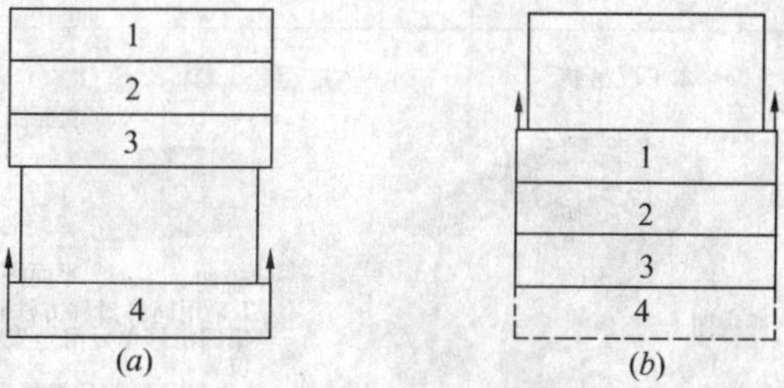

(a) (b)

图 5-11 高空滑移法

(a) 单条滑移法；(b) 逐条累积滑移法

重庆江北国际机场钢结构包括航站主楼、指廊、连廊和登机桥，总吨位约 8000t。其中主楼长 171m，跨度 90m，钢结构屋盖由 4 榀主桁架、36 榀次桁架和若干悬挑梁组成，通过 8 组巨型组合柱支承，形成一个 171m×90m×30m 的大空间结构。由于单榀主桁架重量达 500t，难以采用常规机械对整榀桁架进行安装，该工程采用分条顶推累积滑移施工方法。施工过程中，设置两条滑移轨道分别对 4 榀主桁架进行滑移，如图 5-12 所示[8]。

首都机场新航站楼拥有 3 个独立建筑——T3A、T3B 和 GTC，T3A、T3B 是旅客进出港航站楼，GTC 是一个联系地面交通和航空运输的综合交通枢纽，其中 GTC 钢屋盖的施工，采用分单元滑移技术，滑移总重 3100t，滑移距离 200m，如图 5-13 所示。

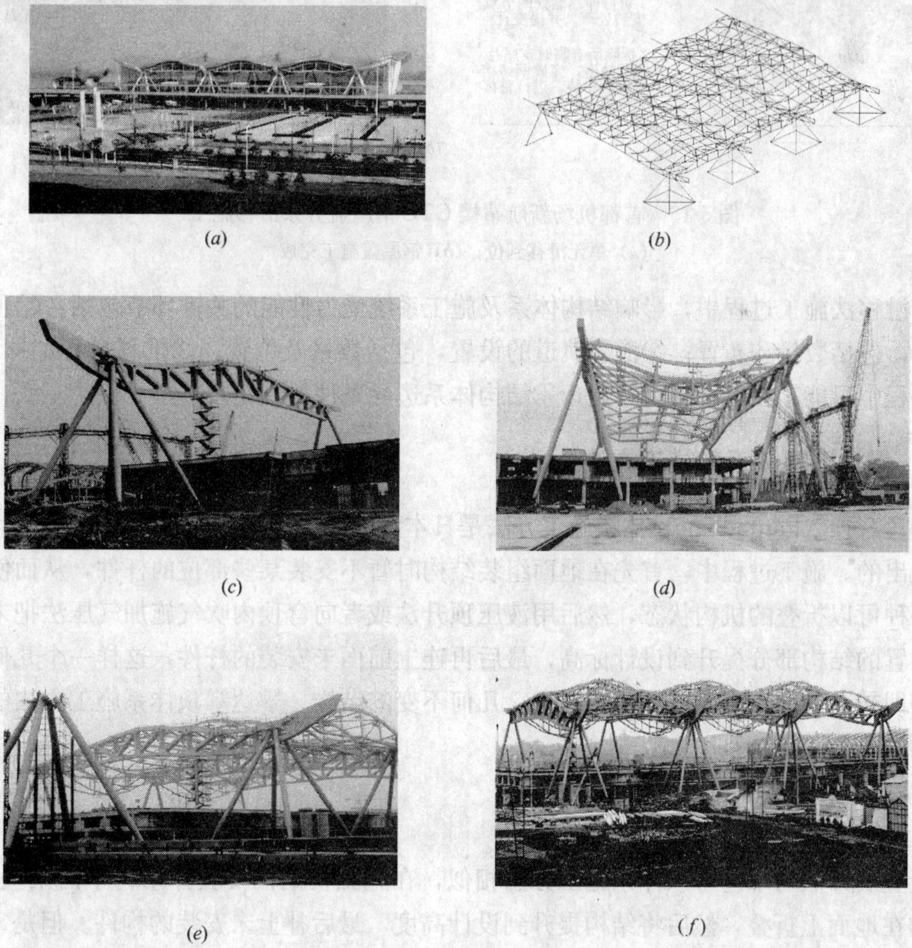

(a) (b) (c) (d) (e) (f)

图 5-12 重庆江北国际机场航站楼主楼钢结构滑移施工

(a) 航站楼主楼实景图；(b) 航站楼主楼结构图；(c) 第一榀主桁架滑移到位；(d) 第二榀主桁架滑移到位并组装；(e) 第三榀主桁架滑移到位并组装；(f) 第四榀主桁架滑移到位，结构组装完成

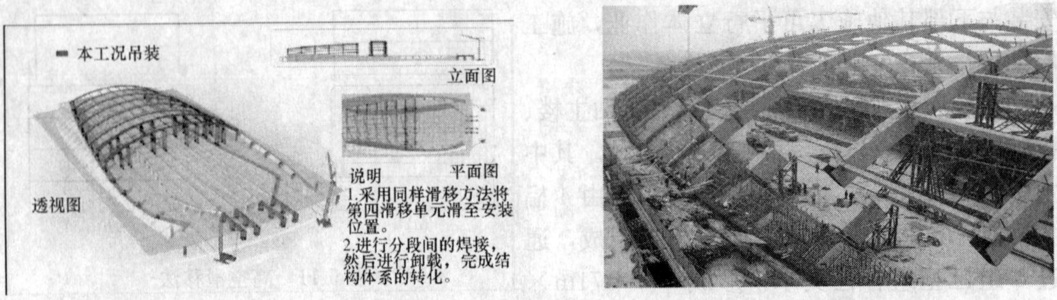

(a)

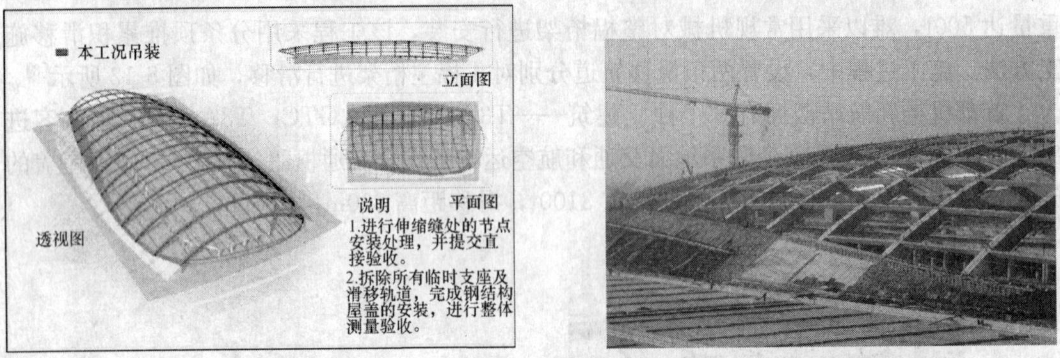

(b)

图 5-13 首都机场新航站楼 GTC 钢屋盖分条滑移施工
(a) 单元滑移到位；(b) 钢屋盖施工完成

在滑移法施工过程中，影响结构体系及施工系统受力性能的关键环节包括：①顶推点的确定，包括数量和布置；②滑移轨道的设置，包括数量及位置；③推移过程的同步性，滑移过程中可能存在的卡轨力作用；④结构体系边界条件的变化。

5.1.5 攀达穹顶体系的施工方法

攀达穹顶（Pantadome）体系施工方法是日本法政大学川口卫（Mamoru Kawaguchi）教授提出的。施工过程中，首先在地面组装结构时暂不安装某些部位的杆件，从而使结构处于一种可以折叠的机构状态，然后用液压顶升法或者向穹顶内吹气施加气压法把未达到设计位置的结构部分提升到设计标高，最后再连上前面未安装的杆件，这样一个几何可变的机构即被“锁住”而变成了一个稳定、几何不变的结构。攀达穹顶体系施工方法的基本原理如图 5-14 所示[9,10]。

5.1.6 折叠展开法

折叠展开法与攀达穹顶体系施工方法相似，在施工初期需要去掉结构中的某些杆件，将结构在地面上折叠，然后将结构提升到设计高度，最后补上未安装的构件。但是，与更适合于双曲率结构施工的攀达穹顶体系施工方法相比，折叠展开法更适用于单曲面结构[11,12]。

南阳鸭河口电厂干煤棚为柱面钢网壳结构，纵向 90m，跨度 108m，高 38.8m，重

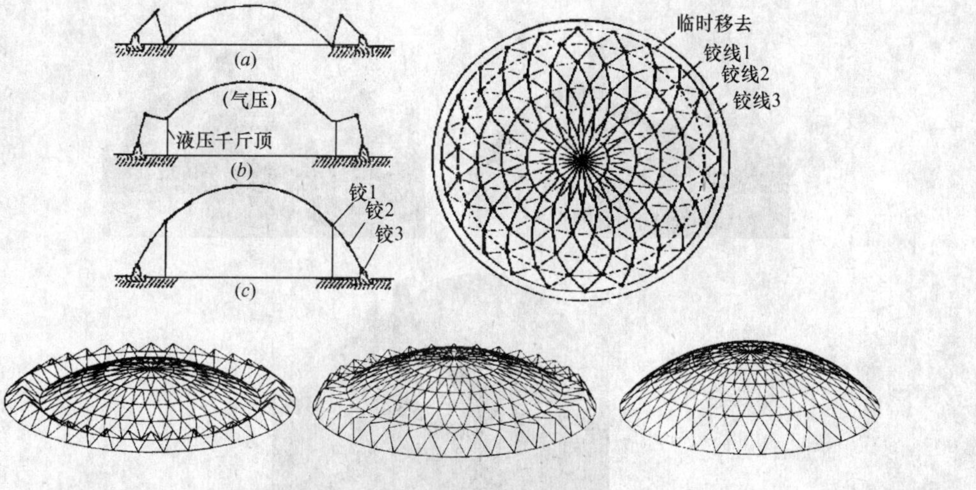

图 5-14 攀达穹顶体系施工方法的基本原理

505t，是国内最大跨度的干煤棚，网壳安装采用折叠展开法。拼装时抽掉一些杆件，将结构分成五块，块与块之间以及网壳支座采用铰接连接，使结构成为一个可变的机构，然后采用“钢绞线承重、计算机控制、液压千斤顶集群整体提升”的先进工艺，将该结构展开提升到设计高度，装上补缺杆件，使之形成一个稳定完整的结构，其施工过程如图 5-15 所示[11]。

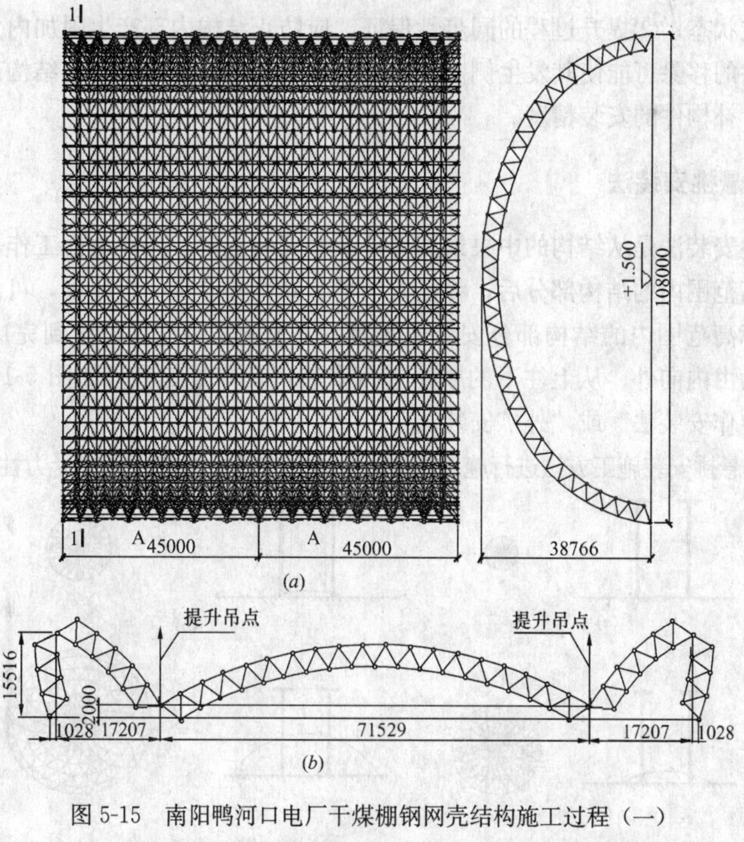

图 5-15 南阳鸭河口电厂干煤棚钢网壳结构施工过程（一）

（a）鸭河口电厂干煤棚平面及剖面；（b）网壳提升前状态

(*c*)

图 5-15　南阳鸭河口电厂干煤棚钢网壳结构施工过程（二）

(*c*) 折叠展开提升过程

攀达穹顶体系施工方法以及折叠展开法的共同点在于，结构在整个施工过程中经历机构→结构的变化过程。采取此类施工方法进行施工安装，影响结构体系及施工系统受力性能的关键环节包括：①转动铰的合理设置位置，须避免结构在提升中发生可能的瞬变状态或运动不确定状态；②提升过程的同步性保证，应防止结构内部产生附加内力；③由于结构中部分杆件的移除可能使其发生侧向变形，应在施工过程中采取防止结构产生侧向位移的措施；④后补构件的安装精度。

5.1.7　提升悬挑安装法

提升悬挑安装法是从结构的中央最高部位开始安装施工，当在地面工作平台上安装完某一设计标高范围内的结构部分后，将已安装部分结构提升到一定高度，可满足与其相邻的下一设计标高范围内的结构部分安装，重复提升←→安装过程，直到完成整体结构安装。该方法为由内向外、从上往下的顺序进行安装，具体施工流程如图 5-16 所示。该方法也称为“逆作安装法”或“外扩安装法”[13,14]。

采取提升悬挑安装施工方法进行施工安装，影响结构体系及施工系统受力性能的关键环节

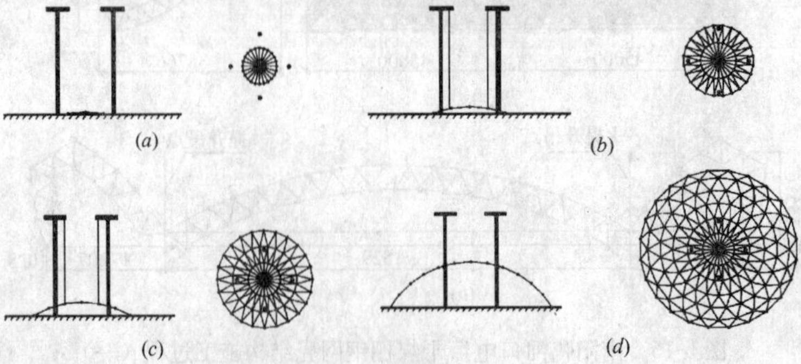

图 5-16　提升悬挑安装法施工过程示意图

包括：①提升点地合理确定，包括数量及布置；②结构在提升过程中的受力状态，该状态与设计状态不同；③提升过程的同步性，应防止结构内部产生附加内力；④提升塔柱的稳定性。

5.2 刚性大跨度钢结构施工过程计算方法

5.2.1 施工过程中结构的分析步骤

刚性大跨度钢结构的施工过程是一个将结构体系从不完整到完整的分阶段、分部位逐步拼装成形的过程，在施工过程中结构的几何形态、支座条件和荷载模式及大小均发生变化。因而，结构施工过程的力学分析或施工验算，必须考虑这些变化的影响。由时变结构力学的分类可知[15]，刚性大跨度钢结构施工阶段结构体系的时变特征属于跳跃型的缓慢时变。因此，这种施工过程的精确分析方法应按照跳跃型缓慢时变结构力学体系的一般分析方法进行分析计算，刚性大跨度钢结构施工过程分析的主要步骤如下：

(1) 按实际施工方法和不同施工阶段的结构构形，按施工步骤分别建立对应于不同施工阶段的“非完整结构”的分析模型，其中包括施工过程中的临时支承结构体系；

(2) 确定施工过程中不同施工阶段对应的“非完整结构”上的各种荷载、作用及其组合、边界约束条件；

(3) 选择合适的数值计算方法，按施工过程顺序分阶段计算各施工阶段“非完整结构”内力和位移状态；

(4) 确定各施工阶段“非完整结构”中各构件及节点的安全性、变形的合理性；

(5) 确定各施工阶段“非完整结构”的稳定性；

(6) 在施工过程数值计算的过程中，根据各施工阶段“非完整结构”的验算结果，确定本施工段的结构是否需要加固，“非完整结构”计算模型是否需要修改，并进而确定下一施工阶段的施工程序是否需要修改；

(7) 最后，将不同施工阶段各个“非完整结构”状态的内力、位移等状态变量分别进行叠加，得到施工过程结束时结构的内力和位移分布状态。

5.2.2 施工过程中结构的计算模型

结构在施工过程中及施工终态的力学性态，与施工方法和施工顺序密切相关，因而，模拟结构施工过程的计算模型，必须根据施工方法和施工顺序建立相应的几何模型及荷载模型，以准确考虑不同施工阶段的结构系统特点及其相互间的影响。也就是说，对于不同的施工安装方案，应建立不同的施工过程模拟数值计算模型。

在整体安装法中，模拟结构施工过程的几何模型可类似设计阶段一次建立完成，但结构上的荷载与设计阶段不同，除自重外，需要考虑施工活荷载、整体安装过程中的工作风荷载以及施工过程中可能出现的动力效应。施工过程中的工作风荷载，可根据正常施工工作状态所允许的最大风速确定；施工过程中的动力效应可用动力系数考虑，根据吊装经验，结构在吊装过程中的动力系数常取 1.05～1.4。模拟整体安装法的结构施工过程计算模型的另一个不同于设计阶段计算模型的特点是，结构的边界约束条件不同且在施工过程中可能发生变化，结构边界约束条件的变化可按 3.2.5 节的方法引入。

在散装法和分块安装法中，结构是分阶段安装完成的，模拟结构施工过程的计算模型，必须根据施工方法和施工顺序建立相应的阶段性几何模型及荷载模型，后续施工阶段的计算模型，应考虑已施工结构部分的变形对结构几何形状的影响。

5.2.3 施工过程中结构的分析方法

应用非线性有限元理论可以准确模拟结构在施工过程中的力学性态，但在每一步迭代计算过程中都需要考虑结构几何非线性影响并对结构刚度进行修正，这样就导致计算过程复杂且耗时。对于刚性较大的大跨度刚性空间结构，在施工荷载不大的情况下，可不考虑几何非线性的影响，而近似采用线性计算方法模拟计算施工过程。文献［14］给出了在实际工程中得到应用的近似计算方法——施工阶段状态变量叠加法，该方法的具体原理及计算方法详见 3.2.2 节。目前大型通用软件中常用的方法为生死单元法，本节给出其计算原理及方法。

5.2.3.1 施工阶段模拟分析的生死单元法（MEKA）

生死单元法（MEKA＝Method of Elements Killed and Alived），是目前很多通用大型有限元软件用于模拟施工过程的计算方法。在模拟计算过程中，首先建立整体结构完整的理论计算模型，然后根据施工进程模拟计算的需要，随时“激活（EALIVE)”或“杀死(EKILL)”一些单元，以使计算时的结构状态符合所模拟施工阶段的实际状态，进而计算各施工状态结构的内力与位移。“激活”和“杀死”的作用如下：

(1)“激活单元”是指在结构现有的几何及荷载状态下，根据模拟计算的需要“激活”结构某个区域的部分单元。如果此时结构上未增加新的荷载，则原结构的内力和变形不因“激活”的单元而发生变化，且激活的单元也没有任何内力和变形产生；如果此时结构上增加了新的荷载，则原结构的内力和变形将因“激活”的单元及新增加的荷载而发生变化，激活的单元同时也产生内力和变形。

(2)“杀死单元”是指在结构的某一状态下，将某些构件从结构上撤除或去掉。被去掉构件的刚度将不再对结构刚度有贡献，而被撤除构件的内力将被当作外力反作用于结构上，而使结构产生内力和变形。

利用生死单元法进行施工过程模拟计算的分析过程如图 5-17 所示。

生死单元法的优点是，结构在不同施工阶段内力和变形的分析可以采用同一个计算模型完成，节省时间，效率高。但该方法的缺点是，只有当新增构件安装坐标与设计坐标一致时，这种方法的计算结果才是精确的。如果新增构件坐标位置与原设计位置不同，就必须对现有的生死单元法进行改进。

5.2.3.2 施工坐标法[16,17]

文献［16，17］针对生死单元法的缺点，对施工过程中结构节点坐标的修正方法进行研究，提出了可用于精确模拟计算施工过程的施工坐标法，以准确计算结构在施工过程中节点的具体坐标。该方法可简单叙述如下：

图 5-18 中水平直线表示某已安装结构单元的原始设计位置，虚线表示该单元在安装过程中变形后位置，点划线表示将要新安装构件。

对于新安装构件，由以下 4 种方法可计算得到其新节点的准确位置或杆件长度：

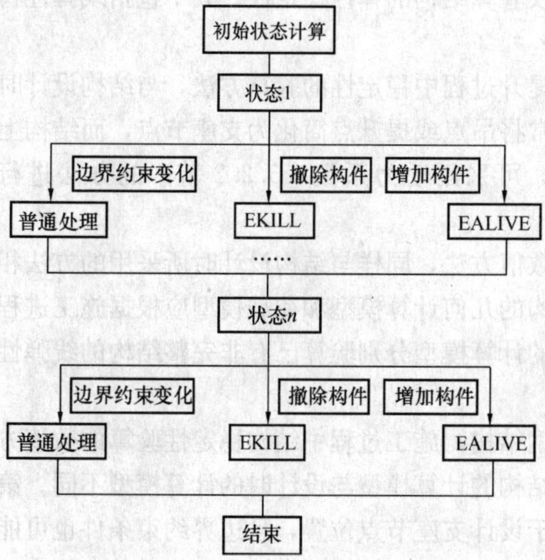

图 5-17 生死单元法计算框图

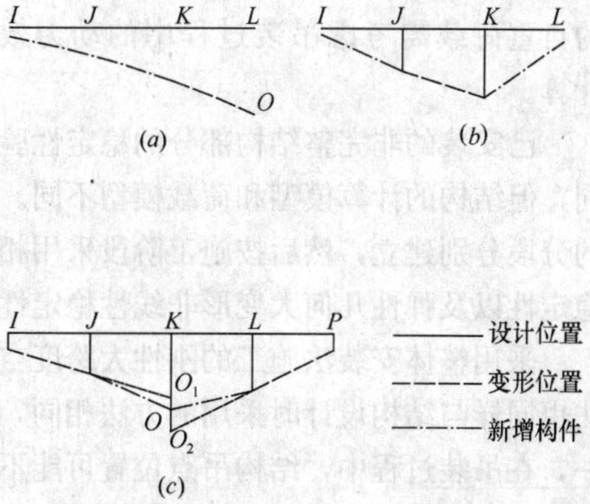

图 5-18 新增单元及节点示意图

(1) 若新安装构件未与已安装构件连接，则可采用原节点设计坐标为其安装时的节点坐标；

(2) 若新安装构件 JK 与已安装构件 IJ 连接于节点 J，则新节点 K 的坐标将按已有构件 IJ 的延长线方向和 JK 构件的设计长度 $|JK|$ 确定；

(3) 若 KL 为新安装构件，但结构不新增加节点，则构件长度为变形后 K 和 L 两节点间长度；

(4) 当从两个方向得到的连于同一节点的杆端节点不重合时，如图 5-18c 所示的 JO_1 和 LO_2，按照算术平均的原则由 O_1 和 O_2 确定新增节点 O 的坐标。

按上述方法可确定任意新安装构件节点的几何位置，新增节点 O 的坐标如下

$$X_i^{o} = \frac{1}{N}\sum_{j=1}^{n}\left[X_i^j + \sum_{s=1}^{m}\left(l_i^j \times |JO_s|\right)\right] \tag{5-1}$$

式中，X_i^o 为新增节点在 i 方向的坐标值；X_i^j 为相连的已有节点 j 在 i 方向的坐标值；l_i^j 为相连的已有构件 ij 在 i 方向的余弦值；$|JO_s|$ 为第 s 根新构件的长度；n 为新增构件与已有构件相连的节点数；m 为与第 i 个已有节点相连的新增构件数。

5.3 刚性大跨度钢结构施工过程中的稳定性

刚性大跨度空间钢结构在施工过程中的稳定性验算，对于不同的施工方法验算内容不同。对于高空散装法以及分块或分条吊装法施工，结构在施工过程中的稳定性验算主要包括被吊装构件或分条分块子结构在吊装或提升过程中的稳定性验算，以及已安装的非完整结构部分的稳定性验算；对于整体安装法施工，只需要验算结构在吊装或提升或顶升过程中的稳定性；对于折叠展开法以及攀达穹顶法施工，需要验算在提升过程中各分块结构的稳定性，同时还特别需要注意验算各分块结构在提升过程中的运动稳定性。

由于施工过程中结构上的荷载主要为自重，施工活荷载相对很小，因此，刚性大跨度

空间钢结构在施工过程中的稳定性验算，可仅验算结构的弹性稳定性，其中包括线弹性稳定性以及弹性几何大变形非线性稳定性。

被吊装构件或分条分块子结构在吊装或提升过程中稳定性的验算方法，与结构设计时所采用的方法相同。在计算模型简化时，通常将吊点或提升点简化为支座节点，而结构上的自重荷载需考虑吊装过程中的动力效应，可采用动力系数（5.2.2 节）的方法进行计算。

已安装的非完整结构部分的稳定性验算数值方法，同样与结构设计时所采用的方法相同，但结构的计算模型和荷载模型不同。结构的几何计算模型和荷载模型应根据施工进程的分段分别建立，然后按施工阶段采用相应的计算模型分别验算已有非完整结构的线弹性稳定性以及弹性几何大变形非线性稳定性。

采用整体安装法施工的刚性大跨度空间钢结构，施工过程中结构稳定性验算的数值方法也同样与结构设计时采用的方法相同，但结构的计算模型与设计时的计算模型不同。第一，在吊装过程中，结构吊点位置可能不同于设计支座节点位置，且边界约束条件也可能不同，同时，结构上的荷载也与设计时的不同；第二，结构在就位时，其边界节点将发生转移，且边界约束条件也将发生变化。因而，结构在吊装或提升过程中的稳定性验算，应针对吊装过程中和就位时分别进行。结构在吊装或提升过程中的稳定性验算，与上述分条分块子结构在吊装过程中的验算方法及步骤相同；结构在就位时的稳定性验算，需要考虑边界约束条件变化的影响，可参照 3.2.5 节的方法计算。

采用折叠展开法以及攀达穹顶法施工的刚性大跨度空间钢结构，施工过程中各分块结构的稳定性验算与整体安装法相同。但需要增加提升过程中结构体系作为机构运动时的运动稳定性验算，以合理设置转动铰的位置，避免提升过程中可能出现的体系瞬时可变状态或运动不可控状态。

5.4　结构体系转换的计算方法

大跨度空间钢结构施工过程中，大多需要设置临时支承结构以保障施工过程顺利进行和施工过程的安全性，临时支承结构的设置，使得永久结构与临时支承结构组成一个复杂的共同作用的混合结构体系。也就是说，临时支承结构已成为结构施工系统的一部分且直接起着传递荷载的作用，因而，不仅结构的施工过程分析验算需要考虑临时支承结构的作用，结构施工安装完毕后，拆除这些临时支承结构的过程也必须考虑临时支承结构的卸载效应对永久结构内力重分布的影响。临时支承结构通常或高耸、或复杂，有的甚至承受很大的荷载，因而，对临时支承结构的拆除必须进行详细的理论分析，制定合理具体的渐进式卸载方案，才能保证卸载过程的顺利和安全。否则，随意地、突然地拆除临时支承结构，将使得结构内力发生突变甚至结构振动，造成结构局部损伤或破坏，甚至可能导致严重的工程事故。

临时支承结构的拆除过程，实质上是将施工用混合结构体系转换为理论设计的永久结构体系的过程，在工程上也称为“结构体系转换”过程，因而，临时支承结构的拆除过程分析，也称为“结构体系转换”过程分析。

5.4.1　结构体系转换过程的控制原则

由于临时支承结构的拆除/卸载或结构体系的转换将造成永久结构内力的重分布，必然会对永久结构的局部构件受力产生较大的影响，因此，永久结构在结构体系转换过程中的受力性态和安全性与临时支承结构的卸载过程密切相关，文献［12］给出了以下卸载过程的控制原则：

(1) 在临时支承结构的卸载过程中，结构体系转换引起的内力变化应是缓慢的；

(2) 在卸载过程中，结构各杆件的应力应在弹性范围内并逐渐趋近设计状态；

(3) 在卸载过程中，各临时支承点的卸载变形应协调；

(4) 卸载过程应避开不适宜的环境状况，如大风、雨雪天气；

(5) 卸载过程应易于调整控制、安全可靠。

5.4.2　结构体系转换过程的计算模型

结构体系转换的初始计算模型，是结构施工安装完成后包括永久结构与临时支承结构的混合结构系统模型。由于大跨空间结构通常本身规模庞大、体系复杂，所需要的临时支承结构相对较多且结构复杂，虽然现代计算设备和计算技术能够满足大型计算的需要，但进行完整混合结构系统模型的计算分析，将大幅增加建立计算模型及数值分析的难度和工作量，因此，在实际的结构转换分析中，通常采用简化的计算模型进行分析。

在结构转换分析中，通常主要关心的是永久结构的力学性态与安全性，关于临时支承结构，主要关心其卸载过程中对永久结构力学性态的影响，而无需关心临时支承结构详细的力学性态。为此，在实际结构转换分析中，通常建立永久结构的完整力学模型，而将临时支承结构进行简化，采用弹簧或简单的杆件进行模拟。

用于大跨空间钢结构施工安装的临时支承结构种类繁多，其具体形式随空间钢结构的体系形式、施工方案以及施工现场的条件而变化，难以形成固定的模式。但是，根据目前工程上所采用的临时支承结构的构成特点，可将其简单分为以下几种形式[12]：

(1) 单柱支承，支承柱可以采用单根实腹柱，也可以采用格构柱。

(2) 联体柱支承，当支承柱所受荷载较大，且其高度较大时，通常单根支承柱的稳定性难以满足要求，通常可将相邻的支承柱连接在一起形成联体支承结构，以减小支承柱的计算长度，增加支承柱的稳定性。

(3) 空间结构支承，当永久结构重量较大，所需支承点数量较多，且在下部结构上的支点布置受到限制而不能形成柱子支承时，可采用空间结构支承。

5.4.2.1　单柱支承的简化模型

由于单柱支承通常只用于竖向支承，因而，单柱支承可简化为一个竖向弹簧，则弹簧刚度为

$$k_{ci}=E_{ci}A_{ci}/H_{ci} \tag{5-2}$$

其中，A_{ci}、H_{ci}、E_{ci}分别为第i个支承柱的横截面积、高度和材料的弹性模量。

5.4.2.2　联体柱支承的简化模型

在联体柱支承中，支承柱间有构件（斜杆和横杆）联系，则联体柱支承形成一个平面

或空间结构，这种结构的简化通常有两种方法，一是将支承柱和联系构件均分段等代为一个构件，然后按桁架或框架建立计算模型，等代原则是等代前后构件的刚度相等；二是直接计算支承点处的弹簧刚度 k_i，然后按所支承的自由度方向施加弹簧，具体简化方法与空间结构支承相同。

5.4.2.3　空间结构支承的简化模型

空间结构支承本身就是一个复杂的结构，难以从几何组成上进行平面或空间分割，因而，采用等代杆件的方法难以实施。对于这种复杂的临时支承结构，可直接计算支承点处临时支承结构的弹簧刚度 k_i，然后，将临时支承结构简化为所支承自由度方向的单向弹簧。

各单向弹簧的刚度可采用结构力学的方法计算，即在临时支承空间结构与永久结构的连接点处，按所支承的自由度方向施加单位力 $\overline{N}$，然后按结构力学方法计算在该单位力作用下产生的位移 δ_i，则临时支承空间结构在该自由度方向的弹簧刚度 k_i 为

$$k_i=1/\delta_i \tag{5-3}$$

5.4.3　结构体系转换过程的计算方法

临时支承结构的拆除/卸载过程或结构体系的转换过程，是永久结构在临时支承结构的支承点处支座约束的动态减弱直至消除的变化过程，如果临时支承结构对永久结构的约束仅为竖向约束，则这一动态变化过程为该竖向约束力逐渐减小直至为零的过程。结构体系转换过程的计算，就是寻求安全合理的循环卸载过程，以保证卸载过程中永久结构和卸载过程的安全。循环卸载过程需要确定的具体内容包括：卸载步数、每个卸载步同步卸载点的数量及范围、每个卸载步中需要控制的位移量。安全合理的卸载方案，需经过多方案反复计算比较得到。

在结构体系转换的计算模型确定后，结构体系转换的计算可采用“支座强迫位移＋循环数值迭代”的数值计算方法，具体的计算过程如下：

(1) 根据预定的卸载方案，在第 1 卸载步的同步卸载点均施加已设定数值的强迫位移，然后计算结构系统的内力和位移；

(2) 根据计算结果，验算永久结构构件的安全性和结构的变形，验算临时支承结构的反力是否超过原设计值；

(3) 若永久结构或临时支承结构均满足要求，则在第 1 卸载步计算结果的基础上，施加第 2 卸载步应增加的强迫位移值，计算结构系统的内力和位移，否则，调整强迫位移值，重新进行第 1 卸载步计算；

(4) 当第 i 卸载步计算通过后，在第 i 卸载步计算结果的基础上，施加第 i＋1 卸载步应增加的强迫位移值，计算结构系统的内力和位移，并进行永久结构和临时支承结构的验算，直到完成所有卸载步计算。

在卸载迭代计算过程中，若多次调整强迫位移值，永久结构和临时支承结构均不能满足安全性要求，则应调整卸载方案，重新进行验算。

结构体系转换过程中的边界条件变化计算，可采用 3.2.5 节的方法。

参 考 文 献

[1] 郝林山，陈晋中. 高层与大跨结构施工技术[M]. 北京：机械工业出版社，2004.

[2] 沈祖炎，陈扬冀. 网架与网壳[M]. 上海：同济大学出版社，1997.

[3] 徐伟. 现代钢结构工程施工[M]. 北京：中国建筑工业出版社，2006.

[4] 庞京辉，赵亚云，葛冬云. 72m跨轻钢刚架梁安装[J]. 施工技术. 1999，28(8)：44.

[5] James D. Stevens，Alan L. Murray. Modified Roof Erection System [J]. Journal of Construction Engineering and Management，1994，120(4)：828－837.

[6] 李耀良. 上海大剧院6075吨钢屋盖整体提升施工技术[J]. 建筑施工. 1996，18(5)：4-8.

[7] 黎海宁. 首都机场四机位库屋盖钢结构的提升与安装[J]. Ovm论文集. 1999，05(10)：65-68.

[8] 刘伟亮. 大跨度钢桁架结构的滑移法施工[D]. 重庆大学硕士学位论文. 2001.

[9] Kawaguchi M. Possibilities and problems of latticed structures. IASS-ASCE Symposium，1994.

[10] 王小盾，余建星等. 攀达穹顶技术工法的原理和应用前景[J]. 建筑技术. 2004，35(5)：383-385.

[11] 王云飞. 大跨度柱面网架折叠展开提升的控制技术[J]. 施工技术. 2002，31(5)：4－6.

[12] 罗尧治，胡宁等. 网壳结构"折叠展开式"计算机同步控制整体提升施工技术[J]. 建筑钢结构进展. 2005，7(4)：27－32.

[13] 史才玉. 网壳结构的"逆作法"施工[J]. 空间结构. 1996，(2)：58－61.

[14] 卓新. 球面网壳逆作法施工内力特性分析[J]. 建筑结构. 1998，(6)：50－52.

[15] 王光远. 论时变结构力学[J]. 土木工程学报. 2000，33(6)：105－108.

[16] 罗晓群. 大型钢结构施工全过程数值模拟及CAD实现[D]. 同济大学博士学位论文. 2003.

[17] 崔晓强. 大型钢结构施工方法和施工力学研究[R]. 上海建工集团博士后研究工作报告. 2004.

6　高耸钢结构施工中的力学问题

6.1　高耸钢结构的施工方法

随着空间结构分析技术、新材料技术、新工艺技术的不断发展和完善，高耸结构的建筑造型越来越新颖多样，与之相适应的结构体系形式也越来越新奇复杂[1]，由此而来对高耸结构的施工安装技术的要求也越来越高。近年来，高耸结构的施工安装技术在不断发展的结构理论与施工技术推动下，并随着计算机模拟技术、空间三维分析技术、伺服控制技术以及其他相关技术的发展，传统的安装技术不断得到改进，新型的安装技术不断诞生并逐渐完善。本章就近年来高耸结构的施工安装方法及其力学原理进行论述，为高耸结构的施工安装提供可供参考的技术路线和计算方法。

目前，高耸结构领域常用的施工安装方法主要有高空散件流水安装法、高空分块流水安装法、整体起扳法及整体提升（顶升）法四种。

6.1.1　高空散件流水安装法

高空散件流水安装法是目前高耸结构最为常用的施工安装方法。该方法主要利用起重机械将每个安装单元或构件进行逐件吊运并安装，整个结构的安装过程为：从下至上流水作业。任一上部构件或安装单元在安装前，其下部所有构件均应根据设计布置和要求安装到位，即已安装的下部非完整结构是稳定的、安全的。安装流程如图 6-1 所示。

（1）高空散件流水安装法的主要优点

1）安装适用范围广；

2）安装所用的起重设备小，可供选择的起重设备类型多；

3）安装成本低。

（2）该方法的主要缺点

1）高空作业量大；

2）安装工期较长。

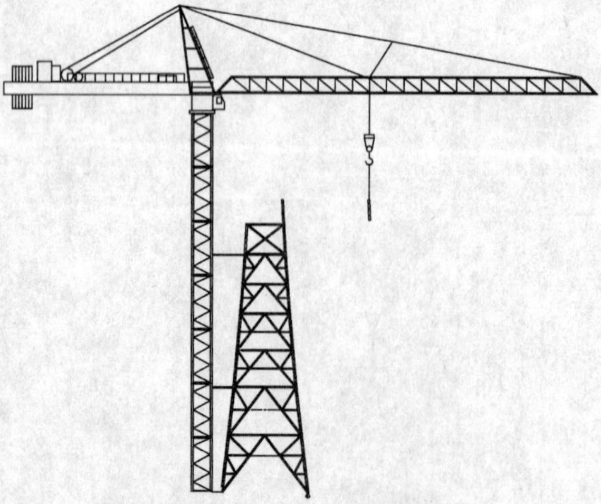

图 6-1　高空散件流水安装法

6.1.2　高空分块流水安装法

高空分块流水安装法也是目前高耸结构最为常用的施工安装方法。该方法主要利用起重机械对每个安装块（或段或节）逐块进行吊运并安装。整个结构的安装过程为：从下至上流水作业。同样，任一上部安装块在安装前，其下部所有构件均应根据设计布置和要求安装到位，即已安装的下部非完整结构是稳定的、安全的。安装过程如图 6-2 所示。

(1) 该方法的主要优点

1) 施工过程中高空作业量小；

2) 施工安装质量容易控制；

3) 施工安装工期短。

(2) 该方法的主要缺点

1) 安装中要求起重设备的起重能力较大，设备成本相对较高；

2) 安装块（部件）运输成本高；

3) 对安装块（部件）地面拼装的质量要求高。

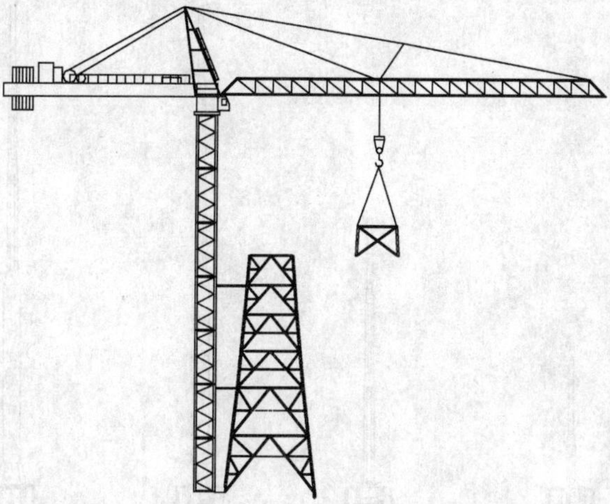

图 6-2 高空分块流水安装法

6.1.3 整体起扳法

整体起扳法是先将整个结构在地面上进行平面拼装——工程上称为“卧拼”，待地面上拼装完成后，再利用整体起扳系统（即将结构整体拉起到设计的竖直位置的起重系统），将结构整体起扳（或拉起）就位并进行固定安装。其施工过程如图 6-3 所示。

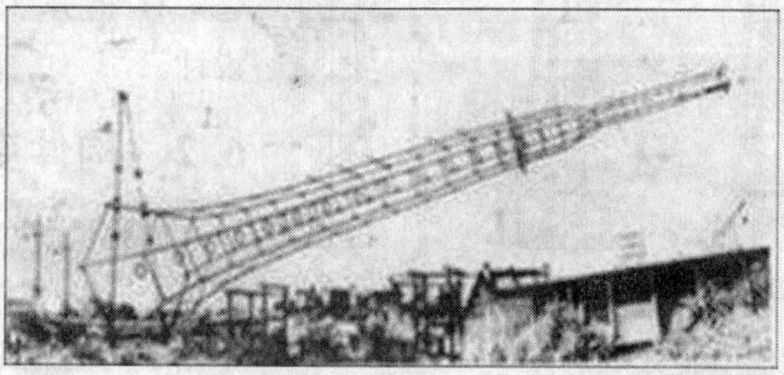

图 6-3 整体起扳法

(1) 该方法的主要优点

1) 地面整体拼装时所用的起重设备小；

2) 安装施工作业高度低，安装方便且有利于控制安装质量；

3) 安装施工工期短。

(2) 该方法的主要缺点

1) 由于结构的施工状态与设计使用状态不尽相同，因此需对整体起扳过程中结构的不同施工倾斜角度或结构倾斜状态，进行结构分析验算，结构分析的工作量大；

2) 结构在起扳过程中，各起扳作用点的集中力较大，一般均需预先进行加固；

3) 起扳系统需进行专门设计；

4) 对起扳系统的起重能力要求高。

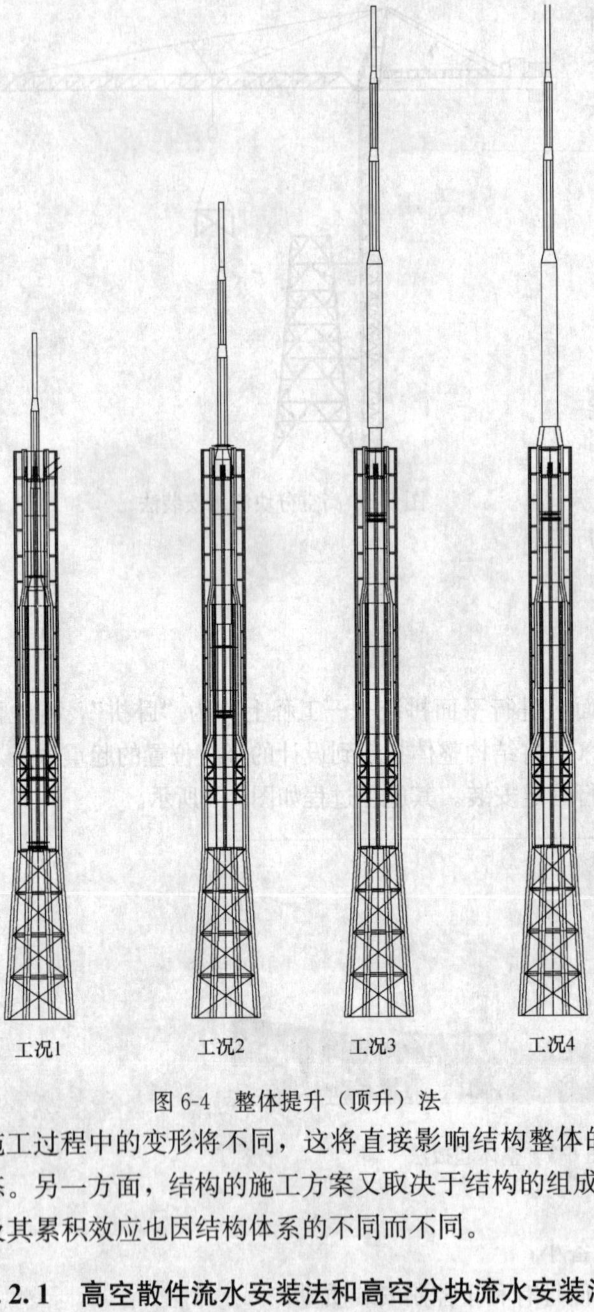

图 6-4 整体提升（顶升）法

6.1.4 整体提升（顶升）法

整体提升（顶升）法是先将结构在较低位置进行拼装，然后利用整体提升（顶升）系统将结构整体提升（顶升）到设计位置就位且固定安装。施工过程如图 6-4 所示。

(1) 该方法的主要优点

1) 结构安装高度低，有利于控制安装质量；

2) 减少了安装用起重设备的起升高度，对起重设备的要求相对较低；

3) 安装施工工期短。

(2) 该方法的主要缺点

1) 对提升（顶升）过程中结构姿态的控制要求高；

2) 安装过程中需设置专门的抗倾覆结构；

3) 提升（顶升）系统需专门设计。

6.2 构件变形的效应

高耸结构施工过程中构件的变形效应，与其施工方案密切相关，采用不同的施工方法，结构构件在施工过程中的变形将不同，这将直接影响结构整体的最终施工变形和结构最终的成型形态。另一方面，结构的施工方案又取决于结构的组成体系，因而，施工过程中构件的变形及其累积效应也因结构体系的不同而不同。

6.2.1 高空散件流水安装法和高空分块流水安装法

采用高空散件流水安装法和高空分块流水安装法，在施工过程中构件的变形主要受施工过程中的恒载、环境风荷载、温度变化及施工用起重设备作用的影响，这几类荷载在施工过程中将使构件产生变形，进而影响整体结构的变形、安装精度和受力性能。图 6-5 为某一电视塔结构施工过程中，结构自重和塔吊作用对结构变形影响的分析。数值计算结果说明，施工过程中构件的累积变形对结构整体变形和受力的影响是不能忽略的，因而，在施工过程中，应根据施工方法和施工进程修正和调整构件的安装尺寸和方位，否则，结构的最终形态（形状和内力分布）将和设计状态有较大的差异甚至畸变。

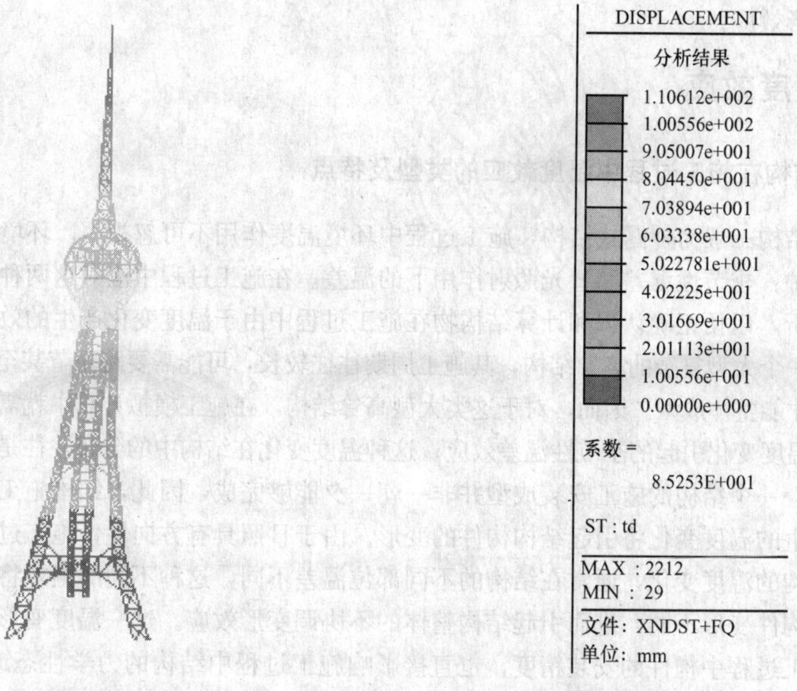

图 6-5 某一电视塔施工过程中自重及塔吊对结构变形的影响

6.2.2 整体起扳法

采用整体起扳法施工，结构的变形产生于两个阶段。结构在地面拼装过程中处于地面平放位置，在拼装过程中构件的变形主要受自重作用的影响。如果在地面拼装中，支承于地面的临时支承点足够密，就可以不考虑安装中构件的变形，否则，就应按照整体空间桁架验算构件及结构的变形效应。

施工过程中结构产生变形的另一阶段为整体起扳阶段。在这一施工阶段，结构由地面平放位置逐渐被整体拉起到直立位置，在此施工状态，结构下部的两个柱脚为不动铰支点，上部一个或多个点为提升吊点，结构在由平面位置“扳起”到直立位置的任一倾斜位置状态，整体为一个处于自重、风荷载以及可能的动力荷载作用下的简支梁柱。这一过程中的受力状态与平放于地面时的受力状态完全不同，因而变形状态也完全不同。但这一状态是结构在整体成型后的变形，若该变形没有出现永久变形，在结构到达设计位置后，将逐渐恢复而不会对结构产生影响。

6.2.3 整体提升（顶升）法

采用整体提升（顶升）法施工，结构的变形也产生于两个阶段。结构在地面或低位胎架上拼装的过程中，构件的变形主要受自重或施工活荷载作用的影响，构件变形效应与高空散件流水安装法相同。结构在整体提升（顶升）过程中，主要受自重、风荷载以及可能的动力荷载作用，在整体提升（顶升）过程中，结构的提升点往往和结构安装后的支承点相同，这一施工阶段构件的变形状态和设计变形基本相同，因而，可不考虑这一施工状态构件的变形效应。

6.3 温度效应

6.3.1 结构在施工过程中温度效应的类型及特点

高耸结构一般为外露式结构，施工过程中环境温度作用不可忽视[2]。环境温度的效应可分为两种：季节性温差和日光照射作用下的温差。在施工过程中应对这两种温度效应分别进行分析，以便正确认识和计算结构物在施工过程中由于温度变化产生的效应。

对于一个大型复杂的高耸结构，其施工周期往往较长，可能需要跨季节甚至跨年度安装施工结构才能整体成型。因而，对于这类大型高耸结构，在施工模拟计算中就需要考虑不同季节环境温度变化引起的季节性温差效应。这种温度变化在结构中的分布往往是均匀的。

另外，一个结构的施工安装成型并非一朝一夕能够完成，因此，结构施工期间日光照射作用产生的温度变化将引起结构构件的变形。由于日照具有方向性，施工过程中日照作用引起结构的温度变化，通常在结构的不同部位温差不同，这种不同的温差将导致不同结构部位的构件变形不同，进而引起结构整体的不协调变形效应。这一温度变形效应不仅直接影响施工过程中构件的安装精度，也直接影响施工过程中结构的力学性态或内力分布，因此，结构的施工过程既要考虑构件的变形效应或尺寸效应，也要考虑由于构件尺寸变化产生的结构内力变化或内力重分布效应。

6.3.2 结构在施工过程中温度效应的分析方法

通常，在进行结构的施工过程数值模拟分析之前，应预先确定一个结构开始安装时的环境温度——称之为“标准温度”，并以此温度为基础，模拟计算结构在施工过程中相应的两种温差作用效应。

温度变化效应对施工过程中的结构系统力学性态影响的模拟计算，应根据不同类型的结构在其施工模拟计算方法中同时考虑。

6.3.3 施工过程中温度效应分析的实例

本节以一个实际电视塔结构施工过程中的温度效应模拟计算为例，来说明高耸结构施工过程中两种温差的不同影响。

某电视塔结构在施工过程中的安装标准温度确定为22℃（当地年平均温度），以此安装标准温度为基础，对该电视塔结构在施工过程中的温差作用效应进行计算。

(1) 施工模拟计算的温度工况

根据上述两种类型的温差，对该电视塔结构施工过程中的温度效应进行以下3种温度工况的分析：

1) 季节性温差

工况一　当地最高气温与标准温度的温差为18℃，结构中温度分布均匀；

工况二　当地最低气温与标准温度的温差为−22℃，结构中温度分布均匀。

2) 日照作用温差

工况三 考虑施工期间不均匀日照影响，根据日照方向，选取因日照作用在结构不同方位产生的温度差最大，分别作用于结构相应部位构件上进行计算。结构中构件温度范围为44℃～52℃，构件温差范围为19℃～27℃。

(2) 施工模拟计算结果

1) 工况一条件下的施工模拟计算

本节选取3个典型的结构施工阶段（或施工状态），考虑在升温条件下施工时，温度变化对结构施工变形的影响。图6-6为最高气温条件下，结构在不同施工状态时温度变形

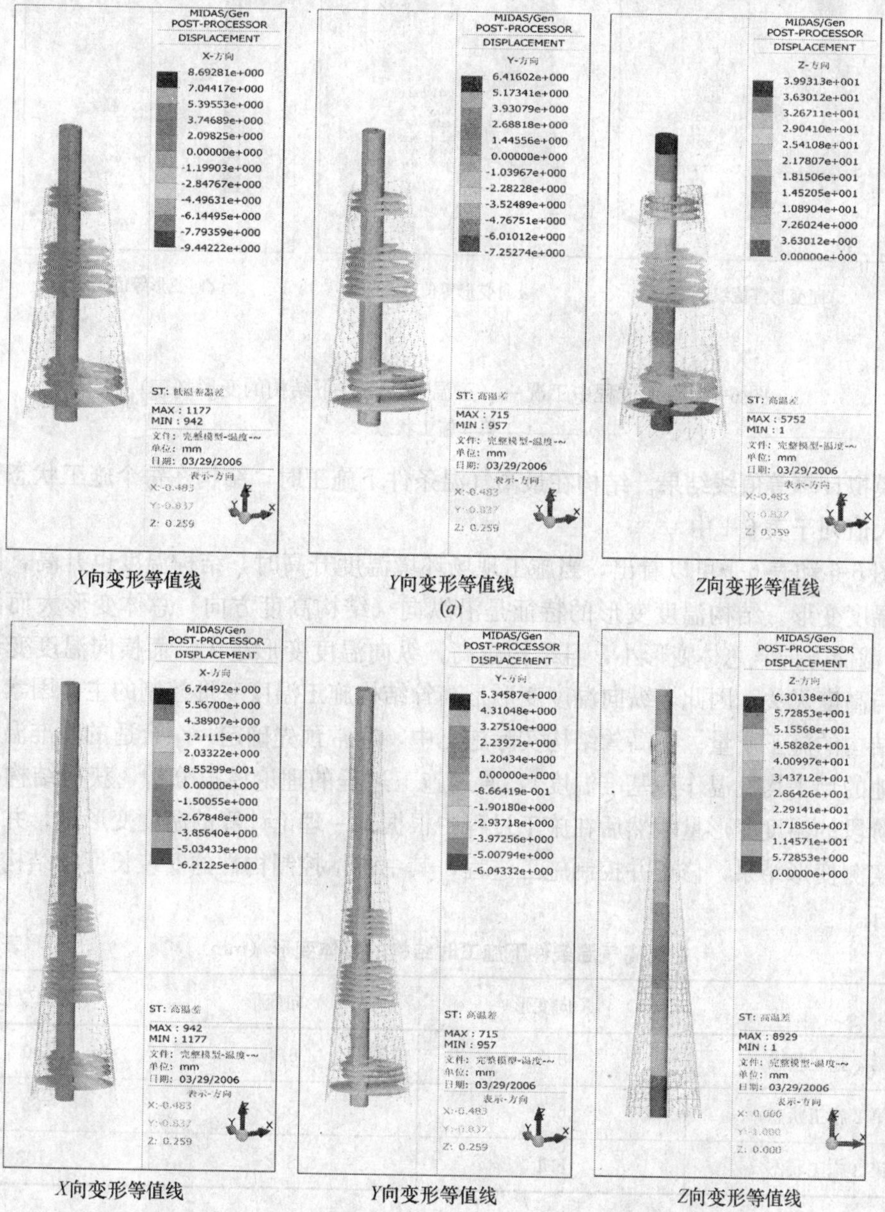

(b)

图6-6 施工过程中工况一（正温差）条件下结构的变形（一）

(a) 第1施工状态；(b) 第2施工状态

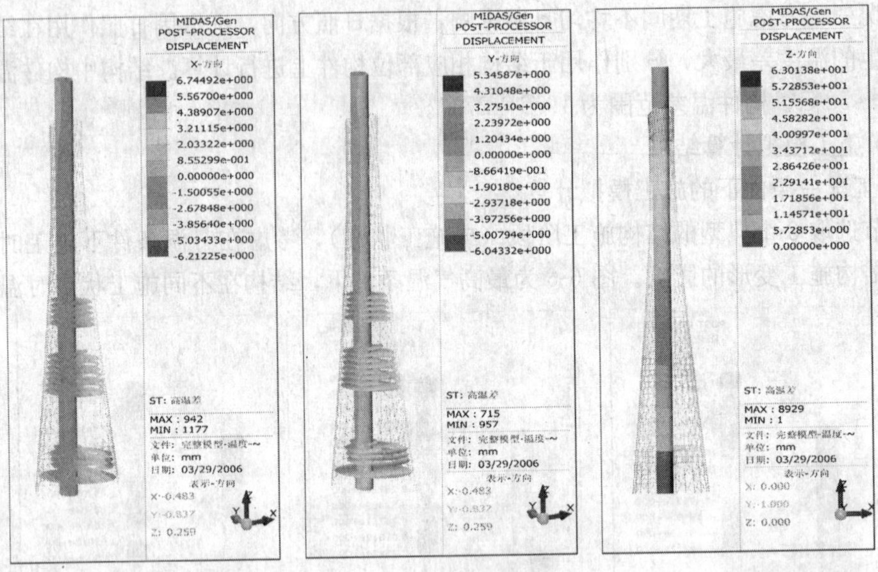

*X*向变形等值线　　*Y*向变形等值线　　*Z*向变形等值线

(*c*)

图 6-6 施工过程中工况一（正温差）条件下结构的变形（二）

(*c*) 第 3 施工状态

的数值模拟计算等值线结果。结构在最高气温条件下施工时，结构在每个施工状态整体变形的最大值列于表 6-1 中。

由图 6-6 和表 6-1 可以看出，当施工现场环境温度升高时，结构温度也升高，同时结构产生温度变形。结构温度变形的特征是沿纵向（结构高度方向）总体变形大而沿横向（结构横截面方向）总体变形小，且结构越高，纵向温度变形越大，而横向温度变形均匀且几乎与高度无关。因此，纵向温度变形是高耸结构施工温度变形控制的主要因素，将直接影响结构的施工质量。在高耸结构实际施工中，通常预先确定一个合适的基准温度（一般以当地的年平均气温作为基准温度），通过施工过程的理论模拟分析，获得结构在各不同施工阶段的温度变形量，然后在施工过程中根据这一理论计算的温度变形量，并结合施工现场实测变形结果，修正并控制施工进程，其中包括控制构件的安装长度和结构节点的空间坐标。

在最高气温条件下施工时结构的整体变形（mm）　**表 6-1**

	X 向变形	*Y* 向变形	*Z* 向变形
第 1 施工状态	8.7	6.4	40
第 2 施工状态	6.7	5.3	63
第 3 施工状态	8.1	8.2	103

2）工况二条件下的施工模拟计算

本节同样选取 3 个典型的结构施工阶段（或施工状态），考虑在降温条件下施工时，温度变化对结构施工变形的影响。图 6-7 为最低气温条件下，结构在不同施工状态时温度变形的数值模拟计算等值线结果。结构在最低气温条件下施工时，结构在每个施工状态整体变形的最大值列于表 6-2 中。

由图 6-7 和表 6-2 可以看出，与环境温度升高类似，当施工现场环境温度降低时，结构温度也降低，同时结构产生温度变形（缩短）。结构温度变形的特征同样是沿纵向总体

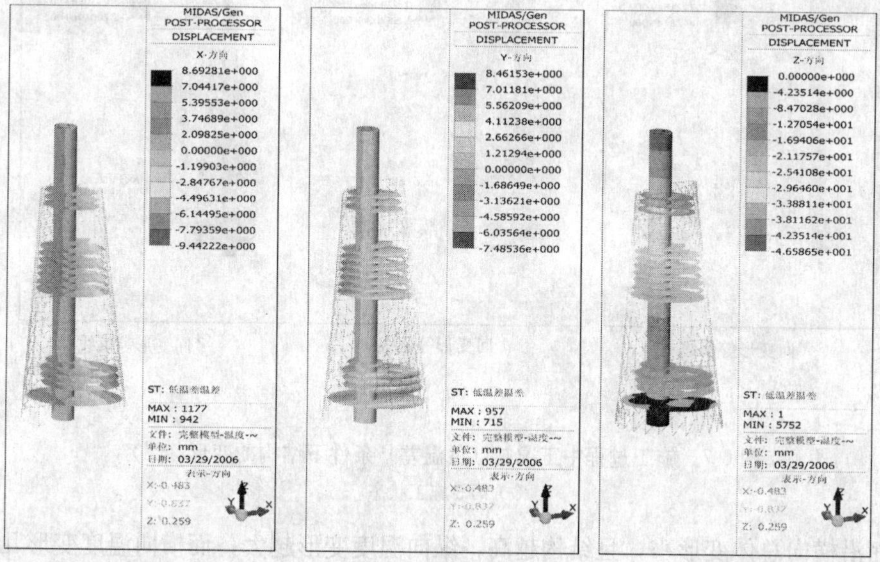

X 向变形等值线　　*Y* 向变形等值线　　*Z* 向变形等值线

(*a*)

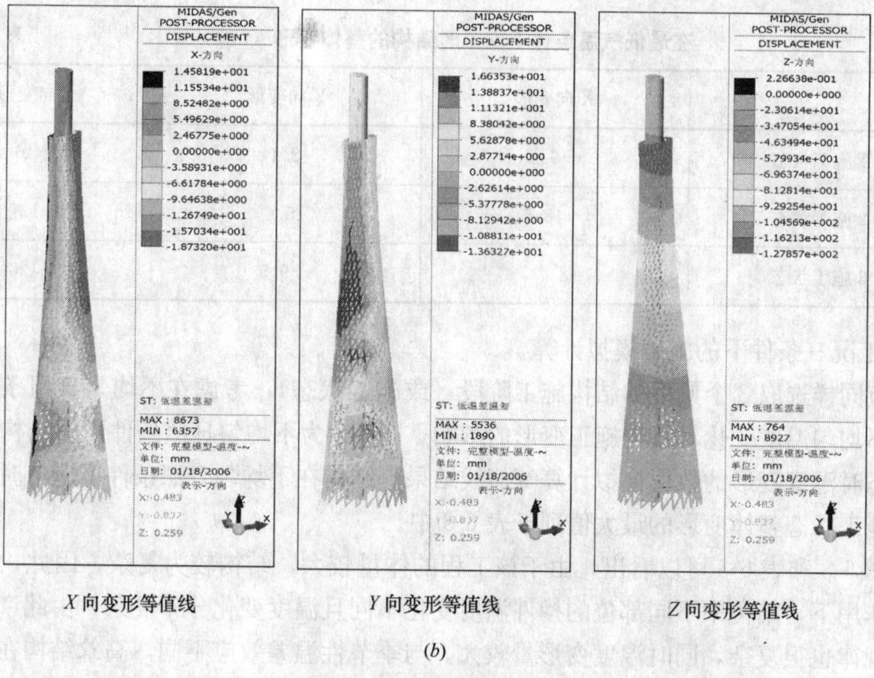

X 向变形等值线　　*Y* 向变形等值线　　*Z* 向变形等值线

(*b*)

图 6-7　施工过程中工况二（负温差）条件下结构的变形（一）

(*a*) 第 1 施工状态；(*b*) 第 2 施工状态

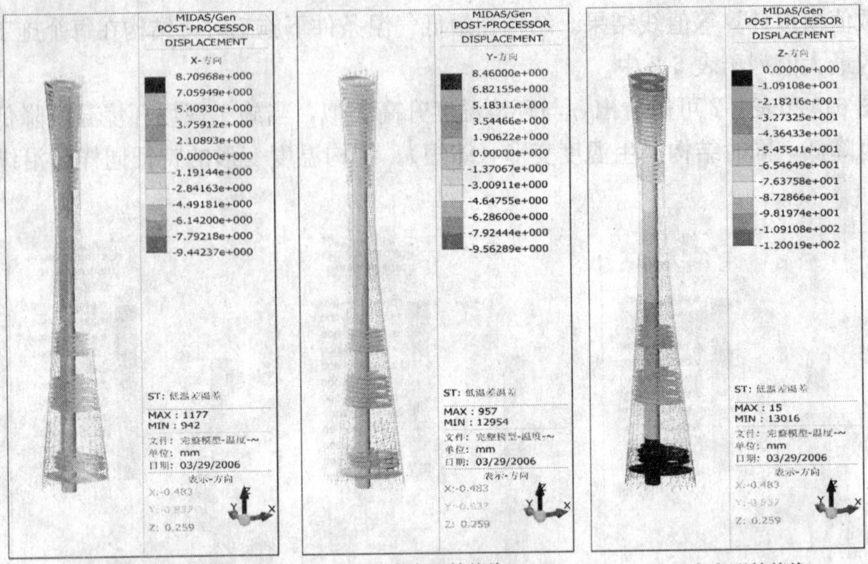

*X*向变形等值线　　*Y*向变形等值线　　*Z*向变形等值线

(*c*)

图 6-7　施工过程中工况二（负温差）条件下结构的变形（二）

(*c*) 第 3 施工状态

变形大而沿横向总体变形小，且结构越高，纵向温度变形越大，而横向温度变形几乎与高度无关。因此，纵向温度变形也是降温时高耸结构施工温度变形控制的主要因素。在实际施工中关于温度变形的控制方法与升温时相同。

在最低气温条件下施工时结构的整体变形（mm）　　**表 6-2**

	X 向变形	*Y* 向变形	*Z* 向变形
第 1 施工状态	−9.4	8.4	−46
第 2 施工状态	−18.7	16.6	−127
第 3 施工状态	8.7	−9.5	−120

3）工况三条件下的施工模拟计算

本节同样选取 3 个典型的结构施工阶段（或施工状态），考虑在不均匀日照条件下施工时，不均匀温度变化对结构施工变形的影响。图 6-8 为不均匀日照条件下，结构在不同施工状态时温度变形的数值模拟计算等值线结果。结构在不均匀日照条件下施工时，结构在每个施工状态整体变形的最大值列于表 6-3 中。

由图 6-8 和表 6-3 可以看出，由于该工程的体量较大，结构较为复杂，因此，在不均匀日照作用下，结构中不同部位的构件温度变化不同且温度变化分布复杂，由此产生的温度变形规律也很复杂，同时温度变形量较大。与季节性温差效应不同，高耸结构在不均匀日照作用下，不仅纵向温度变形大，结构横向温度变形也很大，结构纵横向的温度变形都是高耸结构施工温度变形控制的主要因素，将直接影响结构的施工质量，因此，在实际施工过程中需采取措施进行控制。在实际施工过程中，除进行施工过程理论模拟分析外，通常需要利用施工现场合适的气候条件，确定每个施工阶段中结构变形及定位的合理测量时段，例如在阴天或每日的早晚时段进行放测，以减小不均匀日照的影响。然后在施工过程中根据理论模拟计算结果，并结合现场实测结果，修正并控制施工进程。

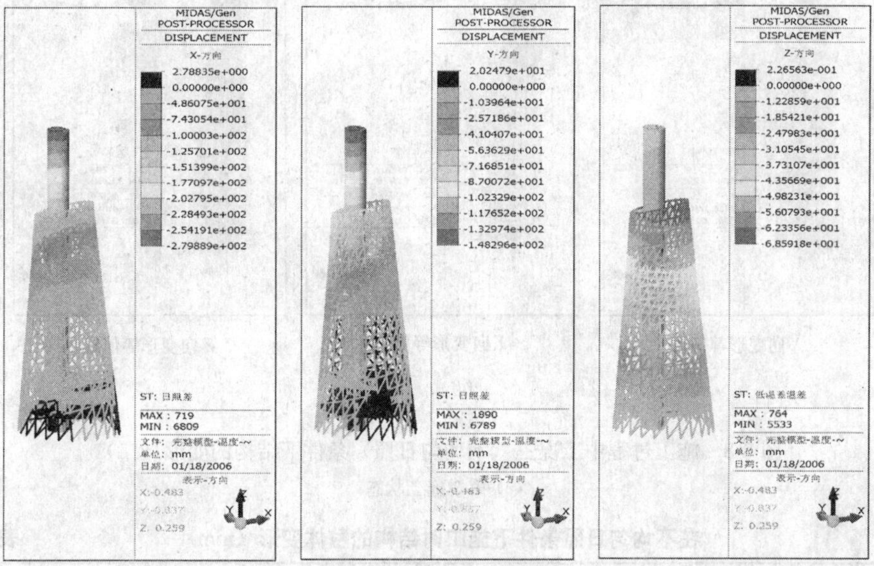

*X*向变形等值线　*Y*向变形等值线　*Z*向变形等值线

(*a*)

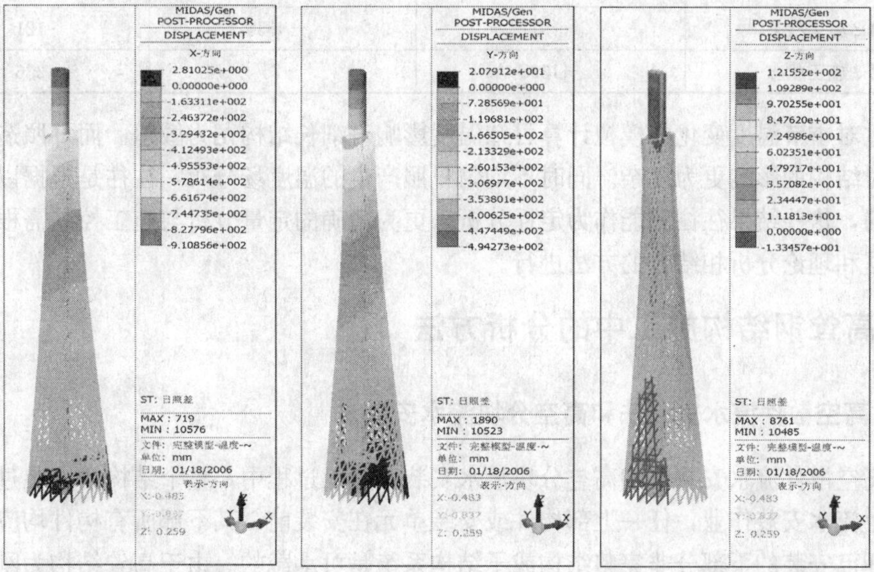

*X*向变形等值线　*Y*向变形等值线　*Z*向变形等值线

(*b*)

图 6-8　施工过程中工况三（不均匀日照）条件下结构的变形（一）

(*a*) 第 1 施工状态；(*b*) 第 2 施工状态

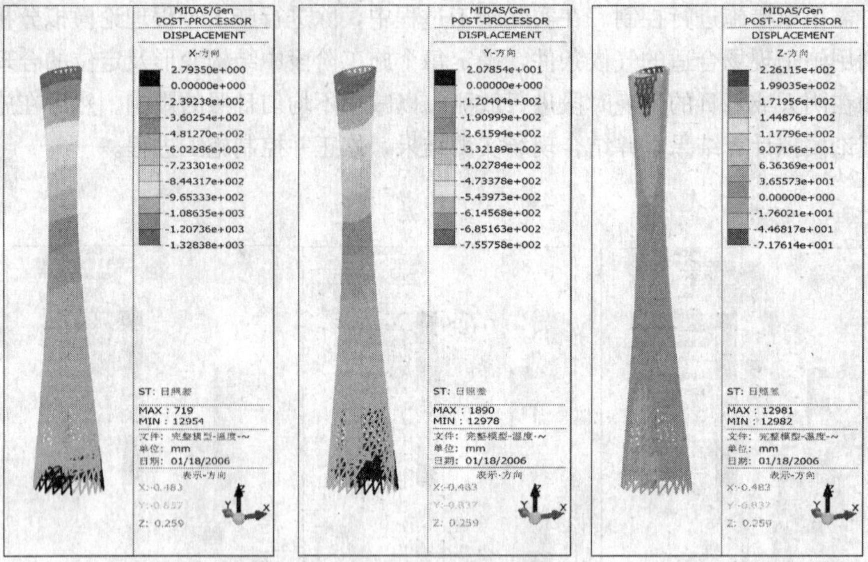

X 向变形等值线　　*Y* 向变形等值线　　*Z* 向变形等值线

(*c*)

图 6-8　施工过程中工况三（不均匀日照）条件下结构的变形（二）

(*c*) 第 3 施工状态

在不均匀日照条件下施工时结构的整体变形（mm）　　**表 6-3**

	X 向变形	*Y* 向变形	*Z* 向变形
第 1 施工状态	−279	−148	−68
第 2 施工状态	−91	−495	121
第 3 施工状态	−1328	−75	226

通过对季节温度变化的模拟计算可知温度影响对细长结构尤为敏感。而日照造成的温度效应对结构的影响更为复杂。同时不均匀日照产生的温度场分布，往往是根据以往的经验假定的，这些结果往往只能作为定性分析。更为精确的定量分析与施工控制需根据现场实测数据和理论分析相结合的方法进行。

6.4　高耸钢结构施工中的分析方法

6.4.1　高空散件流水安装法和高空分块流水安装法

在高空散件流水安装法和高空分块流水安装法施工过程中，整个结构的安装过程均为从下至上流水安装作业，任一上部构件或安装单元在安装前，其下部所有构件均应已安装到位，即已安装的下部分非完整结构或子结构系统是可承载的。由于高耸结构为刚性结构体系，其施工验算可采用线弹性分析理论。这两种安装方法中需要进行施工验算的内容有两项：

① 吊装过程中被吊装构件或单元的验算；

② 已安装的非完整结构部分的验算。

6.4.1.1 吊装构件或单元的验算

被吊装构件或单元的验算，应根据吊具或吊点的设置方式，建立构件计算模型，并考虑起吊时可能的加速度影响，按分阶段静力法计算构件的安全性，具体步骤为：

① 根据吊点布置，建立计算模型，每个吊点均简化为铰支座节点，构件在计算模型中的空间姿态，应与所计算吊装阶段的吊装位置姿态相同。不同的吊装位置，构件计算模型的空间姿态可能不同。

② 构件上的荷载包括：构件自重、依附于构件上的其他荷重以及可能的提升动力荷载。

③ 构件吊装中验算的内容包括：构件的强度、构件的稳定性、构件的变形。验算的依据是国家现行结构设计规范。特别需要指出的是，大型构件或结构单元在吊装过程中的平面稳定性，常常是构件吊装过程中的最薄弱方面，需要注意加强。

大型构件或结构单元吊装验算，应多选择吊装过程中的几个不利位置进行验算，根据验算结果修正吊装方案，确保吊装过程安全。

6.4.1.2 已安装的非完整结构验算

已安装的非完整结构部分在施工过程中的力学性能，往往与理论设计的完整结构中该部分的力学性能不同。在施工进程中，已安装的非完整结构部分虽然尚无上部构件的荷载作用，但和安装用的设备连在一起，同时还有非均匀分布的施工荷载作用以及施工期间可能的动力荷载作用，因此，该部分结构的受力和变形是否安全和满足规范要求，需要经过根据施工进程分阶段验算才能证明。同样，已安装的非完整结构的验算也采用分阶段静力法计算的方法，具体步骤为：

① 根据施工进程建立计算模型，模型的单元选择及单元间的连接方式应根据实际情况确定，并应与理论设计相符；

② 非完整结构上的荷载包括：结构自重、依附于结构上的施工设备重、施工荷载以及可能的动力荷载；

③ 非完整结构施工验算内容包括：结构构件的强度与稳定、连接及节点强度、结构的稳定性、结构及构件的变形。

6.4.2 整体起扳法

在整体起扳法施工中，结构是在地面平放整体拼装的，因此，这一阶段通常为构件散装施工，无须验算该施工阶段。但地面整体拼装完成后的起扳过程，结构的力学性态与理论设计的正常使用状态完全不同，且是施工过程中最不利的状态，需要进行施工过程验算。结构整体起扳过程的验算也采用分阶段静力法计算的方法，具体步骤为：

① 根据施工进程分阶段建立计算模型。结构上部的起扳作用点及柱脚转动支点简化为铰支座节点，结构在计算模型中的形态，应与所计算的起扳阶段的结构形态相同。不同的起扳阶段，结构计算模型的空间形态不同。

② 结构上的荷载包括：结构自重、依附于结构上的施工荷载以及可能的动力荷载。

③ 结构起扳阶段的验算内容包括：结构构件的强度与稳定、连接及节点强度、结构的稳定性、结构及构件的变形。

④ 计算各起扳作用点的集中力，验算起扳过程中结构的局部受力。

6.4.3 整体提升（顶升）法

采用整体提升（顶升）法施工，结构是在较低位置进行拼装的，然后利用整体提升或顶升系统将结构整体提升或顶升到设计位置。这种施工方法与第5章中刚性大跨度结构的整体提升法完全相同，结构的施工过程模拟计算可采用第5章的方法。但由于高耸结构为细高型结构，整体提升时结构高度大但平面尺寸反而小，因此，需要增加整体提升过程中的倾覆计算。倾覆计算的荷载包括：结构自重、提升过程中的风荷载以及提升过程中可能出现的不均匀提升力。

高耸结构采用整体提升（顶升）法施工，一般要求在环境风速小于6级时进行，当环境风速不满足这一要求时，不应进行提升。

所有施工过程的验算，结构、构件、节点除应满足设计规范要求外，结构与构件的变形尚应满足施工验收规范的要求。

6.5 高耸结构施工控制方法

高耸结构在施工过程中，从地面施工开始，结构拔地而起，直至结构顶部。在整个施工安装过程中，由于施工作业（如焊接等）工艺过程以及施工荷载、自重荷载、风荷载、温度变化、不均匀日照等作用的影响，结构构件乃至结构整体的变形随着施工进程不断发生变化。为了保证结构的施工精度以及施工完成后整体结构具有合理的力学性态（理论设计的力学性态），需要对影响结构施工变形的各种因素进行综合计算与分析，并结合现场实测数据确定结构在各个施工阶段和各种环境条件下的变形规律，以指导和控制结构的整个施工过程。

6.5.1 结构在恒荷载作用下的变形控制

根据我国现行的工程施工质量验收标准的相关规定，整个工程在全部完工后方可组织验收。而结构在各施工阶段的形态，与结构施工完成后的最终形态往往是不尽相同的。同时，结构构件在恒荷载下的变形是随着施工进程的不断深入发展变化且逐渐累积的。因此，在实际施工过程中，应预先考虑这一变形的发展过程和累积效应对结构最终形态的影响。

对施工过程中结构在恒荷载作用下的变形，工程中常采用预变形措施进行控制。对于施工期间受弯曲的构件，应采用预先的反弯曲变形，以抵消或削弱施工过程中逐渐形成的弯曲变形，使构件在结构整体施工完成后基本保持平直状态。构件预先弯曲的变形量，应通过施工过程模拟计算得到。对于施工期间受拉或受压的构件，应采用预先缩短或增长构件长度的方法，构件在施工过程中的安装长度，也应通过施工过程模拟计算得到。

6.5.2 结构在温度效应下的变形控制

高耸结构由于结构细长，同时往往为外露结构，因此结构的内力分布和变形状态对环境温度的变化比较敏感。

对于季节性温度变化对构件及结构变形的影响，由于结构中温度变化及其分布较为均匀，常采用“温度修正法”进行施工过程中的变形控制。“温度修正法”就是根据理论设计时选取的某一温度（常取当地年平均温度）作为施工时的标准温度，模拟计算结构在标准温度条件下施工时构件的安装尺寸、变形以及结构的变形，然后再模拟计算结构在不同季节温度条件下施工时构件安装的尺寸、变形以及结构的变形，最后，根据结构在两种温度条件下构件的安装尺寸和变形间的差异，修正不同施工季节温度条件下施工时构件的尺寸，并比较两种温度条件下结构的施工变形，以调整和控制施工过程中构件及结构的变形。

对于结构在不均匀日照条件下所造成的温度效应，需对施工过程中结构内部可能产生的不均匀温度分布状况进行测量，然后根据测得的不均匀温度分布状态，对施工过程中结构的内力和变形进行数值模拟计算和预测，并和均匀温度场条件下施工时的计算结果进行比较，求得构件在不均匀温度分布状况下的安装尺寸、变形以及结构的变形，以达到控制结构施工变形的目的。

在实际施工过程中，应在没有日照的条件下布设温度测量基准点，以减少日照作用对测量结果产生的系统性影响。

参 考 文 献

[1] 沈祖炎等. 钢结构学[M]. 北京：中国建筑工业出版社，2005.
[2] 冯秀苓，杨桂华，许忠永. 高层建筑结构温度效应分析[J]. 煤炭工程. 2006，(4)：76－78.

7　预应力结构施工中力学问题

7.1　预应力结构施工方法概述

预应力结构是由现代刚性结构（如网架、网壳、空间桁架等）与柔性高强索，有时还包括刚性撑杆组成的预张力结构，是一种新型的杂交大跨度或大空间预应力结构体系，或者说预应力结构属于刚柔组合的结构体系。工程上常见的有预应力网架（壳）、斜拉网架（壳）、张弦梁（拱或桁架）、预应力桁架、弦支穹顶等几大类，其中张弦梁（拱或桁架）、弦支穹顶两种新型结构体系目前较为流行。

预应力输入和结构形状控制是预应力结构施工阶段的主要内容。预应力输入的全过程控制是分析和控制随着结构内预应力的增长，结构内力和变形的发展趋势；结构形状控制则是根据建筑几何形态限定结构的最终预应力分布和结构的初始放样位形，是预应力结构施工过程中的首要环节。对于预应力结构，所采用的施工方法不但影响结构在施工安装过程中的应力分布和变形状态，而且将决定结构的最终应力分布和变形状态。因此，预应力结构的内力状态与施工方法和过程密切相关。设计要求的预应力状态是通过按一定方式的拉索张拉来实现的，因此拉索的张拉顺序和过程控制是预应力结构施工过程的重点[1−8]。

预应力结构的施工除其中的刚性子结构的施工安装外，主要的施工控制技术还包括：(a)预应力索或钢棒的张拉顺序；(b) 预应力输入的分级与控制；(c) 预应力施加速率；(d) 结构变形控制；(e)张拉过程中的应力(或内力)与变形信息反馈与调整(伺服技术)。

7.1.1　预应力网架(壳)结构的施工技术

现代预应力技术与大跨度空间网架(壳)结构相结合构成了预应力网架结构，预应力的应用，可提高结构刚度、减小结构挠度、改善内力分布及降低应力峰值，从而减小结构自重，具有明显的技术经济效果，是一种具有广阔应用前景的大跨度空间结构体系。

一般来说，预应力网架(壳)结构的施工先从上部刚性结构——网架(壳)部分的施工开始(常采用整体法)，然后进行预应力拉索的施工。其结构施工流程为：网架(壳)结构的安装→预应力索安装→分级分批施加预应力张拉→屋面板、吊挂等荷载加载。很显然预应力的张拉输入为施工的关键环节。

7.1.2　斜拉网架(壳)的施工技术

将高强度斜拉索、塔架结构与网架(壳)结构结合便形成斜拉网架(壳)，斜拉索的上端常锚固在塔柱上，下端则连接在网架(壳)节点上。采用斜拉索，可为网架(壳)提供弹性支承点，以减小网架(壳)结构跨度，增大结构刚度和稳定性，以相对较柔的结构跨越更大的空间，具有广阔的应用前景。

斜拉网架(壳)施工中，斜拉索施工是结构施工中的关键一步。斜拉索施工方法及步骤包括：

(1) 挂索。将长短不一、粗细不等的斜拉钢索吊挂到塔柱索节点处并可靠连接。

(2) 斜拉索的张拉。如果采用夹片锚，预应力索张拉完毕后很难调整，因此在张拉前应考虑各种因素对张拉力的影响。

(3) 张拉施工控制。张拉施工过程中除控制预张力的分布和大小外，还必须控制网架(壳)结构的整体变形，保证施工状态的紧缺性和整体结构安全。

图 7-1 为某斜拉结构工程塔内张拉的现场施工图片。

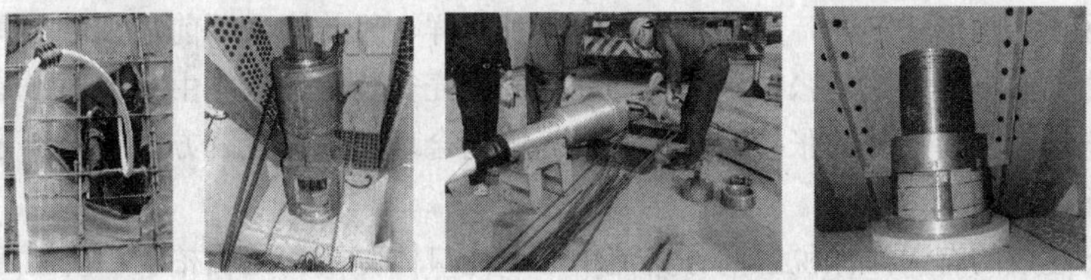

(*a*) (*b*) (*c*) (*d*)

图 7-1 某工程斜拉索张拉施工

(*a*) 挂索；(*b*)塔内斜拉索的张拉；(*c*) 斜拉索的锚头；(*d*)张拉好的斜拉索锚头

7.1.3 张弦梁结构的施工技术

张弦梁结构(Beam String Structure)是由上弦刚性拱(或桁架)、撑杆以及下弦柔性索组成的自平衡预应力结构体系，由日本斋藤(M·Saitoh)教授于 20 世纪 80 年代初提出。张弦梁结构按其结构构件是否在一个平面内，分为平面张弦梁结构和空间张弦梁结构。张弦梁结构的施工包括上弦刚性拱梁的施工和下弦拉索的张拉施工两部分。

(1) 上弦刚性拱梁(或桁架)的施工

张弦梁结构的上弦刚性拱梁(或桁架)，可在地面组装后，再吊至设计位置安装；或在建筑平面原地搭设脚手架，在设计标高的高空原位拼装。

(2) 下弦拉索的张拉施工

合理有效的拉索张拉施工方法，是在结构中准确形成设计要求的预应力分布的关键，也是保障张弦梁结构施工成型后结构形态和安全承载的关键。

下弦拉索张拉施工步骤包括：挂(穿)索→索杆节点固定→张拉索→张弦梁形状调整。

挂索和穿索须根据具体工程并结合专门施工机具进行施工。

下弦拉索张拉按控制参数不同分为两种：1)控制及调整索中张力：需用专用仪器，往往需要多次反复张拉；2)控制索原长：张拉过程中控制索段长度达到设计值即可，建立在理论假设基础之上，实际工程中误差较大且难以调整控制。

通常结构对预应力的输入比较敏感，因而预应力的施加要分步进行，以免施加预应力(如超张拉)时产生过大的内力或变形，甚至出现安全事故。

7.1.4 弦支穹顶结构的施工技术

弦支穹顶结构是 20 世纪 90 年代由日本川口卫教授提出的新型结构体系，其构成理念来自于张拉整体体系(Tensegrity System)及单层球面网壳，它集单层网壳结构及张拉整体结构的优点于一身，其特点是通过给张拉整体体系中的环索、斜索施加合理的预应力来减小和控制单层网壳的变形和构件的内力，降低外环梁的推力，增加单层网壳的刚度和稳定性，防止在张拉整体体系中产生的过大结构变形，充分发挥柔性结构良好的抗震性能和刚性结构良好的抗风性能，结构体系刚柔相济，动力性能相互协调，有良好的承载能力和整体稳定性。弦支穹顶结构的成形过程即是其施工张拉过程。

目前对于弦支穹顶结构施工方法的研究国内外均不多，国外处于保密阶段，国内尚在工程实践中探索研究，现阶段施工多采用先安装上层网壳部分后再进行环向索张拉的方法。由于网壳结构形式多样，其施工方法也多种多样，目前均采用前述刚性空间结构的施工安装方法。而下部张弦的张拉施工，均在上部网壳安装后进行。由于下部张弦为空间布置且相互联系，因而下弦的张拉需要预先计算确定合理的张拉控制方案，分步分批同步张拉，输入并控制预张力。

国内已建成的有天津保税区商务交流中心、沌口体育馆和昆明柏联广场屋盖结构。昆明柏联广场商场中厅屋顶是一个直径 15m 的圆形采光顶，位于多塔高层住宅围成的屋顶花园中央，穹顶矢跨比仅 1/25，结构选用弦支穹顶结构(图 7-2)。施工安装采用先安装网壳，再安装撑杆拉索，最后张拉成型的施工顺序。张拉时环向索为主动索，斜向索为被动索。施工时逐环张拉环向索。一次张拉后持荷两小时，再进行二次张拉以抵消索中应力松弛。施工过程中以结构位移为控制参数。

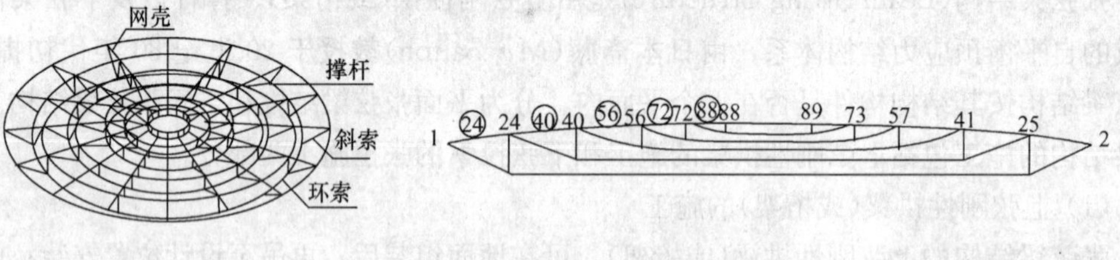

图 7-2　昆明柏联广场弦支穹顶结构

对于跨度大、矢跨比小的弦支穹顶结构，随着跨度的增大，上部单层网壳刚度相对较小、稳定性差，单层网壳部分不能采用整体安装的方法，否则，将可能在网壳还没有安装好就失稳倒塌。传统的满堂脚手架法虽然可以采用，但耗时耗材，资金浪费，工期长。现阶段可推荐采用的施工方法是，把整个结构沿径向按网壳杆件及拉索布置划分成数圈，每圈为一个施工单元，每个施工步完成一个施工单元的安装及张拉，这样，在结构每一圈安装且张拉完成后，都形成一个稳定且有一定承载能力的结构，其本身就可以作为下一圈施工时的脚手架，后续结构部分可以在前面结构的基础上进行施工安装及张拉，从而实现分步(圈)无脚手架施工安装。具体施工步骤为：先安装网壳的外圈杆件及其下面的撑杆和拉索，张拉已安装的拉索，使第一圈成为一个独立的结构；然后以第一圈网壳为工作面进行下一圈网壳、撑杆和拉索的施工安装；重复以上步骤，直至完成整个结构安装；最后根据结构形状和构件内力进行必要的张拉调整。

7.2　斜拉网架(壳)结构施工张拉分析与控制

斜拉网架(壳)结构属于单索体系结构，其中索的布置形式类似于斜拉桥。单索体系结构具有以下特点：①结构中各根索互相独立，即索与索间无连接节点；②除两端节点外，索不与其他刚性构件连接；③施工过程中各根索除自重之外不承受其他横向荷载或作用。

7.2.1 单索体系结构张拉控制的一般准则

从单索体系结构张拉施工方案的分析研究中，可以得到一些具有普遍意义的用于确定单索体系张拉顺序的一般准则[3]：

①利用结构的对称性，采用对称张拉方式，可有效地防止张拉施工过程中结构受力的不均匀性；

②若采用各索一次张拉成功的方式，一般需要进行超张拉，超张拉大小和结构参数以及施工控制方法密切相关，必要时可考虑部分索采用二次张拉的方案；

③一般来说，对于同一支承界面上相关的单索系，应先张拉设计索力较大或索截面较大的索，以避免由于细索先张拉而产生的超张拉力较大的问题；

④可将结构张拉后的初始预应力平衡态的变形与几何初始状态(零内力状态)相比较，综合考虑索力的变化情况，在条件许可的情况下宜先张拉索原长变化较小的索，这样，在此后张拉索原长变化较大的索时，对前批索的影响较小；

⑤对于采用中心固定方式向外辐射张拉或类似的斜拉单索体系，进行分步张拉时，若各索的相互影响主要是由于超静定结构的弹性变形所造成的，宜先张拉长索，后张拉短索，因相同的位移在短索中引起的索力损失较大；

⑥对连接于对几何非线性影响较为敏感的结构区域的索，可以迟后张拉，此时结构已形成一定的刚度，相对而言，索力变化较均匀。

7.2.2 单索体系结构张拉模拟分析的简化方法

用于施工过程模拟计算的模型通常是真实结构体系的抽象模拟，单索体系结构通常采用线框模型，要使理论模拟结果既能够达到指导实际施工控制的精度，同时理论模型又尽量简单，就必须在建立理论模型时充分考虑实际中各项影响因素的基础上，保留主要因素，忽略次要因素，对理论模型和张拉过程模拟进行合理的简化[3]。

7.2.2.1 影响施工过程理论模型的各种主要因素

(1) 小应变大位移非线性的影响

单索体系结构一般属于刚度很小或柔性结构体系，在张拉过程中，结构将发生较大的位移，非线性效应显著，施工过程模拟需要考虑结构单元小应变大位移的非线性影响。

(2) 索材料非线性的影响

索的应力—应变关系具有较明显的曲线特征，特别是在初始低应力阶段表现出强烈的非线性。在实际工程施工张拉之初，往往需要采用预张拉的方式预先消除低应力阶段的初始非线性，然后再进行实际施工张拉。钢索的应力和应变在很大的范围内符合线性关系，在施工张拉过程中，应将单索可能达到的最大应力控制在线性范围内，此时，施工张拉理论模型就可不考虑材料非线性的影响。

(3) 垂度效应的非线性

考虑单索由于垂度效应引起的非线性的简便方法，是把它视为与它的弦长等长度的直

杆单元，用等效弹性模量来计入垂度变化的影响，该杆单元在迭代计算中的瞬时切线刚度为[3]

$$B=\frac{EA}{l}\cdot\frac{T^3}{T^3+2\eta} \tag{7-1}$$

其中，$\eta=\frac{EA\cdot P^2l^2}{24}$；$B$ 为考虑垂度效应的索切线模量；E 为索材弹性模量；A 为索截面面积；l 为索弦向长度；T 为索的张力；P 为索横向线荷载。

单索体系结构施工过程模拟的非线性有限元分析，其中的索单元可以采用上述直线型杆单元进行模拟，该杆单元为只拉单元。

7.2.2.2 单索体系结构的“拆杆法”施工张拉模拟方法[3]

张拉施工时，根据张拉方案所规定的顺序分步张拉各批索，待所有的张拉步骤均完成时，结构所处的受力状态便是设计预应力状态。也就是说，通常已知的是各根索中的终态预应力即设计预应力，而施工计算需要求解的是张拉过程中各索的预应力及其变化值。

在进行张拉施工模拟计算时，通常需根据各个张拉阶段的平衡状态分别建立计算模型，以跟踪整个施工张拉过程，在每一张拉步计算该批张拉索中应达到的索力，经逐步张拉计算后，要求最终所有索的预应力都达到设计状态的预应力，这种分析方法是一种正向模拟计算方法。由于大型空间结构高次超静定及非线性问题的复杂性，实际应用中正向模拟方法计算复杂、繁琐又难以满足精度。因此，施工中常借鉴斜拉桥施工分析中常用的“拆杆法”进行施工模拟分析，即与实际施工过程相反的逆向模拟方法，将已处于设计预应力状态的结构模型中的各索，按与施工过程相反的逆顺序进行索力逐步放松的方法进行模拟计算。

“拆杆法”的主要思路是由目的求过程。设整个张拉施工分 n 个张拉步完成，在理论上已完成张拉施工的结构状态，将第 n 步张拉索的索力释放后，则可得到第 $n-1$ 步张拉完成时的预应力平衡态，在第 n 步和第 $n-1$ 步两个张拉施工步中结构内力的变化就反映了第 n 批索的张拉效应。按此索力释放过程进行下去，直到第 0 步即初始步，即可得到结构在张拉施工前的预应力零状态，通过这一系列索力释放过程的模拟计算，就可得到张拉全过程中每一张拉步各索的预应力变化过程及其各主动索所需的张拉力。

在单索体系结构中，根据“拆杆法”模拟所得的计算结果，并将其进行逆向张拉施工，便是实际张拉施工控制的数值和过程。在实际张拉施工时，预应力是缓慢施加的，如果预应力施加过快，可能使结构系统的内力重分布难以完成，将会导致按拆杆法所得的施工顺序张拉过程失败，特别是对于复杂的多索的结构，在实际施工中应特别注意。

7.2.2.3 用“索原长控制法”控制预应力张拉过程[3]

“索原长控制分批张拉施工”方法，来源于索穹顶结构的施工过程控制方法，其理论依据是，在结构中索节点位置确定的条件下，索原长与其张力之间具有惟一的对应关系。因此，在采用分批张拉施工时，后批张拉的索不影响已张拉的索的原长，每批张拉时只需控制各索的原长，就可以在理论上做到一次张拉成功。

然而，直接将“索原长控制法”运用到实际结构的张拉控制中会面临不少困难，如：

① 前批张拉索由于要预先考虑后批张拉的松弛影响，往往需要超张拉，有时这种超

张拉预应力会达到数倍的设计预应力，实际结构往往无法承受；

② 应用该方法张拉施工时，控制的是各索的原长变化量，在较短的索中，这种变化量往往是毫米级甚至更小的数量级，实际施工中难以实施控制；

③ 该方法给出了可能的施工控制步骤，但未给出如何确定张拉顺序，也未给出最优的张拉控制步骤。

结合"拆杆法"与"索原长控制法"，可得到合理的单索体系结构施工张拉顺序和张拉控制方法，具体方法如下：

① 根据结构终态的几何位形和预应力状态，建立施工过程跟踪计算模型；

② 施工张拉过程中索原长的微小变化量，通过索的温度变化来模拟；

③ 结构中索的最优张拉顺序，可通过建立在结构终态基础上的跟踪计算模型，利用"拆杆法"进行寻找确定。

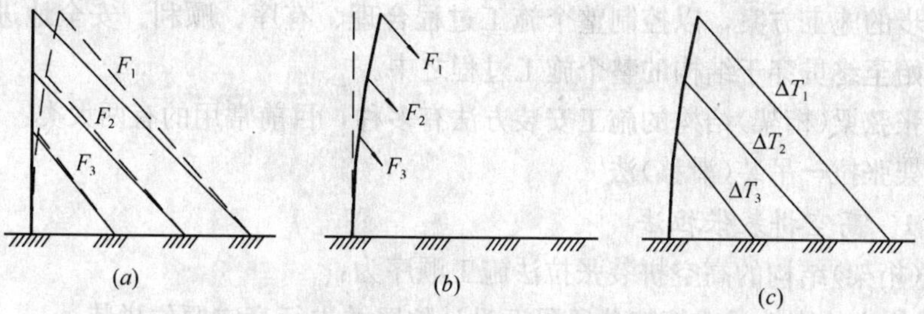

图 7-3　用温差模拟索原长变化的预应力平衡态示意图

图 7-3 给出了一个简单的张拉模拟示例，图 7-3*a* 中虚线所示为设计确定的结构终态的预应力平衡状态，其中 F_1、F_2、F_3 分别为此状态时索中的张力。采用"索原长控制法"时，在计算模型中的各索连接节点上，先施加与终态时索预应力方向一致且大小相等的力如图 7-3*b* 所示，然后根据结构的变形及索内张力，计算出各索原长的变化量 ΔL_1、ΔL_2、ΔL_3，再将此索原长变化量，换算为因环境温度变化而导致索产生相应长度变化时环境温度的变化量，即

$$\Delta T_i=\frac{\Delta L_i}{\alpha_E L_i}(i=1,\ 2,\ 3) \tag{7-2}$$

将所求得的 ΔT_1、ΔT_2、ΔT_3 施加到处于零预应力状态的结构计算模型的对应各索上如图 7-3*c* 所示，就得到用温度变化模拟预应力的施工过程模拟计算的初始模型，再利用"拆杆法"可寻找确定索的施工张拉顺序及步骤，进而确定施工过程控制方法。

7.2.3　单索体系结构张拉优化的准则

在实际工程张拉施工方案的选择中，一般的优选准则包括：

张拉方案在可能的条件下应采用对称张拉；

所建立的施工过程模拟计算的初始模型即结构终态的形态与内力应与设计状态相同或尽可能接近；

张拉过程模拟计算中，要避免出现结构不稳定状态或瞬变状态，包括结构约束不足和拉索可能"受压"的状况；

张拉过程中结构各构件的内力不能超过一定的限值；

张拉时的结构位移应尽可能小。

7.3 平面张弦梁(桁架)结构施工张拉分析与控制

7.3.1 张弦梁(桁架)结构的施工方法

大跨度张弦梁(桁架)结构施工的技术方法包括结构制作安装过程的工艺方法和施工过程的控制方法。在这类结构中，刚性梁或桁架的施工方法与传统刚性大跨度结构类似，但张弦结构中梁或桁架的刚度比传统刚性大跨度结构要弱得多，通常梁或桁架的施工需要搭设临时支承结构。在索中输入预应力的张拉过程及其控制方法，是这类结构施工并成形的关键，其中施工过程控制是根据结构在施工进程中不断得到的施工反馈信息调整或修正结构后续施工步的施工方案，以控制整个施工过程合理、有序、顺利、安全地进行，因而，施工控制自始至终贯穿于结构的整个施工过程之中。

大跨度张弦梁(桁架)结构的施工安装方法有多种，目前常用的有两大类：即高空拼装张拉法和胎架张拉一吊装(滑移)法。

7.3.1.1 高空拼装张拉法

张弦梁(桁架)结构的高空拼装张拉法施工顺序为：

① 将结构中的刚性梁或桁架分段吊至设计位置并进行高空原位拼装；

② 安装撑杆及挂索；

③ 高空张拉或临时支承结构卸载，对于被动施加预应力的结构，采用临时支承结构卸载即可；

④ 调整或补充张拉。

高空拼装张拉法是一种常规传统的施工方法，结构中的张力弦在设计位置的高空进行张拉，可与下部土建施工同步进行，适于跨度不大的张弦梁结构。但采用这种方案，需要在下部混凝土结构上搭设大量高度较大的临时支承结构，且高空拼接工作量大，不易操作，施工难度较大。

7.3.1.2 胎架张拉一吊装(滑移)法

在胎架张拉一吊装(滑移)法中，张弦梁结构刚性构件的拼装及索的张拉均在胎架上完成，在单榀张弦桁架张拉完成后，通过吊装、滑移到设计位置就位安装，具体施工顺序为：

① 将单榀张弦梁(或桁架)结构的梁或桁架在预先安装好的地面胎架上分段拼装；

② 安装撑杆及挂索；

③ 在胎架上进行索的张拉，并使单榀张弦梁张拉成形；

④ 采用起重设备(通常需 2 台)将张拉成形的单榀张弦梁吊至设计高度，安放于张弦梁组拼区(通常为建筑平面的边节间)；

⑤ 在张弦梁组拼区组拼滑移单元，通常张弦梁间通过檩条、支撑等杆件组成稳定的滑移单元体系；

⑥ 将已组拼好的张弦梁滑移单元(或整体结构)滑移就位并固定安装。

目前国内已广泛采用该方法进行施工，已建的大跨度张弦桁架结构有：浦东国际机场一期航站楼屋盖、广州国际会展中心屋盖、哈尔滨会展体育中心屋盖等。

7.3.2 张弦梁(桁架)结构施工模拟跟踪的分析方法

7.3.2.1 张弦梁(桁架)结构施工阶段的分析内容

现代大跨度张弦梁(桁架)结构属于刚性构件和柔性构件组合的杂交钢结构体系，其结构特征既不同于刚性结构，也不同于柔性结构，因而，其施工方法及其模拟计算方法也不同于前述两类结构。对于大跨度张弦梁(桁架)结构，施工方案不同，施工过程或施工顺序也就不同，相应的施工过程跟踪计算的内容也就有区别。但总体上，施工阶段模拟分析的主要内容包括：

(1) 结构施工过程中的形状分析与确定；

(2) 张拉过程控制分析；

(3) 单榀张弦梁结构提升过程分析以及张弦梁滑移单元的滑移过程分析。

以上分析内容中，结构的提升过程分析和滑移单元滑移过程分析与刚性大跨度结构分析方法基本相同，而施工过程中结构的形状分析与确定和张拉过程控制分析，既不同于刚性结构，也不同于柔性结构，因此张弦梁(桁架)结构施工过程模拟分析的关键是施工过程中结构的形状分析与确定和张拉过程控制分析。

7.3.2.2 张弦梁(桁架)结构施工过程中的形状控制分析方法

张弦梁(桁架)结构的几何形状在施加预应力前后可能发生较大的变化，即输入预应力后的初始预应力状态和无预应力的零状态之间的几何形状可能存在较大差异，这种几何形状差异无论在几何构形上还是力学分析上往往均是不可忽略的。同时，不同的张拉控制方法，可能产生不同的几何差异。因此，要实现结构张拉成形后达到设计的几何形态和应力分布状态，就需要在施工前，根据拟定的施工张拉方案，对张弦梁结构进行形状确定分析，以预测所采用的施工张拉方案能否实现设计要求的结构状态，并进而比较寻找可实现结构设计状态几何的合理优化的施工方案和施工过程控制方法。

张弦梁(桁架)结构在施工安装前，通常需要首先进行理论上的“找形分析”[5~8]，以求得按照何种预应力输入方式与何种构件放样几何尺寸才能实现设计的结构形态和预应力分布。在理论上完成了“找形分析”后，就求得了结构张拉完成后的预应力分布状态以及实现此状态的构件放样几何尺寸，因而，在结构的施工过程中，可跟据“找形分析”所采用的张拉顺序或方法，控制张拉过程，使结构张拉成理论设计的应力及几何状态。事实上，所谓“找形分析”也就是验证张拉方案的分析过程，所不同的是在施工张拉过程的形状控制分析中，构件的几何放样尺寸已确定。

张弦梁(桁架)结构的施工张拉过程分析，是在已知结构的放样几何或无应力结构状态的条件下，根据一定的预应力输入与控制方式，求得张拉完成后结构预应力平衡形态的分析方法。由于张拉过程中结构的大变形效应，理论模拟分析应考虑几何非线性的影响，具体的迭代计算方法如下：

(1) 根据已得到的结构放样几何形态或无应力结构形态，确定结构无预应力状态的初始数值计算模型；

(2) 根据已确定的结构无预应力初始计算模型，建立非线性有限元方程；

(3) 根据预定的预应力张拉方案，在主动索中施加初始预应力，初始预应力可通过在索中施加初应变或者进行温度变化的方法实现；

(4) 进行非线性迭代计算，消除结构中的不平衡力，得到结构在预定张拉方案条件下结构的预应力平衡形态；

(5) 在该预定张拉方案的条件下，如果模拟计算得到的结构预应力平衡形态与理论设计形态的偏差在允许范围内，则按该张拉方案所得到的结构形态满足要求，张拉施工过程完成，理论模拟计算结束；

(6) 在该预定张拉方案的条件下，如果模拟计算得到的在预定张拉方案条件下结构的预应力平衡形态与理论设计形态的偏差超过允许范围，则应调整预应力输入值或修改张拉方案，回到步骤(3)，重新进行迭代计算，直到满足要求。

在张拉过程模拟计算完成后，实际的张拉施工应严格按照理论模拟的张拉顺序及调整方法进行张拉施工及控制。

张弦梁(桁架)结构的张拉过程是预拉力逐渐增加使梁或桁架、撑杆和索形成整体结构并达到结构所需位形的过程[5]。在张拉过程中，张弦梁结构的几何、预应力状态和边界约束不断变化，同时，采用不同的张拉工艺过程，在张拉过程中结构受力状态的演变过程也将不同。因此，用于模拟张弦梁(桁架)结构张拉过程的数值计算模型，应能够真实反映随着张拉力的增加所引起结构位形、内力和边界约束条件的变化，并能够同时考虑不同张拉施工工艺对结构受力状态的影响。

7.3.3 张弦梁(桁架)结构施工控制方法

关于张弦梁(桁架)结构的施工技术及其控制方法，国内外已有很多研究文献或工程经验方面的总结报告[4~8]，然而真正可用于指导未来实际工程的成果却不多，由于张弦梁(桁架)结构还属于正在研究完善的结构体系，因而，相应的施工技术及其控制方法还在不断发展和完善之中，本节参考文献[5]的研究成果，介绍目前应用于张弦梁(桁架)结构的施工技术及其控制方法。

7.3.3.1 张弦梁(桁架)结构的施工参数

大跨度张弦梁(桁架)结构的施工工艺可以通过 4 个施工参数来体现[5]：即施工顺序、预拉力施加方式与控制参数、临时支承结构系统和张拉次数。

(1) 施工顺序

施工顺序是指结构构件拼装、张弦张拉、已成形的单榀张弦梁结构吊装或顶升以及张弦梁结构组拼单元滑移等施工作业的先后顺序。

(2) 预拉力施加方式与控制参数

预拉力施加方式是指张弦梁结构张拉成形时，索的张拉方法。预拉力控制参数是指不同张拉阶段控制预拉力大小的参数。

(3) 临时支承结构系统

由于单榀结构张拉成形前，结构中梁或桁架自身的刚度较弱或很弱，不足以承受结构自重及施工荷载，因而，大跨度张弦梁结构施工过程中常需设置临时支承结构系统，以保障结构的施工成形。施工中采用的临时支承结构系统因施工工艺不同而有所不同。若在结构的设计位置拼装构件并张拉，则要求沿跨度方向设置脚手架；若在地面进行拼装和张拉则要求沿跨度设置若干临时支承胎架结构。

(4) 张拉次数

工程中一般采用张拉钢索法对大跨度张弦梁结构施加预拉力。对在临时胎架上张拉的张弦梁结构，通常可能还需要在其安装到设计位置后再次进行张拉，这种分多次进行张拉的方式称为分批张拉。进行分批张拉的原因为：①由于张弦梁结构整体张拉形成时具有很强的几何非线性及较大变形，同时张拉过程中屋面荷载尚未施加，若在临时胎架上将设计预拉力一次施加完成，可能导致结构变形太大，无法获得理想的几何位形；②对安装在设计位置的张弦梁结构再次张拉可以调整结构几何位形方面的施工误差。

7.3.3.2 张弦梁(桁架)结构预应力的施加方法

在张弦梁(桁架)结构施工时，结构的预应力通过张拉钢索进行输入，目前常用的张拉方法有3种[5]：即花篮螺丝调节法(图7-4*a*)、张拉钢索法(图7-4*b*)和支承卸除法(图7-4*c*)。

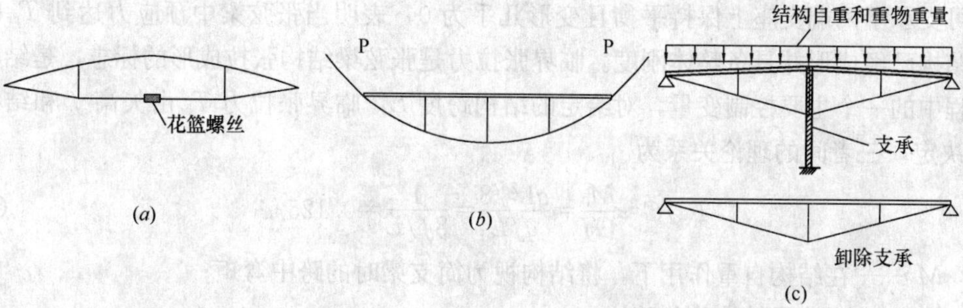

图7-4 索内预拉力的施加方法

花篮螺丝调节法是通过调节索在两个固定点间的长度来施加预拉力，一般只用于张弦梁结构小试验模型的预拉力施加。浦东国际机场一期航站楼张弦梁结构小比例模型试验中即采用此法施加预拉力。

张拉钢索法是通过锚具和千斤顶直接张拉钢索以施加预拉力，一般有两端张拉和一端张拉两种方法。两端张拉可以使预拉力沿索长的分布相对均匀，适用于跨度较大的结构。浦东国际机场航站楼和广州国际会展中心的张弦梁屋盖均采用两端张拉来施加预拉力。

支承卸除法是利用结构自重或附加在结构上的配重来施加预拉力。在结构安装后卸除支承，由于结构自重和配重的作用，刚性梁或桁架发生下挠变形，撑杆受压，通过撑杆对索施加拉力。单独采用支承卸除法来施加预拉力时必须预先对梁或桁架起拱。

索内预拉力的施加方法应根据结构特点、张拉机具、锚具特点和吊装能力等综合确定，必要时可以采用不同方法的组合方式以施加预拉力。

7.3.3.3 张弦梁(桁架)结构预应力张拉控制方法

(1) 张弦梁(桁架)结构张拉过程的主要控制参数

1) 张弦梁结构的张拉刚度[5]

在临时支承胎架上张拉的张弦梁结构，拱梁的跨中竖向位移和支座水平位移可以反映结构在张拉过程中的整体变形特点。为描述结构在张拉过程中的变形特点，用下式(7-3)定义张拉阶段结构的整体张拉刚度，整体张拉刚度的意义为：张拉过程中结构达到相对变形(Δ/L)时所需要的相对张拉力($\Delta T/G$)，即

$$K_{by}=\frac{\Delta T/G}{\Delta_{by}/L};\ K_{bx}=\frac{\Delta T/G}{\Delta_{bx}/L};\ K_{ay}=\frac{\Delta T/G}{\Delta_{ay}/L};\ K_{ax}=\frac{\Delta T/G}{\Delta_{ax}/L} \tag{7-3}$$

式中 K_{by}、K_{ay}——分别为拱梁脱离临时支承胎架前、后张弦梁的竖向张拉刚度；

K_{bx}、K_{ax}——分别为拱梁脱离临时支承胎架前、后张弦梁的水平张拉刚度；

ΔT、G——分别为张拉力增量、结构自重(含配重)；

Δ_{by}、Δ_{ay}——分别表示刚性构件脱离临时支承胎架前、后张弦梁跨中竖向位移增量；

Δ_{bx}、Δ_{ax}——分别表示刚性构件脱离临时支承胎架前、后张弦梁支座水平位移增量。

2）张弦梁结构的临界张拉力 T_{cr}[5]

临界张拉力 T_{cr}的意义为：在 T_{cr}和结构自重作用下，张弦梁结构无需设置中间临时支承即可支承于两端支座上保持平衡且变形几乎为 0，表明当张弦梁中预应力达到 T_{cr}时张弦梁结构已经成形并具备整体刚度。临界张拉力是张弦梁结构张拉成形的标志，是结构张拉过程中的一个主要控制变量，对给定的结构跨度 L，临界张拉力 T_{cr}由矢高 f 和结构自重 G 决定，三者间的理论关系为

$$T_{cr}/G\approx\frac{M_0}{Gf}=\frac{qL^2/8}{qfL}=\frac{1}{8f/L}=0.125/\kappa \tag{7-4}$$

式中 M_0——在结构自重作用下，将结构视为简支梁时的跨中弯矩；

κ——张弦梁结构的矢跨比。

文献[5]的研究说明，由于预拉力 T_{cr}除了平衡结构自重外还要消除自重产生的变形以及克服张拉中产生的摩擦力，因而，实际张拉施工中的临界张拉力应略高于式(7-4)的理论计算值。

(2) 张弦梁(桁架)结构伺服施工的概念[5]

合理的施工过程控制是在对实际结构体系和施工监测结果科学分析的基础上，有目的地对结构参数和施工参数进行调整，以保障施工过程的顺利进行。一个理论设计的理想张弦梁结构，在施工完成后的几何位形及内力状态是确定的，为获得结构的这一设计状态，通常在施工前需制定施工方案，以确定每一施工阶段的任务及目标，如确定每一施工阶段张拉力的大小及每一施工阶段张拉结束后结构的变形等。由于实际结构材料、几何及连接与理论结构存在差异，在某一施工阶段结束后，结构的反应有时并不一定与本阶段的理论目标吻合。这样就需要分析产生变异的原因，进而根据结构的实际状态修正有限元理论计算模型进行重新计算，然后根据计算结果调整结构下一施工阶段的施工方案。具体的施工过程为："施工方案→结构施工→反应监测→参数识别→模型修正→施工方案"，称之为伺服施工过程。

伺服施工过程有两个关键步骤：①参数识别和模型修正，即对施工过程中结构的反应进行监测，获得能够反映实际结构性能的主要参数的实际值，进而修正结构计算模型；②

施工控制，即采用修正后的计算模型，预测施工完成后结构的整体刚度和几何位形，并与设计要求比较，根据比较结果对下一阶段施工方案进行调整。参数识别和施工控制都蕴含着系统的结构分析，可替代常规施工过程中的经验控制，以有效避免由于根据经验估计不准而进行的反复调整，并确保伺服施工得到的结构达到设计要求状态。

(3) 张拉过程的施工控制

张拉过程数值模拟分析的理论结果，是张拉过程施工控制实施的理论依据，用以预测张拉施工过程中任一张拉阶段以及张拉结束时结构的内力和变形。

由于张弦梁结构中刚性子结构或构件刚度相对较弱，在张拉过程中结构的变形对张拉力很敏感，因而，张弦梁结构张拉时宜采用以位移控制为主、张拉力控制为辅的控制原则[5]。用以控制施工过程的位移常称为控制点位移，控制点位移必须能够反映结构张拉状态并易于在施工中准确测量，一般选择刚性构件跨中或其附近点的竖向位移或滑动支座的水平位移为控制点位移，也可以根据施工工艺和测量方便的需要选择其他点作为控制点[5]。

在张拉施工方案中，每一张拉阶段结束时控制点所要达到的位移称为张拉目标，由实测数据反馈修正的数值模型计算得到的对应于张拉目标的理论张拉力称为参照张拉力。伺服施工过程中，张拉施工控制的任务是根据实际结构参数值和张拉施工要求调整下一施工阶段的张拉目标，并采用修正的数值模型预测结构性态及计算参照张拉力，用于指导下一阶段的施工。施工控制的内容包括张拉目标修正、结构性态预测、参照张拉力计算和施工方案调整[5]。

1) 结构张拉目标修正[5]

在结构施工之前制定的施工方案即初始施工方案中，任一施工阶段的张拉目标是根据结构理论数值模型计算确定的，由于结构理论模型和实际结构存在几何、物理特性的差异，理论计算的预定张拉目标往往不能真实反映实际结构在每一阶段张拉所要达到的目标。因而，直接用该理论方案指导张拉施工就不合理，必须根据张拉过程中结构的实际状态进行修正。张拉目标除了与结构本身的几何、物理特性有关外，还与施工工艺过程密切相关，施工中改变工艺过程，就需要对张拉目标进行相应修正。张拉目标修正后，对应的结构位形及构件内力将随之变化，合理的张拉目标修正应保证这些变化在规定的允许范围之内。

① 由于构件尺寸误差修正张拉目标

由于结构构件加工和安装的误差，可能导致结构几何形状的改变，图 7-5 表示由于构件尺寸误差可能造成的刚性构件安装后(零状态)结构几何形状的差别，虚线表示理想的刚性构件几何形状，其矢高度 r_0，实线表示实际的刚性构件几何形状，矢高为 r_1。两者的高差为

$$\Delta r = r_0 - r_1 \tag{7-5}$$

则，为保证张拉完成后结构的位形满足建筑设计要求，张拉目标应该调整为

$$V_1 = V_0 + \Delta r \tag{7-6}$$

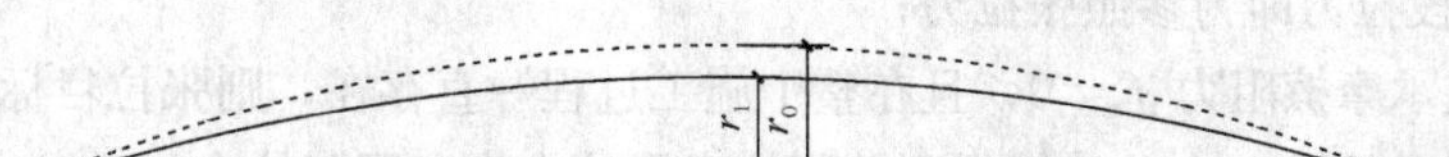

图 7-5 构件尺寸误差造成张弦梁矢高的差异

式中 V_0、V_1——分别表示修正前、后的张拉目标。

② 由于施工工艺或工序的改变调整张拉目标

张拉施工过程中，有时可能需要对预先拟定的工艺或工序进行调整，例如将在临时支承胎架上一次张拉成形改为在临时支承胎架和结构就位后分别进行张拉的分批张拉，则张弦梁结构的张拉目标必须在式(7-6)的基础上再次调整。

③ 由于安装精度或施工安全调整张拉目标

在张弦梁结构张拉施工过程中，有时候需要适当调整张拉目标，以增大或减小张拉力，保证结构的位形和下一阶段的顺利施工。

2) 张拉过程中结构性态预测

张拉目标修正后，需要通过对修正张拉目标后的张弦梁结构进行施工阶段受力分析，以预测张弦梁结构在后续施工阶段的结构状态以及使用阶段的结构性能。具体内容有：

① 后续施工阶段结构的性能

张拉目标修正后，张弦梁结构在张拉施工阶段必须是安全的，即要保证张拉过程中张弦梁结构的整体稳定性、构件和连接不超过允许承载力、结构变形满足要求。

② 张拉结束时结构的变形

在临时支承胎架上张拉的张弦梁结构，张拉完毕后结构两端支座间的水平距离必须满足安装要求，即支座的实际水平距离与按建筑位形换算的水平距离差值 ΔL 应满足规定的要求。

③ 施工结束时结构的位形

施工结束时结构的外形必须满足建筑设计位形的要求。结构外形可以通过结构节点空间坐标来描述，节点偏差必须满足规定的要求。

④ 结构的使用性能

张拉目标修正后，在使用荷载作用下结构的承载力和变形必须满足设计要求，即结构必须满足安全、适用和美观等功能要求。

当上述的结构性态不能满足要求时，应对张拉目标进行再次修正。

结构性态预测的实质是进行施工过程中的结构验算，与设计阶段不同，分析模型是以有施工误差的实际结构为基础建模，并考虑实际的施工工艺和顺序，根据实际结构性态预测结果确定张拉目标是否修正，以调整下一阶段施工方案。

3) 参照张拉力

支承摩擦阻力 f_s 的存在会影响张拉过程中结构的变形，在同样的张拉力下，结构的竖向位移将会减小。在施工过程中，是否采取措施消除支承摩擦阻力 f_s，施工控制中采用的张拉目标和参照张拉力不同。当不考虑张拉过程中拉索锚杯与其孔道间的摩擦阻力时，参照张拉力可确定如下：

① 假设张拉过程中没有支承摩擦阻力，即 $f_s=0$，张拉目标为 V_1，由数值模型分析得到的张拉索段拉力即为参照张拉力；

② 假设支承摩擦阻力 $f_s\neq0$，且在整个施工过程一直存在，则张拉目标同①，数值模型必须考虑 f_s 的影响，由此计算得到的张拉索段拉力为参照张拉力；

③ 假设支承摩擦阻力 $f_s\neq0$，但在张拉完毕后采取措施消除了支承擦摩阻力 f_s，则参

照张拉力同①，数值模型必须考虑 f_s 的影响，由此计算得到的控制点位移即为张拉目标。

张拉时的参照张拉力还应考虑拉索锚杯与其孔道间的摩擦阻力 f_h 的影响，即由以上方法计算得到的参照张拉力还应迭加 f_h，作为实际的参照张拉力。

4) 施工方案调整

通常，需要根据施工过程中实际结构监测结果和结构性态理论预测结果的数值比较，确定下一施工阶段的工艺过程。

① 按初始施工方案施工

如果实际结构的物理、几何与理论设计结构基本相同，并且支承摩擦阻力和孔道摩擦阻力可以忽略，则无需调整施工方案，按初始施工方案进行下一阶段施工。

② 按修正后的张拉目标和参照张拉力进行施工

当参照张拉力改变或对结构进行张拉目标修正且修正后的结构满足施工阶段和使用阶段的要求时，则必须按调整后的张拉目标（控制点位移）和张拉力进行下一阶段施工。

③ 对结构进行矫正

若调整张拉目标仍无法满足施工阶段和使用阶段对结构性能的要求，则必须采取矫正、局部构件重新加工或其他可行的修正方案去弥补施工造成的误差。

(4) 伺服施工控制流程[5]

张弦梁结构的施工控制过程包含以下几个步骤：

1)确定影响张弦梁结构性能的主要参数；

2)根据理论找形结果建立结构施工模拟的数值模型，并制定初始施工方案；

3)按照初始施工方案安装结构构件，根据现场实测数据结果确定结构和构件的实际物理、几何参数，并对理论数值模型进行修正；

4)按照施工方案确定的张拉方法和顺序，张拉钢索并监测每次张拉结束时结构和辅助结构的变形；

5)识别结构参数，即监测并获取结构施工过程中的主要控制参数，通常是控制节点的位移和拉力器的张拉力；

6)根据监测获得的控制参数值，判断下一步张拉施工是否需要调整张拉目标：

① 若实测结果及施工工艺说明无需调整张拉目标，则进入 8)；

② 若实测结果或施工工艺说明需要调整张拉目标，则应根据实测结果或施工工艺调整等因素，调整下一施工阶段的张拉目标。

7)根据修正后的结构施工过程模拟数值模型进行计算，预测张拉目标调整后结构的性态：

① 若计算结果满足施工和使用要求，则进入 8)；

② 若计算结果无法达到调整张拉目标，则进入 9)；

③ 若需要继续调整张拉目标，则进入 6)中的②。

8)根据理论模拟预测结果，计算下一张拉施工阶段的参照张拉力；

9)调整下一阶段的张拉施工方案。

除了以上施工控制过程外，施工过程还应包含张拉施工过程中结构反应的监测和实际施工作业过程，施工过程控制流程如图 7-6 所示。

图 7-6 中粗虚流程线表示一般施工过程，实细线表示伺服施工过程。伺服施工过程的特点在于将结构分析融入下一阶段施工方案调整的决策过程中，与一般的施工过程相比，具有两个鲜明的特点：①通过参数识别修正理想的计算模型，力求分析模型最大限度地反映实际结构，同时明确了造成实际施工效果与理论计算结果差异的原因，有利于有的放矢地调整施工方案；②张拉目标修正、结构性态预测、参照张拉力计算和施工方案调整构成了基于系统结构分析的施工控制方法，保证了按调整后的方案进行施工能够满足结构位形、结构受力性能以及变形限制的要求。在一般施工过程中，参数识别和施工控制往往被忽略或仅以工程经验来代替，由此可能带来反复调整的不便，而最终施工完成的结构也未必会最佳地满足设计要求。

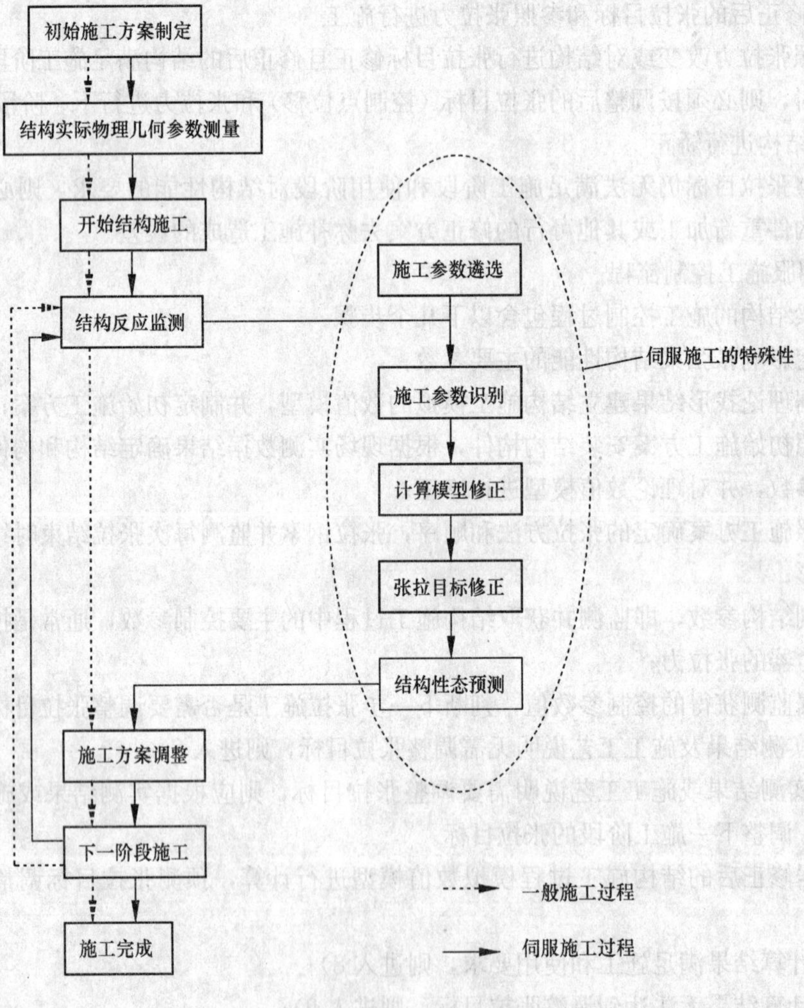

图 7-6 伺服施工过程与一般施工过程的对比

7.4 弦支穹顶结构的张拉施工与控制

弦支穹顶(Suspen-Dome)又称索承网壳是一种由单层网壳(刚性子结构)、撑杆(刚性构件)和拉索(柔性构件)组成的杂交结构体系，其具体形式是将索穹顶中的脊索(上层索)

用单层网壳替换而结构其他部分不变所形成的杂交结构(如图 7-7 所示)体系。弦支穹顶是一种新型半刚性预应力空间钢结构，其受力方式类似于张弦梁结构，但结构构件空间传力，张拉索产生的预拉力由上层单层网壳结构平衡，因此，与索穹顶结构不同，弦支穹顶结构属于自平衡结构。

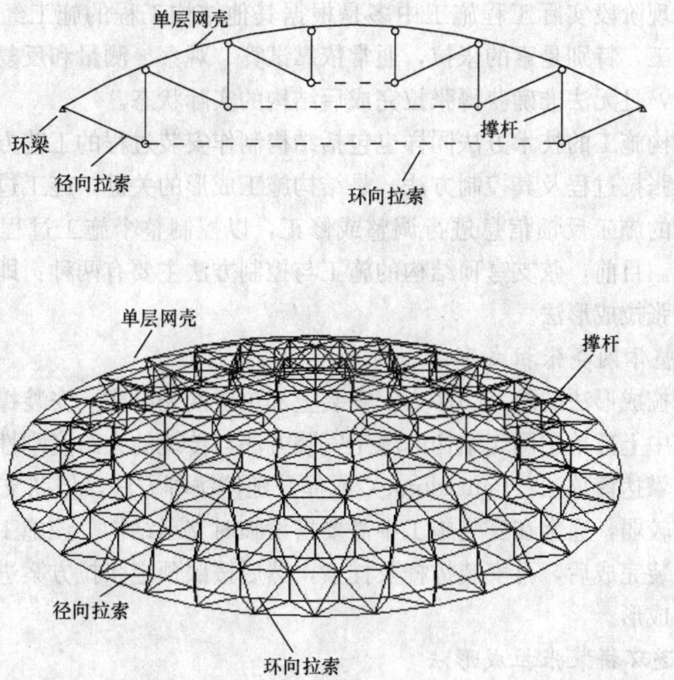

图 7-7　弦支穹顶结构

弦支穹顶是一种半刚性预应力空间结构，弦支穹顶结构中的单层网壳，类似于张弦梁结构中的拱梁，通常刚度较弱甚至很弱，在设计的跨度条件下难以承受结构自重及施工荷载，需要施加预应力以提高结构整体刚度，并使结构整体成形。弦支穹顶结构的施工成形过程具有以下特点：

(1) 结构的几何形状在施加预应力前后将发生较大的变化，即结构的预应力状态和无预应力状态之间的几何形状将发生变化，这种几何形状变化对结构的几何构形及受力特性均有显著影响；

(2) 结构的张拉施工与控制方法远比张弦梁结构复杂，同样，不同的张拉施工过程及控制方法，将在结构中产生不同的内力分布及变形，也将直接影响结构的最终成形形态；

(3) 结构在每一施工阶段的内力分布及变形，与结构施工成形的终态通常差异很大，且不同张拉施工方案所产生的每一施工阶段的内力分布及变形也不同，这些内力与变形状态可能导致结构及构件在施工阶段的最不利状态与成形终态完全不同。

要使结构张拉成形后达到设计的形态和应力状态，通常需要预先制定合理的施工张拉方案，并根据施工进程建立数值计算模型，对弦支穹顶结构的施工张拉过程进行跟踪分析，以预测所采用的施工张拉方案能否实现设计要求的结构状态，同时对施工过程中构件的最不利状态进行验算，并寻找合理的施工过程控制方法。

7.4.1 弦支穹顶结构的施工方法

弦支穹顶结构是近年来出现并应用的新型空间结构，相应的分析理论和施工技术尚处在研究与完善之中，因而，关于弦支穹顶结构的施工技术与控制方法，目前还没有形成系统的理论基础。现阶段实际工程施工中多是根据其他结构工程的施工经验（如张弦梁结构）边探索边施工，特别是索的张拉，通常依靠试算、观察、测量和反复调整来完成，施工控制费时费力，且无法准确获得张拉完成后结构的实际状态。

弦支穹顶结构施工的技术方法同样也包括结构制作安装过程的工艺方法和施工过程的控制方法，索的张拉过程及其控制方法，是结构施工成形的关键，施工过程需要根据施工进程中不断得到的施工反馈信息进行调整或修正，以控制整个施工过程合理、有序、顺利、安全地进行。目前，弦支穹顶结构的施工与控制方法主要有两种：即整体网壳张拉成形法和逐环拼装张拉成形法。

7.4.1.1 整体网壳张拉成形法

整体网壳张拉成形法的施工顺序为：安装上部单层网壳结构→安装撑杆及挂索→分批张拉主动索。其中上部单层网壳结构的施工安装方法与传统的大跨度刚性结构相同，可采用高空散装法、攀达穹顶法（Pantadome）或提升延伸法等方法，但弦支穹顶中的上部单层网壳刚度相对较弱，通常在安装施工中需要搭设临时支承结构。该施工方法中，在上层网壳结构全部安装完成后，再安装撑杆及挂索，然后按照预定张拉方案进行索的张拉及调整，使结构整体成形。

7.4.1.2 逐环拼装张拉成形法[9]

根据对弦支穹顶结构的几何组成及传力特征分析可知，弦支穹顶结构是由一系列（或一圈圈）几何构成相同但大小不同的环状子结构单元组成，不同环状结构单元可以上弦单层网壳的环向梁（或称纬向梁）为界来划分，每一个环状结构单元包括上弦环向梁、其外侧径向梁、下弦环索以及连接上下弦的撑杆和斜索，每一个环状结构单元是一个具有一定承重能力的稳定的子结构。由此可知，弦支穹顶结构可以环状子结构为单元划分施工段。在施工过程中，当任一外环子结构单元施工张拉成形后，该环子结构本身就可以作为下一个相邻内环子结构的施工平台，直接进行下一相邻内环子结构的施工而无需搭设脚手架或临时支承结构。按此方法，弦支穹顶结构可由最外环到最内环逐环施工张拉直至结构张拉成形，这种施工方法称为逐环拼装张拉成形法。逐环拼装张拉成形法的具体施工步骤为：先在地面上拼装结构的最外环，并将其吊至设计位置安装就位，然后对该环进行张拉，使之成为一个独立的可承载子结构；在最外环子结构张拉完成后，以外环子结构为施工平台和工作面，进行相邻内环子结构的施工及张拉。按此方法由外到内逐环进行分阶段安装并张拉，直至整体结构成形，如图 7-8 所示。

7.4.2 弦支穹顶结构施工控制分析方法

弦支穹顶结构的施工过程就是结构的成形过程。结构成形后的最终形态及内力分布与施工方法及过程密切相关，因此，要准确预测施工过程中每一施工阶段及施工完成后结构的受力及变形状态，模拟结构施工过程的数值模型和计算方法就必须与相应的施工工艺过

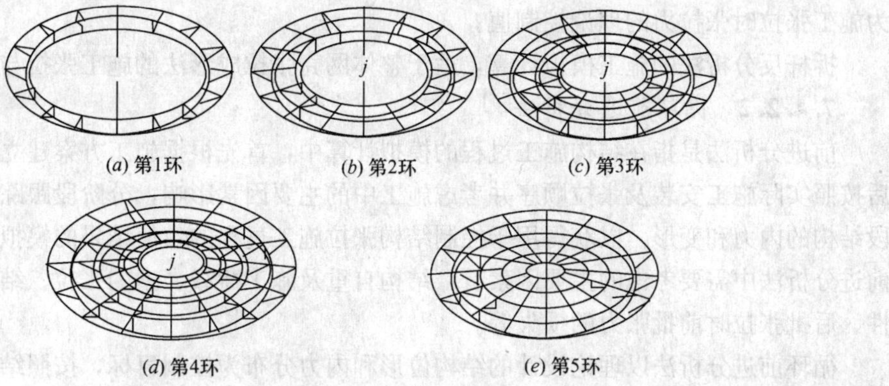

图 7-8　弦支穹顶结构逐环拼装张拉成形示意图

程及控制方法相一致，否则，就不能获得结构在施工过程中的准确力学状态，也就无法指导施工控制过程。弦支穹顶结构施工过程模拟分析，主要是结构下部索杆系统的张拉过程模拟分析，张拉过程及控制方法不同，相应的结构数值模型和施工模拟跟踪的计算方法也就不同。本节根据参考文献［9，10］的研究成果，介绍目前应用于弦支穹顶结构施工张拉过程模拟跟踪的计算方法，即拆杆反分析法、循环前进分析法。

7.4.2.1　拆杆反分析法

弦支穹顶结构是一种半刚性空间结构，这类结构的设计分析虽然不像柔性结构（如索穹顶）需要找形分析，但由于结构中的刚性结构部分刚度较弱，预应力的输入将显著改变刚性结构也即整体结构的形状，且这种形状变化不论在结构形态上还是受力分析上通常均是不能忽略的，因而，弦支穹顶结构需要进行形状确定分析。弦支穹顶的形状确定分析，是分析在已知结构几何尺寸的条件下，采用何种预应力方式，能够实现设计要求的结构预应力形态和内力状态。

当结构在最终预应力状态的结构形态和内力分布确定后，以此状态为基础，按照一定的顺序依次拆除各环的索和杆，直到结构的初始无预应力即零状态，计算确定每一拆除阶段各索的内力和结构的变形。由此计算得到的各索内力和结构变形，就是采用与拆杆顺序相反的过程进行张拉时各施工阶段主动索的张拉力以及结构的预期变形。这种模拟施工张拉过程的分析方法称为拆杆反分析法[10]。拆杆反分析法的主要步骤为：

(1) 根据给定的结构初始几何条件建立结构数值模拟计算模型；

(2) 确定主动索及预应力输入方案；

(3) 迭代计算结构的预应力平衡态，且满足设计要求；

(4) 拆除最内环索、杆，并以相应构件的内力作为外力施加于结构上，进行迭代计算，直至所施加的外力为零；

(5) 当上次拆除计算外力达到零时，再进行相邻的下一环的索、杆拆除，也以相应构件的内力作为外力施加于结构上，进行迭代计算，直至所施加的外力为零，如此依次从内向外分批拆除其他各环索、杆并迭代计算，当最外环索、杆拆除并迭代计算结束时，结构处于无预应力的零状态；

(6) 记录每一拆除过程的计算结果，则每一拆除步迭代计算中，主动索的初始拉力即为施工张拉时张拉力的理论控制值。

拆杆反分析法的施工模拟计算，适于整体网壳张拉成形法的施工张拉与控制。

7.4.2.2 循环前进分析法[9]

前进分析法是指在结构施工过程的模拟计算中，首先根据施工方案建立计算模型，然后按照实际施工安装及张拉顺序并考虑施工中的主要因素影响，分阶段跟踪计算各施工阶段结构的内力和变形，以获得用于控制结构张拉施工过程的数值结果的模拟计算方法。在前进分析法中需要考虑的主要因素有：结构自重及施工荷载、索的张拉、结构的几何非线性、后批张拉时前批张力的损失等。

循环前进分析法以理论设计的结构位形和内力分布为控制目标，按照结构实际施工时的安装张拉顺序，将结构划分为若干个施工阶段，并以结构理论设计预应力状态的索内力作为每个施工阶段开始张拉时主动索的初始预拉力，用循环迭代计算的方法，从第一施工段到最终施工段反复试算并调整索力，直到结构位形和内力满足设计状态，由此确定每个施工阶段张拉开始时主动索的初始预张力，用以控制分阶段安装张拉的施工过程。循环迭代试算过程中，每一个循环迭代计算都以前一个循环过程的计算结果为基础，在本循环内不断迭代修正索的张力、结构位形。循环前进分析法的主要步骤如下：

(1) 以理论设计的结构位形和内力分布为基础，根据施工及张拉方案，建立分阶段施工跟踪计算数值模型；

(2) 根据结构理论设计预应力状态的索张力，确定每一施工阶段循环迭代计算开始时主动索的初始张力及几何位形；

(3) 根据施工方案及张拉顺序，按施工阶段进行循环迭代计算，并记录每施工段的索张力及结构变形；

(4) 在按施工阶段循环计算完成后，判断结构的位形和索张力是否满足要求，即与理论设计预应力状态的差异在允许的范围内；

(5) 若循环计算所得结构内力与位形满足要求，则计算结束，计算结果（主动索张力及结构变形）即可作为施工张拉过程控制依据；

(6) 若循环计算所得结构内力与位形不满足要求，则需调整主动索张力，返回 (3) 重新进行循环迭代计算，调整增量的大小应参考结构的最新几何形状确定。

循环前进分析法的施工模拟计算，适于逐环拼装张拉成形法的施工张拉与控制。

7.4.3 弦支穹顶结构施工控制

7.4.3.1 拉索预应力的施加方法

弦支穹顶结构拉索预应力的施加方法通常有 3 种，即环向索张拉法、径向斜索张拉法和撑杆伸长法。

(1) 环向索张拉法

将结构中下弦环向索作为主动索，通过直接对环向索进行张拉，输入预应力。通常在结构预应力平衡状态，环向索力比径向索力或撑杆内力要大得多，因此，以弦环向索为主动索进行张拉，所需要输入的张拉力很大，对张拉设备要求高，张拉过程的调节与控制难度大。

(2) 径向斜索张拉法

将结构中下弦径向斜索作为主动索，通过直接对径向斜索进行张拉，输入预应力。相对于环向索主动张拉而言，径向斜索张拉法所需要的主动张拉力较小，因而，对张拉设备的要求相对较低。但径向斜索数量多，所需张拉设备多，张拉过程的调整与控制难度较大。

(3) 撑杆伸长法

通过调节撑杆长度来输入预应力，是一种间接在结构中施加预应力的方法。通常撑杆中的轴力远小于环向索及径向斜索的拉力，因此，对调整撑杆长度的张拉设备要求较低。由于撑杆为刚性构件，且施工张拉过程中，每环撑杆轴力相同，相对而言，张拉过程易于调整和控制。但撑杆伸长法要求所有拉索预先确定精确初始长度。

针对逐环拼装张拉成形的施工方法，一般可采用两种不同的预应力施加方式：①张拉（收紧）环索（连续索)，这种方式是在松弛状态下将各组斜索调整到设计长度，然后逐步张紧环索，该方式调节点较少。②张拉（收紧）斜索（离散索)，当张拉并缩短斜索时，斜索张力的竖向分力将克服撑杆和上弦杆系自重而提升撑杆，水平分力使得环索产生位移，从而使环索中产生预拉力。故施工时只需张拉斜索便可实现对所有索系施加预应力。整个张拉过程实际上归结为对斜索的缩短，而环索按原设计几何长度——初始索伸长量预先下料、装配。

7.4.3.2 拉索的张拉顺序

理论计算及实际工程施工经验均说明，弦支穹顶结构张拉施工过程中，先张拉内环后张拉外环与先张拉外环后张拉内环相比较，先张外环后张内环的施工方法，后张拉索对已张拉索的影响小。因此，合理的张拉施工顺序为：由外向内依次按施工阶段分环张拉，先张拉外环子结构单元主动索，在该外环索张拉调整完成后，再进行相邻内环子结构单元主动索的张拉，直到所有环状子结构单元张拉完成。

7.4.3.3 拉索张拉的控制原则

弦支穹顶结构张拉施工过程控制原则为：每一环子结构所有主动索的张拉应同步进行，若某环子结构需要进行分级张拉，则所有主动索的每一级张拉施工也应同步进行。

弦支穹顶结构张拉施工过程控制参数为：主动索（或撑杆）的张拉力、结构变形。

7.4.4 弦支穹顶结构施工过程中拉索张力的监测方法[11]

弦支穹顶结构施工过程中，拉索预拉力的常用检测方法有：测力矩扳手法、拉索频率法和电阻应变仪法。

7.4.4.1 测力矩扳手法

施工过程中对拉索张拉力采用测力矩扳手进行测量，在施工张拉的同时，从测力矩扳手的刻度盘上读出拉力的大小。这种测张力的方法精度不高，误差一般在±2%～±20%之间，只能用于初安装和第一级的检测。

7.4.4.2 拉索频率法

拉索频率法根据拉索固有振动频率与拉索张力的关系，通过测出拉索频率，进而计算出拉索的张力。拉索在环境激励或强迫激励下自由振动时，可测出拉索的固有振动频率，其测试原理如下：

(1) 首先把加速度传感器固定在拉索上，利用环境激励或强迫激励使拉索振动，然后测量拉索自由振动的加速度-时间曲线；

(2) 通过电荷放大器对振动信号进行放大，同时对振动信号中的高频杂波进行滤波；

(3) 振动信号经放大后，进行数据采集，记录拉索自由振动时的加速度-时间曲线；

(4) 对拉索自由振动时加速度-时间曲线进行 FFT 变换，得到拉索振动的频谱图，找出其自振频率；

(5) 利用拉索振动固有频率与拉索索力的关系计算拉索索力。

拉索频率法是一种较先进的检测方法，操作方便，精度高，误差在±0.5%～±1%。目前主要应用于斜拉桥斜拉索的索力测量，在房屋结构中应用较少。

7.4.4.3 电阻应变仪法

电阻应变仪法，是张拉施工前先在拉索上设置小型电阻应变式传感器，当拉索受力后，测出拉索标距内的应变值 ε 或其变化，进一步换算为索力或其变化量。电阻应变仪法精度高，误差不超过±0.2%。

参 考 文 献

[1] 沈祖炎，赵宪忠. 现代大跨度非刚性结构体系建筑施工中的关键问题[J]. 建筑施工. 2000，22(3)：54-57

[2] Yu R，Luo YF，Huang Y. Pretension Simulation of The Long-span Truss String Supported by Temporary Structures，Computational Methods in Engineering & Science，Proceedings of the EPMESC X. Sanya，China，226，2006，8.

[3] 季跃. 单索体系结构张拉施工控制方法研究[D]. 同济大学硕士学位论文 2002.

[4] 陈荣毅，董石麟，吴欣之. 大跨度预应力张弦桁架的吊装[J]. 空间结构. 2003，9(4)：60－63.

[5] 陈建兴. 张弦梁结构张拉过程结构性能和伺服施工过程理论[D]. 同济大学博士学位论文. 2006.

[6] 罗晓群. 大型钢结构施工全过程数值模拟及 CAD 实现[D]. 同济大学博士学位论文. 2003.

[7] 沈祖炎等. 钢结构学[M]. 北京：中国建筑工业出版社，2005.

[8] 李维滨. 超大跨度预应力张弦桁架结构设计与施工若干问题研究[D]. 东南大学博士学位论文. 2004.

[9] 李咏梅，王勇刚，张毅刚. 索承网壳结构成性阶段拉索张拉顺序的研究[J]. 施工技术. 2007，36(3)：24-27.

[10] 张明山. 弦支穹顶结构的理论研究[D]. 浙江大学博士学位论文. 2004.

[11] 廖可美，王祖华. 九运会体育馆钢屋盖预应力拉索施工技术[J]. 华南理工大学学报(自然科学版). 2007，30(7)：57-62.

8　张拉结构施工中的力学问题

8.1　张拉结构的力学性态

8.1.1　张拉结构的零应力状态、初始状态和工作状态

8.1.1.1　张拉结构的特点[1]

考虑到张拉结构的特殊结构性态，张拉结构的施工模拟分析与验算须注意以下特点：

(1) 结构在预张力施加前后的几何差异是不可忽略的；

(2) 结构在预张力施加前后的刚度差异是不可忽略的，张拉结构体系的刚度是由各构件自身刚度及各构件预张力两部分组成，在施加预张力前，结构可能是几何可变体系；

(3) 结构的设计几何形态、各部件预张力分布、施工放样尺寸三者之间存在复杂的非线性关系，这种关系很难用常规结构力学方法来予以描述和分析；

(4) 结构在外部效应作用下的变形相对较大，并且由于索的非线性工作特点，分析结构体系的工作性能时必须考虑非线性效应的影响。

8.1.1.2　零应力状态、初始状态和工作状态的定义

根据张拉结构的上述特点，柔性大跨度结构有三种力学状态，即零应力状态、初始状态和工作状态（或称为荷载状态）。

(1) 零应力状态

放样加工完毕后的索段和杆件的集合体即为结构的零应力状态。在该状态下，结构体系或为几何可变体系，或为瞬变体系，但是，均为不可承载的几何状态，严格意义上讲，还不能称为结构。

(2) 初始状态

施加预张力完毕后的自平衡预应力状态为结构的初始状态。根据具体情况可在初始状态分析时考虑或不考虑结构自重。该状态下，结构体系已经由于预应力的施加而具备了一定的刚度，该刚度数值与设计刚度一般情况还有一定的差距。

(3) 工作状态

结构在外部荷载作用下所达到的平衡状态为结构的工作状态。在该状态下，结构处于稳定的平衡状态，并且由于外荷载的作用，结构的刚度比初始状态一般都有不同程度的增加，这是区别于传统结构的重要方面，也是张拉结构作为典型的时变结构进行力学分析时应重点注意的问题。

8.1.1.3　张拉结构的形状确定问题及其分类

所谓形状确定问题（form finding）是寻找和确定张拉结构在零应力状态时的放样加工尺寸及初始状态时的几何形状和预拉力分布[2, 3]。张拉结构的施工模拟问题是把形状确

定问题中的力系分布通过多步骤的施工过程实现的，形状确定问题是根据初始态（几何状态或杆件力系），寻求最终的平衡态（几何状态和平衡力系相互协调的综合状态）；而张拉结构的施工模拟，就是要根据结构的初始几何条件和杆件力系的实现步骤（即施工张拉过程），来模拟实际施工过程中张拉结构几何状态和力系的变化，以期达到理想的设计平衡状态。因此，可以把施工模拟问题看作一系列的形状确定问题的综合，或者，形状确定问题给出了施工模拟问题所要达到的形态目标。张拉结构的形状确定问题可以归纳为以下3类：

(1) 给定几何的形状确定问题

根据建筑和构造要求，给定结构空间形状及其节点坐标，寻找或确定结构预拉力分布及构件的放样长度。大部分索桁架结构、张力弦结构、空间索网结构、索穹顶结构及部分单层索网结构属于这一范围。

(2) 构件放样长度给定的形状确定问题

根据加工放样方便易操作的原则，按一定规律给定构件的放样长度，寻找或决定结构空间形状、节点坐标及预张力分布。大部分单层索网结构属于这一范围。

(3) 预张力给定的形状确定问题

根据受力合理原则，要求预张力分布符合给定条件，寻找空间形状、节点坐标及构件放样长度。部分索网结构（测地线形索网和空间主曲率形索网）及膜结构等属于这一范围。

8.1.2　不同状态的分析方法

张拉结构在外部张拉作用下从初始状态变化至工作状态的分析属于高非线性力学问题的范畴，有限单元方法是非常有效同时又具有广泛适用性的分析工具，现有结构计算软件包及设计CAD软件也都采用有限单元法[4]。张拉结构的施工模拟问题主要是指从初始状态至工作状态的计算分析。

分析张拉结构从零应力状态施工张拉至初始状态的问题，即形状确定问题，有限单元法将不再适用。原因有两个：第一，零应力状态的几何形状和节点坐标是未知数，所以不具备有限元计算的基本条件；第二，很多情况下结构在零应力状态时并不是弹性变形体，而是机构或零刚度柔性体集合。结构由零应力状态至初始状态的施工张拉过程不是弹性变形过程而是伴随有刚体运动、机构运动和弹性变形等的组合运动过程。这样，求解柔性大跨度结构的形状确定问题可以考虑以初始状态作为目标参量，研究给定条件下各种可能的初始状态变量及其分布。待确定这些变量及分布后，逆求对应的结构零应力状态。

对于比较复杂的结构体系及某些零应力状态给定的结构体系，进行施工张拉过程的跟踪分析是必要的。这时，必须采用能够考虑结构刚体运动和弹性变形混合问题的数值方法。

8.1.3　张拉结构的形状确定问题

索网结构的形状确定问题可以分别采用力密度法、动力松弛法或有限单元法求解。从施工方便的角度，一般要求索网结构按照定长度放样；从受力合理的角度，要求索网是等内力的，即最小曲面。用现有方法计算这两类索网时需要进行很多次循环迭代，并且迭代求解效率不高。索网结构形状确定问题的分析方法有等效有限单元法，具体分为两类，即给定索段放样长度下的形状确定和给定索段预张力下的形状确定。

膜结构的形状确定问题是指：在给定的边界条件下，寻找一个满足平衡条件的膜面几何和相应的膜面应力分布。理想的膜结构形状应该符合膜面等应力的条件，这样的形状就是所谓的最小曲面，最小曲面最具稳定性并且膜面几何最光滑。然而，实际工程中很多情况下不存在最小曲面，但总存在一个平衡的不等应力曲面。所以，膜结构的形状确定问题有两类：第一类是寻找对应于给定边界的等应力最小曲面；第二类是寻找对应于给定边界的平衡曲面。

膜结构形状确定问题的分析方法有：动力松弛法、力密度法和有限单元法。

8.2 预张力结构成形过程分析

8.2.1 概述

预张力结构由零应力状态至初始状态的施工张拉过程伴随着机构运动和弹性变形。然而，关于机构运动和弹性变形混合问题的分析很少有研究文献涉及，而这一问题的分析研究对于确保预张力体系的施工成形及其安全性是极为重要的[5]。

众所周知，结构在给定的外荷载作用下产生弹性变形最终达到平衡状态。与此相对应的是，机构在给定的运动方向作用下产生刚体运动，最终达到机构的静定状态。静定状态的机构在与运动方向一致的外部荷载作用下将产生弹性变形并达到平衡状态。如果同时考虑外部荷载和运动方向的作用，机构也会同时产生弹性变形和机构运动。

在机构运动的跟踪方面，现有理论首先建立运动过程中杆件长度不变的几何方程，采用泰勒级数将几何方程展开成关于运动一阶速度、二阶加速度和时间增量表示的运动方程，忽略高于二阶的时间增量项。然后运用广义逆矩阵理论分别求解机构的运动速度和加速度[6]。由于忽略了高于二阶的时间增量项，迭代计算中必须采用足够小的增量步，导致一般的计算分析必须经过数百个增量步才能达到机构的静定状态。即使采用改进的增量迭代法以避免运动加速度的繁复求解过程，每一增量步内的迭代收敛也很慢。建立了索杆体系机构运动和弹性变形混合问题的有限单元计算理论，基于几何条件和物理条件建立增量迭代计算序列。这一方法可应用于各类索杆体系机构运动和弹性变形混合问题的计算分析，方便高效、精确实用。

8.2.2 弹性变形问题的有限元基本公式

索杆体系的单元增量平衡方程为

$$[[k_0]+[k_u]+[k_\sigma]]^{(n)}\{\Delta u\}=\{f\}^{(n+1)}-\{f_R\}^{(n)}$$

或

$$[k]^{(n)}\{\Delta u\}=\{f\}^{(n+1)}-\{f_R\}^{(n)} \tag{8-1}$$

上式中，$[k]^{(n)}$ 是 $\Omega^{(n)}$ 状态的单元刚度矩阵，包含线性矩阵 $[k_0]$、位移非线性矩阵 $[k_u]$ 和应力非线性矩阵 $[k_\sigma]$；$\{f\}^{(n+1)}$ 是 $\Omega^{(n+1)}$ 状态的外荷载向量；$\{f_R\}^{(n)}$ 是 $\Omega^{(n)}$ 状态的节点不平衡力向量；$\{\Delta u\}$ 是 $\Omega^{(n)}$ 状态至 $\Omega^{(n+1)}$ 状态的增量位移向量。

由式（8-1），可得索杆体系结构的总体平衡方程，如下所示

$$[K]^{(n)}\{\Delta U\}=\{F\}^{(n+1)}-\{F_R\}^{(n)} \tag{8-2}$$

上式中，$[K]^{(n)}$ 是 $n\times n$ 阶的总体刚度矩阵；$\{\Delta U\}$ 是增量位移向量；$\{F\}^{(n+1)}$ 和 $\{F_R\}^{(n)}$

分别是外荷载向量和节点不平衡力向量。n 是索杆体系未约束自由度。

对于弹性变形问题，式（8-2）中的总刚度矩阵 $[K]^{(n)}$ 的秩 $r=n$，索杆体系的荷载-位移关系可通过下式迭代求解

$$\begin{cases}\{\Delta U\}_{i+1}=([K]_i^{(n+1)})^{-1}\{\{F\}^{(n+1)}-\{F_R\}_i^{(n+1)}\}\\ \{U\}_{i+1}^{(n+1)}=\{U\}_i^{(n+1)}+\{\Delta U\}_{i+1}\qquad i=0,1,2,\cdots,I\end{cases}\tag{8-3}$$
$$\|\{F\}^{(n+1)}-\{F_R\}_I^{(n+1)}\|\leqslant\varepsilon_f\quad \text{or}\quad \|\{\Delta U\}_{\{I+1\}}\|\leqslant\varepsilon_u$$

上式中的 ε_f、ε_u 分别为给定的力和位移的精度要求。

采用式（8-3）所示迭代序列，除了能有效地跟踪弹性体系的变形过程外，也能求解得到静不定机构的一个平衡状态。

8.2.3 弹性变形和机构运动混合问题的有限单元基本公式[7]

如果索杆体系总体平衡方程中总刚度矩阵的秩 $r<n$，相应的索杆体系包含机构自由度，式（8-3）将会因为总刚的奇异性而导致求解失败。

索杆体系弹性变形和机构运动的混合问题有以下两类：

1）机构运动→静定状态→弹性变形

2）机构运动＋弹性变形

在第 1）类混合问题中，不考虑外荷载作用，体系发生符合运动约束向量要求的机构运动，并最终达到稳定的静定状态。然后，在与运动约束向量一致的外荷载作用下，体系发生弹性变形。

在第 2）类混合问题中，同时考虑外荷载作用和运动约束向量要求，体系发生符合运动约束向量要求的机构运动和外荷载产生的弹性变形。

显然，在第 1）类问题中，当体系达到静定状态后，如果外荷载作用与运动约束向量不一致，静定状态的体系将转变为第 2）类的混合问题。

无论是弹性变形，机构运动还是混合问题，式（8-2）所示的体系平衡方程总是存在的。对于 $r<n$ 的情况，式（8-2）的解包含通解 $\{\Delta U_G\}$ 和特解 $\{\Delta U_S\}$ 两部分，即

$$\begin{aligned}\{\Delta U\}&=\{\Delta U_G\}+\{\Delta U_S\}\\ \{\Delta U_S\}&=([K]^{(n)})^{+}(\{F\}^{(n+1)}-\{F_R\}^{(n)})\\ \{\Delta U_G\}&=([I]-([K]^{(n)})^{+}[K]^{(n)})\{\alpha\}\end{aligned}\tag{8-4}$$

式（8-4）中，$\{\alpha\}$ 是任意 n 阶向量，$\{\alpha\}$ 决定了机构的运动约束方向和运动增量，所以 $\{\alpha\}$ 也被称为运动约束向量。$([K]^{(n)})^{+}$ 是 $[K]^{(n)}$ 的广义逆矩阵。

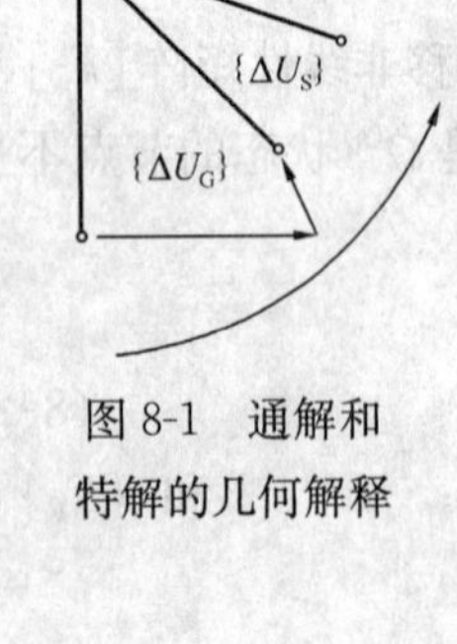

图 8-1 通解和特解的几何解释

通解 $\{\Delta U_G\}$ 和特解 $\{\Delta U_S\}$ 可通过图 8-1 所示的单杆机构进行几何意义上的解释。通解 $\{\Delta U_G\}$ 的几何意义是在运动约束条件下的机构运动增量；但是，非无限小的 $\{\Delta U_G\}$ 将使机构偏离即时的运动约束轨迹，使单元产生内力从而使机构产生非零的节点不平衡向量。特解 $\{\Delta U_S\}$ 的几何意义就是修正 $\{\Delta U_G\}$ 使机构运动 $\{\Delta U\}$ 符合即时的运动约束条件和弹性变形条件。

对于第 1）类机构运动和弹性变形混合问题，机构运动的迭代

计算序列如下

$$
\begin{aligned}
&\{\Delta U\}_{i+1}^{(n+1)} = \{\Delta U\}_{i}^{(n+1)} + \{\Delta U_{S}\}_{i+1} \qquad i = 0,1,2,\cdots,I \\
&\{\Delta U\}_{0}^{(n+1)} = \{\Delta U_{G}\} = ([I] - ([K]^{(n)})^{+}[K]^{(n)})\{\alpha\}^{(n+1)} \\
&\{\Delta U_{S}\}_{i+1} = -([K]_{i}^{(n+1)})^{+}\{F_{R}\}_{i}^{(n+1)} \\
&\|\{F_{R}\}_{I}^{(n+1)}\| \leqslant \varepsilon_{f} \quad \text{or} \quad \|\{\Delta U_{S}\}_{I+1}\| \leqslant \varepsilon_{u}
\end{aligned}
\tag{8-5}
$$

上式中的 ε_f 和 ε_u 分别为预先给定的荷载和位移精度要求。

当符合运动约束向量 $\{\alpha\}$ 的机构运动的增量 $\{\Delta U\}$ 很小，满足式（8-6）所示的精度要求时，可以认为机构运动达到了其静定状态。

$$
\|\{\Delta U\}^{(n+1)}\| \leqslant \varepsilon \quad \text{or} \quad |\{\alpha\}^{T}\{\Delta U\}| \leqslant \varepsilon \tag{8-6}
$$

满足式（8-6）条件的机构静定状态可能是稳定的或不稳定的。在不稳定的静定状态，微小的干扰将导致机构产生几何路径的失稳突变。机构在发生失稳后将在运动约束向量下沿着新的运动路径继续产生刚体运动并达到新的静定状态。

在稳定的静定状态时，在给定的运动约束向量下，机构不再发生刚体运动。在外荷载 $\{F\}^{(n+1)}$ 作用下，尽管总刚矩阵的秩仍然小于其阶数，即 $r<n$，但结构将产生弹性变形。

对于第 2）类机构运动和弹性变形的混合问题，以及第 1）类问题中静定状态时索杆体系在外荷载作用下的变形问题，非线性迭代序列如下

$$
\begin{aligned}
&\{\Delta U\}_{i+1}^{(n+1)} = \{\Delta U\}_{i}^{(n+1)} + \{\Delta U_{S}\}_{i+1} \qquad i = 0,1,2,\cdots,I \\
&\{\Delta U\}_{0}^{(n+1)} = \{\Delta U_{G}\} = ([I] - ([K]^{(n)})^{+}[K]^{(n)})\{\alpha\}^{(n+1)} \\
&\{\Delta U_{S}\}_{i+1} = ([K]_{i}^{(n+1)})^{+}(\{F\}^{(n+1)} - \{F_{R}\}_{i}^{(n+1)}) \\
&\|\{F\}^{(n+1)} - \{F_{R}\}_{I}^{(n+1)}\| \leqslant \varepsilon_{f} \quad \text{or} \quad \|\{\Delta U_{S}\}_{I+1}\| \leqslant \varepsilon_{u}
\end{aligned}
\tag{8-7}
$$

在采用式（8-7）求解索杆体系的弹性变形和机构运动混合问题时，一旦体系产生弹性变形，体系内单元就会产生内力。由于应力非线性刚度的原因，体系总刚可能满秩，即 $r=N$；也可能仍然奇异，即 $r<N$。在总刚满秩的情况下，式(8-7)中 $\{\Delta U_G\}=\{0\}$，$([K]^{(n)})^{+}=([K]^{(n)})^{-}$，式(8-7)与式(8-3)完全等效。

8.2.4 索膜结构成形的计算方法

8.2.4.1 概述

索膜结构的找形分析包括结构初始几何形体的确定和初始内力形状的判定分析。找形分析的基本任务就是确定膜结构的初始平衡形状并判断其能否张成，并求出维持该初始曲面的特定的预应力分布，并把预应力的大小控制在指定的范围内。而索膜结构的施工过程，其实就是逐渐改变其平衡状态，直至达到设计需要的最终平衡状态的过程，因此，了解索膜结构的成形计算方法是必要的。

找形分析是索膜结构设计过程中的一项基础工作。几何形体的好坏直接影响到结构的受力性能。作为张力结构的一种，索膜结构的刚度一般由初始几何曲面刚度和初始预应力刚度构成。为了使结构具有足够的刚度，确保结构在一定的边界条件和各种荷载作用下膜材不出现褶皱并满足强度要求，除使结构的初始曲面具有一定的刚度外，还必须施加一定的预应力以增加结构的刚度。所谓的“形”就是几何意义上的形状，所谓的“态”就是结

构的内力分布状态。一种“形”对应一种“态”，反之亦然。一种“态”必然有一种“形”与之相对应。不同预应力的分布和大小可以导致不同的几何外形，这就是所说的“形”和“态”。当然这是一个动态跟踪过程，对这个过程的研究就是膜结构的初始形态设计。这是索膜结构与传统结构计算的一个显著区别。

在找到初始形态之前，并不能准确确定索膜结构的初始形状和与之对应的预应力分布状态，也就是说这时有两个未知数：一个是初始形状，一个是预应力分布状态，只要给定一个就可以求解另一个，从而产生两种思路。第一种思路是给定初始形状，把初始预应力作为外荷载施加到结构上，求解达到平衡时的状态。这种方法比较直接方便，可以使用普通的非线性计算程序，并可以得到与设计者给定的曲面形状相近的结果。当索膜结构曲面比较复杂、不规则时，预应力的分布将会非常不均匀，给结构的施工安装和受力性能造成不利影响。第二种思路是把初始预应力分布状态作为已知数，把与之对应的平衡形状作为未知数来求解。此时的目的就是要得到具有给定初始预应力分布的初始形状。为了保证最终得到的预应力分布即为初始给定的预应力，必须舍弃变形协调条件和材料的本构关系，也就是给定控制点的位置，以及预应力的分布状态，然后寻求在此条件下与之对应的平衡曲面形状。这种方法的优点是最终得到的初始形状的预应力分布即为初始假定的预应力分布。这会给索膜结构的受力性能和施工安装带来极大的好处。

索膜结构找形分析方法可分为三大类：几何分析法、物理模型法和力学方法。由于张力膜结构变化灵活，形体复杂，几何分析法只能适于一些外形十分简单的结构。早期的膜结构研究者为了获得膜结构的几何形体，也采用了许多实验的方法，即物理模型方法。一种是利用皂膜比拟，主要形成极小的表面面积；第二种利用伸缩纤维布或橡胶型材料来确定形体，直接测量物理模型的三维坐标来获得结构的几何形体。物理模型法可以获得曲面的质感和面感，但不易反映各种边界条件的限制，而且测定时间长、造价高，测量手段存在着较大的随机性。第三类方法即力学方法[8-13]，该法具有节省时间、易进行图形修改和完善的优点，是目前确定膜结构初始几何形体的主要方法。索膜结构是通过产生垂直于结构表面的大位移来维持平衡并承受荷载的，对几何改变非常敏感。因此，原则上结构初始几何尺寸必须通过一些考虑平衡的方法确定，对于没有考虑平衡而确定的初始几何尺寸，在实际分析中整个结构刚度未必保持正定。所以力学方法是一种适应性较广的方法，目前较成熟的力学方法主要有力密度法、最小膜面积法、动力松弛法等。本章重点介绍应用较为广泛的力密度法。

力密度法最早由斯盖可（H. J. Schek）提出[10]，应用于索膜结构的找形分析，后来针对膜结构的特点，格兰迪格（L. Grundig）等人完善和发展了该理论体系。力密度法现已成为索膜结构找形分析中的主要方法。利用力密度法能立刻求出预应力状态索网结构的空间坐标。通过选择所预期的单元内力与单元长度之比（即力密度）作为索网结构力平衡方程中的已知值，就可得到关于结构节点坐标的线性方程组。求出节点坐标，便能生成所分析结构的几何外形，同时，能求出节点位移以及索元内力。该方程避免了初始坐标问题和非线性系统的收敛问题。

8.2.4.2 力密度法基本原理

在笛卡儿坐标系 x_1，x_2，x_3 中，把膜结构离散为由线单元（共 m 个）和节点（共 n

个，其中 n_f 个为固定节点）组成的网络模型。假定每个线单元 i（$i=1, 2, \cdots, m$）中的力为 s_i，自由节点 j（$j=1, 2, \cdots, n-n_f$）上作用外荷载 p_j（其分量为 p_{j1}，p_{j2}，p_{j3}），如图 8-2 所示。

根据静力平衡条件可得

$$\sum \frac{s}{l}(x_{ki}-x_{ji})=\{p_{ji}\} \tag{8-8}$$

式中，l、s 分别为相交于节点 j 各线单元中的长度和内力，x_{ji} 为节点 j 在 x_i（$i=1, 2, 3$）上的坐标，x_{ki} 为线单元另一端节点 k 在 x_i（$i=1, 2, 3$）上的坐标，$\{p_{ji}\}=[p_{j1}, p_{j2}, p_{j3}]^{\mathrm{T}}$。

若定义线单元中的力与其长度之比为该单元的力密度，即 $q=s/l$；对所有自由节点 j（$j=1, 2, \cdots, n-n_f$），按上式列出平衡方程，可写成如下矩阵形式

$$\boldsymbol{D}\cdot\boldsymbol{X}=\boldsymbol{P} \tag{8-9}$$

这是一个线性方程组，引入边界条件便可计算出所有自由节点的坐标。

8.2.4.3 网络结构分析

一个网络可以理解为具有各自物理或力学特性的枝或杆的集合，这些枝或杆相互连接在一起，枝的节点称为网络的节点，节点坐标确定网络的几何形体。每个网络可以用枝-点矩阵 C_s 来表示。枝-点矩阵是 $m\times n$ 阶矩阵。其中 m 为枝数，n 为节点数。C_s 矩阵的元素如下式定义

$$C(j,i)=\begin{cases}1 & \text{如枝 } j \text{ 是在 } i \text{ 开始}\\ -1 & \text{如枝 } j \text{ 是在 } i \text{ 结束}\\ 0 & \text{其他所有情况}\end{cases}$$

利用枝-点矩阵可以描述一个网络。图 8-3 显示了一个网络拓扑及相应的枝-点矩阵 C_s，共由 12 个线单元、5 个自由节点和 4 个固定节点组成。

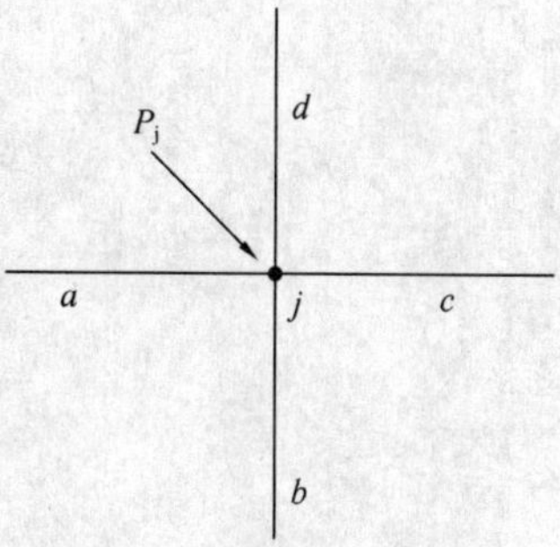

图 8-2 离散网格模型中任一自由结点 j

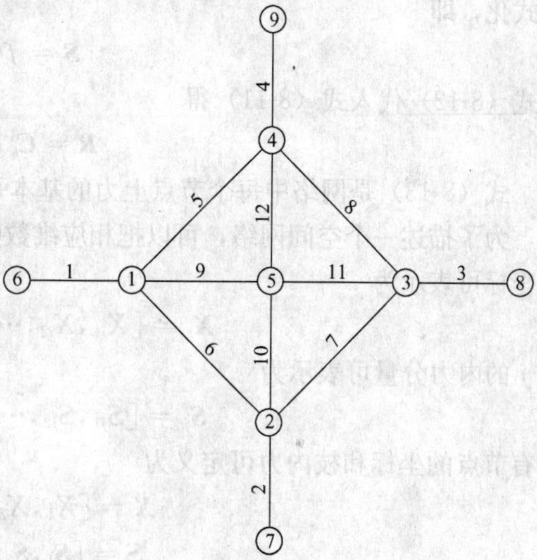

	1	2	3	4	5	6	7	8	9
1	1	0	0	0	0	-1	0	0	0
2	0	1	0	0	0	0	-1	0	0
3	0	0	1	0	0	0	0	-1	0
4	0	0	0	1	0	0	0	0	-1
5	1	0	0	-1	0	0	0	0	0
6	1	-1	0	0	0	0	0	0	0
7	0	1	-1	0	0	0	0	0	0
8	0	0	1	-1	0	0	0	0	0
9	0	0	0	1	-1	0	0	0	0
10	1	0	0	0	-1	0	0	0	0
11	0	1	0	0	-1	0	0	0	0
12	0	0	1	0	-1	0	0	0	0

C　　　　C_f

图 8-3 离散网格模型和枝-点矩阵 $\boldsymbol{C}_s$

枝-点矩阵 $\boldsymbol{C}_s=[\boldsymbol{C}\quad \boldsymbol{C}_f]$，其秩的大小为 $m-1$，这意味着固定一个节点就足以消去枝-点矩阵 $\boldsymbol{C}_s$ 各列的秩方。利用矩阵 $\boldsymbol{C}_s$ 可得到节点-节点矩阵 $\boldsymbol{C}_s^T\boldsymbol{C}_s$，$\boldsymbol{C}_s^T\boldsymbol{C}_s$ 的秩方等于 $\boldsymbol{C}_s$ 的秩方。为了将坐标赋予每个节点，可采用一个一维矩阵 $\boldsymbol{X}$ 表示坐标，同样用矩阵 $\boldsymbol{S}$ 表示各个枝的物理特性，如枝的内力等，由此可完整地描述一个网络。例如，由一个枝相连接的 2 个节点的坐标差 $\boldsymbol{U}$ 可以表示为

$$\boldsymbol{U}=\boldsymbol{C}_s\boldsymbol{X} \tag{8-10}$$

所有从任意节点出发，枝度量的向量和可表示为

$$\boldsymbol{R}=\boldsymbol{C}_s^T\boldsymbol{S} \tag{8-11}$$

在一维坐标的情况下，式（8-11）指内力和沿着与 $\boldsymbol{S}$ 相同方向作用的外力 $\boldsymbol{R}$ 之间的平衡方程。为了获得对一个网络更为一般性的描述，必须将力和坐标差 $\boldsymbol{U}$ 之间的依赖关系公式化，即

$$\boldsymbol{S}=f(\boldsymbol{U}) \tag{8-12}$$

将式（8-12）代入式（8-11）得

$$\boldsymbol{R}=\boldsymbol{C}_s^T f(\boldsymbol{U}) \tag{8-13}$$

式（8-13）是网络中每个节点上力的基本平衡方程。

为了描述一个空间网络，可以把相应维数赋予节点、物理特性赋予各枝，例如节点 i 的坐标可表示为

$$\boldsymbol{X}_i=[X_{i1},X_{i2},\cdots,X_{ik},\cdots,X_{in}]^T$$

枝 j 的内力分量可表示为

$$\boldsymbol{S}_j=[S_{j1},S_{j2},\cdots,S_{jk},\cdots,S_{jm}]^T$$

所有节点的坐标和枝内力可定义为

$$\boldsymbol{X}=[X_1,X_2,\cdots,X_n]^T$$

$$\mathrm{S}=[\boldsymbol{S}_1,\boldsymbol{S}_2,\cdots,\boldsymbol{S}_m]^T$$

根据 $\boldsymbol{X}_i$ 和 $\boldsymbol{S}_j$ 的维数用单位阵 $\mathbf{I}$ 代替数 1，则可类似地写出空间网络的枝-节点矩阵 $\boldsymbol{C}_s$。

8.2.4.4 力密度方程组解法

假设自由节点 i（x_i，y_i，z_i）（$i=1$，2，…，$n-n_f$）上作用外荷载 $\boldsymbol{p}_i=[p_{xi}, p_{yi}, p_{zi}]^T$，固定节点记为 i（x_{fi}，y_{fi}，z_{fi}）（$i=1$，2，…，n_f），线单元 j（$j=1$，2，…，m）的长度为 l_j，对应单元的内力为 s_i，这些向量分别记为

$$\boldsymbol{l}=\{l_1,l_2,\cdots,l_m\}^T;s=\{s_1,s_2,\cdots,s_m\}^T$$

$$\boldsymbol{p}_x=\{p_{x1},p_{x2},\cdots,p_{x(n-n_f)}\}^T$$

$$\boldsymbol{p}_y=\{p_{y1},p_{y2},\cdots,p_{y(n-n_f)}\}^T$$

$$\boldsymbol{p}_z=\{p_{z1},p_{z2},\cdots,p_{z(n-n_f)}\}^T$$

$$\boldsymbol{x}=\{x_1,x_2,\cdots,x_{n-n_f}\}^T$$

$$\boldsymbol{y}=\{y_1,y_2,\cdots,y_{n-n_f}\}^T$$

$$\boldsymbol{z}=\{z_1,z_2,\cdots,z_{n-n_f}\}^T$$

$$\boldsymbol{x}_f=\{x_1,x_2,\cdots,x_{n_f}\}^T$$

$$\boldsymbol{y}_f=\{y_1,y_2,\cdots,y_{n_f}\}^T$$

$$\boldsymbol{z}_f = \{z_1, z_2, \cdots, z_{n_f}\}^{\mathrm{T}}$$

借助于枝-节点矩阵 $\boldsymbol{C}_s = [\boldsymbol{C} \quad \boldsymbol{C}_f]$，各结点的坐标差列向量 $\boldsymbol{u}$，$\boldsymbol{v}$，$\boldsymbol{w}$ 可表示为

$$\boldsymbol{u} = \boldsymbol{C} \cdot \boldsymbol{x} + \boldsymbol{C}_f \cdot \boldsymbol{x}_f \tag{8-14a}$$

$$\boldsymbol{v} = \boldsymbol{C} \cdot \boldsymbol{y} + \boldsymbol{C}_f \cdot \boldsymbol{y}_f \tag{8-14b}$$

$$\boldsymbol{w} = \boldsymbol{C} \cdot \boldsymbol{z} + \boldsymbol{C}_f \cdot \boldsymbol{z}_f \tag{8-14c}$$

用 $\boldsymbol{U}$、$\boldsymbol{V}$、$\boldsymbol{W}$、$\boldsymbol{L}$ 分别表示以列向量 $\boldsymbol{u}$、$\boldsymbol{v}$、$\boldsymbol{w}$、$\boldsymbol{l}$ 为对角线上的元素、其他元素为零的矩阵，则节点的静力平衡方程式可以写为

$$\boldsymbol{C}^{\mathrm{T}} \cdot \boldsymbol{U} \cdot \boldsymbol{L}^{-1} \cdot \boldsymbol{s} = \boldsymbol{p}_x$$

$$\boldsymbol{C}^{\mathrm{T}} \cdot \boldsymbol{V} \cdot \boldsymbol{L}^{-1} \cdot \boldsymbol{s} = \boldsymbol{p}_y$$

$$\boldsymbol{C}^{\mathrm{T}} \cdot \boldsymbol{W} \cdot \boldsymbol{L}^{-1} \cdot \boldsymbol{s} = \boldsymbol{p}_z$$

令 $\boldsymbol{q}=\boldsymbol{L}^{-1}\boldsymbol{s}$，用 $\boldsymbol{Q}$ 分别表示以列向量 $\boldsymbol{q}$ 为对角线上的元素、其他元素为零的矩阵，并注意 $\boldsymbol{Uq}=\boldsymbol{Qu}$，$\boldsymbol{Vq}=\boldsymbol{Qv}$，$\boldsymbol{Wq}=\boldsymbol{Qw}$，则上式又可写为

$$\boldsymbol{C}^{\mathrm{T}} \cdot \boldsymbol{Q} \cdot \boldsymbol{C} \cdot \boldsymbol{x} + \boldsymbol{C}^{\mathrm{T}} \cdot \boldsymbol{Q} \cdot \boldsymbol{C}_f \cdot \boldsymbol{x} = \boldsymbol{p}_x$$

$$\boldsymbol{C}^{\mathrm{T}} \cdot \boldsymbol{Q} \cdot \boldsymbol{C} \cdot \boldsymbol{y} + \boldsymbol{C}^{\mathrm{T}} \cdot \boldsymbol{Q} \cdot \boldsymbol{C}_f \cdot \boldsymbol{y} = \boldsymbol{p}_y$$

$$\boldsymbol{C}^{\mathrm{T}} \cdot \boldsymbol{Q} \cdot \boldsymbol{C} \cdot \boldsymbol{z} + \boldsymbol{C}^{\mathrm{T}} \cdot \boldsymbol{Q} \cdot \boldsymbol{C}_f \cdot \boldsymbol{z} = \boldsymbol{p}_z$$

令 $\boldsymbol{D}=\boldsymbol{C}^{\mathrm{T}}\boldsymbol{QC}$，$\boldsymbol{D}_f=\boldsymbol{C}^{\mathrm{T}}\boldsymbol{QC}_f$，则上式又可简化为

$$\boldsymbol{x} = \boldsymbol{D}^{-1} \cdot (\boldsymbol{p}_x - \boldsymbol{D}_f \cdot \boldsymbol{x}_f) \tag{8-15a}$$

$$\boldsymbol{y} = \boldsymbol{D}^{-1} \cdot (\boldsymbol{p}_y - \boldsymbol{D}_f \cdot \boldsymbol{y}_f) \tag{8-15b}$$

$$\boldsymbol{z} = \boldsymbol{D}^{-1} \cdot (\boldsymbol{p}_z - \boldsymbol{D}_f \cdot \boldsymbol{z}_f) \tag{8-15c}$$

上式说明，给出固定点（至少 4 个点且不在一个平面内）的坐标 $\boldsymbol{x}_f$，$\boldsymbol{y}_f$，$\boldsymbol{z}_f$ 和外荷载 $\boldsymbol{p}$，对应一组力密度 $\boldsymbol{q}$，就可以计算出所有自由节点惟一的坐标 $\boldsymbol{x}$，$\boldsymbol{y}$，$\boldsymbol{z}$，即得到一个惟一的静力平衡形状。可见，在边界条件和外荷载一定的条件下，结构的静力平衡形状与力密度之间存在一一对应的关系，所以在找形过程中用力密度作为参数是合适的。

8.2.4.5 附加条件下力密度法的应用

上面介绍了用力密度法找形的过程和公式，但在实际工程中力密度的选择并不是任意的，而是要满足一定的限制条件，即形状要满足一定的建筑、结构和力学的要求。一般来讲这些约束条件不是线性的，因此力密度公式也将随之变为非线性。

假设有 r 个附加约束条件，表示为

$$g_1(\boldsymbol{x},\boldsymbol{y},\boldsymbol{z},\boldsymbol{q}) = 0$$

$$g_2(\boldsymbol{x},\boldsymbol{y},\boldsymbol{z},\boldsymbol{q}) = 0$$

$$\cdots\cdots$$

$$g_r(\boldsymbol{x},\boldsymbol{y},\boldsymbol{z},\boldsymbol{q}) = 0$$

或者写为

$$\boldsymbol{g}(\boldsymbol{x},\boldsymbol{y},\boldsymbol{z},\boldsymbol{q}) = 0$$

由于形状与力密度之间存在着一一对应的关系，故上式可写为

$$\dot{\boldsymbol{g}}(\boldsymbol{q}) = \boldsymbol{g}(\boldsymbol{x}(\boldsymbol{q}),\boldsymbol{y}(\boldsymbol{q}),\boldsymbol{z}(\boldsymbol{q}),\boldsymbol{q}) = 0$$

下面求满足上面附加约束条件的力密度 $\boldsymbol{q}$。选取在无附加约束条件下的任意值 $\boldsymbol{q}^0$ 为初始迭代向量，将上式在 $\boldsymbol{q}^0$ 处按一阶泰勒公式展开

$$\dot{\boldsymbol{g}}(\boldsymbol{q}^0)+\frac{\partial\dot{\boldsymbol{g}}}{\partial\boldsymbol{q}}\Big|_{\boldsymbol{q}^0}\Delta\boldsymbol{q}=0$$

为简便起见，记 $\boldsymbol{r}=-\dot{\boldsymbol{g}}(\boldsymbol{q}^0),\boldsymbol{G}^{\mathrm{T}}=\frac{\partial\dot{\boldsymbol{g}}}{\partial\boldsymbol{q}}\Big|_{\boldsymbol{q}^0}$，则上式可简写为

$$\boldsymbol{G}^{\mathrm{T}}\Delta\boldsymbol{q}=\boldsymbol{r}$$

一般情况下，附加约束条件的个数 r 不大于线单元总数 m，因此上述方程有 $m-r$ 个线性无关解，选择满足最小二乘原则的解，即

$$\Delta\boldsymbol{q}^{\mathrm{T}}\Delta\boldsymbol{q}\rightarrow\min$$

解上述最小值问题，便可得出拉格朗日系数 $\boldsymbol{k}$

$$\boldsymbol{T}\cdot\boldsymbol{k}=\boldsymbol{r}$$

其中

$$\boldsymbol{T}=\boldsymbol{G}^{\mathrm{T}}\boldsymbol{G}$$

则

$$\boldsymbol{k}=\boldsymbol{T}^{-1}\boldsymbol{r}$$

$$\Delta\boldsymbol{q}=\boldsymbol{G}\cdot\boldsymbol{k}$$

迭代公式为

$$\boldsymbol{q}^0=\boldsymbol{q}^0+\Delta\boldsymbol{q} \tag{8-16}$$

迭代直到 $\dot{\boldsymbol{g}}(\boldsymbol{q}^0)=0$ 满足一定的限值要求为止。

在实际计算中，需要一个简单的雅可比矩阵 $\boldsymbol{G}^{\mathrm{T}}$ 的表达式，因此有

$$\boldsymbol{G}^{\mathrm{T}}=\frac{\partial\dot{\boldsymbol{g}}}{\partial\boldsymbol{q}}=\frac{\partial\boldsymbol{g}}{\partial\boldsymbol{x}}\frac{\partial\boldsymbol{x}}{\partial\boldsymbol{q}}+\frac{\partial\boldsymbol{g}}{\partial\boldsymbol{y}}\frac{\partial\boldsymbol{y}}{\partial\boldsymbol{q}}+\frac{\partial\boldsymbol{g}}{\partial\boldsymbol{z}}\frac{\partial\boldsymbol{z}}{\partial\boldsymbol{q}}+\frac{\partial\boldsymbol{g}}{\partial\boldsymbol{q}} \tag{8-17}$$

由式 $\boldsymbol{C}^{\mathrm{T}}\cdot\boldsymbol{U}\cdot\boldsymbol{q}=\boldsymbol{p}_x$，任何 $\mathrm{d}\boldsymbol{q}$ 与 $\mathrm{d}\boldsymbol{x}$ 的变化不影响上式的平衡，故有

$$\mathrm{d}(\boldsymbol{C}^{\mathrm{T}}\cdot\boldsymbol{U}\cdot\boldsymbol{q})=0$$

即

$$\frac{\partial(\boldsymbol{C}^{\mathrm{T}}\cdot\boldsymbol{U}\cdot\boldsymbol{q})}{\partial\boldsymbol{q}}\mathrm{d}\boldsymbol{q}+\frac{\partial(\boldsymbol{C}^{\mathrm{T}}\cdot\boldsymbol{C}\cdot\boldsymbol{q})}{\partial\boldsymbol{x}}\mathrm{d}\boldsymbol{x}=0$$

因为

$$\frac{\partial(\boldsymbol{C}^{\mathrm{T}}\cdot\boldsymbol{U}\cdot\boldsymbol{q})}{\partial\boldsymbol{q}}=\boldsymbol{C}^{\mathrm{T}}\cdot\boldsymbol{U}$$

$$\frac{\partial(\boldsymbol{C}^{\mathrm{T}}\cdot\boldsymbol{U}\cdot\boldsymbol{q})}{\partial\boldsymbol{x}}=\boldsymbol{C}^{\mathrm{T}}\cdot\boldsymbol{Q}\cdot\boldsymbol{C}$$

前式又可以写为

$$\boldsymbol{C}^{\mathrm{T}}\cdot\boldsymbol{U}\cdot\mathrm{d}\boldsymbol{q}+\boldsymbol{C}^{\mathrm{T}}\cdot\boldsymbol{Q}\cdot\boldsymbol{C}\cdot\mathrm{d}\boldsymbol{x}=0$$

进而有

$$\frac{\partial\boldsymbol{x}}{\partial\boldsymbol{q}}=-(\boldsymbol{C}^{\mathrm{T}}\cdot\boldsymbol{Q}\cdot\boldsymbol{C})^{-1}\cdot\boldsymbol{C}^{\mathrm{T}}\cdot\boldsymbol{U}=-\boldsymbol{D}^{-1}\cdot\boldsymbol{C}^{\mathrm{T}}\cdot\boldsymbol{U}$$

类似地可以得到$\frac{\partial\boldsymbol{y}}{\partial\boldsymbol{q}}$，$\frac{\partial\boldsymbol{z}}{\partial\boldsymbol{q}}$，其结果为

$$\frac{\partial\boldsymbol{x}}{\partial\boldsymbol{q}}=-\boldsymbol{D}^{-1}\cdot\boldsymbol{C}^{\mathrm{T}}\cdot\boldsymbol{U} \tag{8-18a}$$

$$\frac{\partial\boldsymbol{y}}{\partial\boldsymbol{q}}=-\boldsymbol{D}^{-1}\cdot\boldsymbol{C}^{\mathrm{T}}\cdot\boldsymbol{V} \tag{8-18b}$$

$$\frac{\partial\boldsymbol{z}}{\partial\boldsymbol{q}}=-\boldsymbol{D}^{-1}\cdot\boldsymbol{C}^{\mathrm{T}}\cdot\boldsymbol{W} \tag{8-18c}$$

这样对于以 $\boldsymbol{x}$，$\boldsymbol{y}$，$\boldsymbol{z}$ 和 $\boldsymbol{q}$ 的函数方程给出的附加约束条件，就可以用上式求出雅可比矩阵 $\boldsymbol{G}^{\mathrm{T}}$，然后根据迭代公式求解满足附加条件的力密度，进而求出满足附加约束条件的静力平衡形状。

8.2.4.6 基于一维变带宽存储的力密度矩阵[14]

对于图 8-3 所示的拓扑网格，共有 12 个单元，9 个节点，假设单元对应的力密度为 q_i（$i=1$，2，…，12），则根据表达式 $\boldsymbol{D}=\boldsymbol{C}^{\mathrm{T}}\cdot\boldsymbol{Q}\cdot\boldsymbol{C}$，得到力密度矩阵 $\boldsymbol{D}$ 的符号表达式为

$$\boldsymbol{D}=\begin{bmatrix} q_1+q_5+q_6+q_9 & -q_6 & 0 & -q_5 & -q_9 \\ -q_6 & q_2+q_6+q_7+q_{10} & -q_7 & 0 & -q_{10} \\ 0 & -q_7 & q_3+q_7+q_8+q_{11} & -q_8 & -q_{11} \\ -q_5 & 0 & -q_8 & q_4+q_5+q_8+q_{12} & -q_{12} \\ -q_9 & -q_{10} & -q_{11} & -q_{12} & q_9+q_{10}+q_{11}+q_{12} \end{bmatrix}$$

通过分析枝-节点矩阵可以发现，对于力密度矩阵 $\boldsymbol{D}$，对角线上的元素为相关联的力密度之和。例如，对于第 i 行元素 d_{ii}，为与节点 i 关联的单元所对应的力密度的和，即

$$d_{ii}=\sum_m q_m$$

其中，m 为与节点 i 相关联的单元编号，q_m 为单元 m 所对应的力密度。

对于第 i 行、第 j 列元素 d_{ij}，如果节点 i 与节点 j 有单元关联，则该数值为 $-1\times q_{ij}$，即为关联单元 $\overline{ij}$ 的力密度的负值；如果没有单元关联，则该数值为 0。根据节点的关联关系，以及结构的拓扑规律，可以知道，力密度矩阵 $\boldsymbol{D}$ 为对角占优的稀疏矩阵，可以应用稀疏矩阵的存储结构和求解算法。本章采用了基于一维变带宽的存储结构和方程求解算法编制了相应的找形程序。对力密度矩阵 $\boldsymbol{D}$ 的下三角部分进行一维变带宽格式的存储，如图 8-3 所示体系的力密度矩阵 $\boldsymbol{D}$ 中的元素在一维数组中的编号如下

$$\begin{bmatrix} 1 & & & & \\ 2 & 3 & & \text{对称} & \\ & 4 & 5 & & \\ 6 & 7 & 8 & 9 & \\ 10 & 11 & 12 & 13 & 14 \end{bmatrix}$$

根据表达式，$\boldsymbol{D}_f=\boldsymbol{C}^{\mathrm{T}}\cdot\boldsymbol{Q}\cdot\boldsymbol{C}_f$，得到 $\boldsymbol{D}_f$ 的符号表达式为

$$\boldsymbol{D}_f=\begin{bmatrix} -q_1 & 0 & 0 & 0 \\ 0 & -q_2 & 0 & 0 \\ 0 & 0 & -q_3 & 0 \\ 0 & 0 & 0 & -q_4 \\ 0 & 0 & 0 & 0 \end{bmatrix} \tag{8-19}$$

对于矩阵 $\boldsymbol{D}_f$，该矩阵的数值主要取决于约束点与单元的关联关系。例如，对于第 i 行、第 j 列元素 $\mathrm{d}f_{ij}$，如果节点 i 与节点 j 有单元关联，并且关联的单元为 $\overline{ij}$，则该数值的绝对值为单元 $\overline{ij}$ 所对应的力密度的值，正负号取决于单元节点的主次编号；如果没有单元关联，则该数值为 0。

8.3 施工过程模拟计算与控制

8.3.1 张拉过程的模拟计算方法

结构在不同的施工阶段有不同的结构形态和不同的受力状态，即在每个施工阶段结构的几何形态、边界条件、荷载状况等均不同。在施工成形阶段，结构后期的内力、形态与前期结构的施工状况密切相关，前期施工产生的一系列结果，如内力的变化、位移的变化、安装误差的累积都会影响到下一步的施工状态。

张拉结构的结构刚度和最终成形形状与其施工过程中预应力的施加方法、施工张拉过程及预应力的分布直接相关。施工过程中预应力施加成功与否直接关系到结构成形的成败。不同类型的张拉结构在施工过程中预应力的施加与控制方法不同，有时甚至差异很大，但终态的施工控制目标是相同的，即应达到理论设计的预应力分布状态和几何形态。

考虑施工过程的计算方法可避免这些误差的产生，通过对施工过程的各个阶段逐一进行跟踪分析，确定结构在这一过程中内力、位移的变化，并且控制其变化的幅度，防止产生突变。目前，常用的施工模拟方法有前进分析法和倒退分析法（或逆向计算法）两种[15]。

由于张拉结构的预应力分布与结构的几何形状相互密切关联，因此，在张拉结构的施工张拉过程中，必须同时控制张拉结构预应力的输入和结构的形态。考虑到对施工设备要求高且节省施工费用，预应力空间结构在实际施工中一般不采用整体张拉方法，而是采用分组分批张拉、逐步调整张力的施工方法，这样设备简单且易于操作。分组分批张拉施工方法的优越性在于施工工艺简单，但必须考虑以下问题：①分批张拉时，后批索张拉必然会造成前面所有批索实际张力发生改变；②当最后一批索张拉完毕时，除最后一批索外，所有索的实际内力值均不是施工时的张力控制值，即几乎所有的索由于张拉施工的原因，其初始内力都发生了变化，变化的多少取决于索分批张拉的步长以及分批张拉方案。

预应力空间结构中有许多与刚性构件相连接的索，这些索分成若干个组，其中每组索包含同时张拉施工的索，各组索的划分应根据结构索的分布情况以及施工的实际情况而定。逆向计算法是针对预应力空间结构施工张力控制值计算和结构在施工期间的受力分析而提出的一种力学分析方法[16]。计算目标是依据索张力设计值，根据张拉的实际情况，计算张拉各阶段中索的施工张力控制值，以使张拉工作全部完成时，各组索的实际内力恰好等于其张力设计值。即采用分组分批张拉施工方法，却不必在施工过程中调整张力，从而提高工作效率和降低施工费用。

8.3.1.1 前进分析法

（1）前进分析法的基本原理

前进分析法是指按照施工加载顺序来进行结构分析的方法，它模拟实际的施工过程，可以依次计算各个施工阶段的内力和位移。这种计算方法的特点是：随着施工阶段的推进，结构形式、边界约束、荷载情况在不断地改变，前一阶段结构状态将是本次施工阶段结构分析的基础。

对于张拉结构采用前进分析方法，只能分析结构从初始状态变化至工作状态（即荷载状态）的力学过程。张拉结构的成形过程是一个由不完全的结构逐步到完全结构的变化过程，严格的施工过程模拟计算方法应当完全按照实际的施工过程，根据每个施工阶段荷载对不完全结构的"贡献"（主要反映在结构的总刚矩阵的变化中），建立并修正计算模型，依次计算不完全状态下结构的内力、变位等。当最后结构完全成形后，即分析得到施工完毕后结构的最终内力、变位。

文献［15］提出了修正循环迭代的方法以确定结构零应力状态几何，采用控制索应力的方法对结构进行几何非线性迭代计算，即强制性地限定主动张拉索内力为固定值（设计值）进行计算。在迭代过程中，节点位置随着张拉进程不断变化，为了满足预张力值固定的条件，主动张拉索索原长相应不断变化，因此，主动张拉索索原长为未知量，需根据现时节点坐标和张力值求出。该方法需要不断确定张拉索索原长，迭代修正系数λ确乏理性的分析。

文献［16］基于有限位移理论，提出了利用循环前进分析法，按照实际施工顺序进行前进分析。以初应变增量调整索力的方法进行循环迭代，能够精确计及结构的几何非线性、后批预应力筋张拉对前批预应力筋张力的损失以及其他因素的影响。用该方法获得的施工初始索力进行施工，设计索力易于保证。但循环前进分析法每调整一次初始应变，就要进行一次施工过程的循环计算，初应变增量法收敛速度较慢，计算量比较大，该方法没有对线形进行控制。

结构的设计几何一般是建筑确定的，根据设计几何所建立的有限元模型在恒载或预应力的共同作用下，会产生一定的变形，特别是分阶段施工的结构，其成形态有可能与设计几何偏差较大。上文所提的前进分析法或倒退分析法都无法考虑这种形态误差。从施工控制的角度而言，我们希望结构施工完毕后的成形态与设计几何一致。文献［17］提出了改进的循环前进分析法，提高了迭代收敛速度，并增加了线形修正模块，从而能很好地控制结构线形、确定构件的下料长度，保证结构的成形态与设计几何一致。

(2) 前进分析法的计算步骤

假定结构分n个单元块，施工分1，2，……，n个阶段完成。则不完整结构在每个施工阶段的有限元基本方程可分别表述如下。

在第1施工阶段：

$$K_1U_1 = P_1$$

在第2施工阶段：

$$(K_1 + K_2)U_2 = P_2$$

$$\cdots\cdots$$

在第n施工阶段：

$$(K_1 + K_2 + \cdots + K_n)U_n = P_n$$

其中，K_i为第i施工阶段时结构的总刚度矩阵；U_i为第i施工阶段时结构的位移向量；P_i为第i施工阶段时结构的节点力向量。

结构的最终变位为

$$U = \sum_{i=1}^{n} U_i \tag{8-20}$$

结构的最终内力为

$$N = \sum_{i=1}^{n} N_i \tag{8-21}$$

其中，U 为节点变位向量；N 为结构杆件内力向量；N_i为第 i 施工阶段时不完整结构中杆件的内力向量。

常规的设计计算公式没有考虑施工过程中状态变量的逐步叠加，而分阶段的状态变量叠加法充分考虑了分阶段施工工况的结构状态变量叠加过程。因此，施工阶段状态变量叠加法更能真实模拟施工阶段的实际工况，同时能够得出各个施工阶段的结构内力、位移和反力等状态变量，从而将结构在施工过程中的阶段性受力特性分析纳入了结构的设计过程中。因此，施工阶段状态变量叠加法比常规的设计方法更全面、更完善、也更安全。考虑到结构施工工况的复杂性及其对成型结构的影响，近年来国内部分大型空间建筑结构也将结构施工状态变量法纳入到结构设计阶段，安装方法由设计人员根据结构特点和现场实际情况并且经过结构施工工况验算等综合考虑来决定。考虑施工阶段的力学模拟是大型复杂空间结构分析和设计的一项重要内容。

8.3.1.2 逆向计算法

(1) 逆向计算法的基本原理

倒退分析法（或逆向计算法）指以结构成形阶段的内力、变形作为初始状态，按照施工流程的相反顺序对结构进行倒退计算，从而获得各施工阶段的控制参数。结构据此控制参数按正装顺序施工完毕时，在理论上结构的内力和几何线形便可达到预定的理想状态。这种计算方法一般也称为倒拆法。

逆向计算法针对分组分批张拉施工方法，索的分组与分批应根据结构中索的分布情况以及施工条件的实际情况而定。同一组索是指被同时张拉的若干根索；不同批次是指时间上的区分，即前一组索张拉并固定后再进行后一组索的张拉。逆向计算法的分析步骤顺序与施工顺序正好相反，即假定分析计算的第一状态是所有组索均被张拉到各自的张力设计值，然后按索张拉施工的逆向顺序逐一放松各组索直到第一批次的索，在此过程中逐一计算各组索中主动索的施工张力控制值。

文献［18］针对预应力空间结构提出了逆向计算法，假定计算分析的第一状态是所有组索均被张拉到各自的张力设计值，然后按索张拉施工的逆向顺序逐一放松各组索直到第一批次的索，在此过程中逐一计算各组索中主动索的施工张力控制值。该方法能计算预应力空间结构中索的施工张力控制值，当采用分组分批张拉施工方法时，每批索只要一次张拉到计算所得的施工控制张力值即可，当最后一批索张拉完毕，所有索的实际内力将达到它们各自的张力设计值。

文献［19］结合上海新国际博览中心一期工程展厅预应力抗风支撑中垂直拉杆的特点和分节段张拉的施工方案，提出了用逆序法和叠加法进行施工节段的计算，从而确定各节段各杆件的张拉控制力。

文献［20］对索穹顶结构进行了施工控制反分析，较好地给出施工各个阶段的理想状态，但计算中需要根据几何关系确定松弛索的刚体位移，为了避免刚度矩阵奇异，还需引入中间约束状态。

文献［21］从形态分析理论出发，运用非线性有限元和非线性力法分析理论，采用倒退分析方法，模拟索穹顶结构的施工成形过程，确定结构零应力状态及其下料尺寸，但分析过程包含了机构位移和弹性变形耦合的计算，需要采用机构学分析方法。

倒退分析法亦有其局限性，主要有以下两方面：

1）倒退分析法原则上无法考虑预应力索松弛的影响，因为预应力索松弛与结构的形成历程有密切关系。

2）倒退分析法以结构成形阶段的内力、变形作为初始状态，无法消除成形后结构因重力影响而引起的挠度；对于需要考虑非线性影响的结构，一般需要通过前进分析和倒退分析多次计算才能得到结构理想几何线形和内力状况。

(2) 逆向计算法的计算步骤

采用逆向分析法，首先需要确定合理的逆向拆分顺序。确定逆向分析法的合理施工顺序的基本原则为：

1）每拆一步，剩下的未拆结构部分应当是几何不变、能够承受外荷载的结构体系；

2）每拆一步，索的预应力变化不能超过预应力索的设计控制张拉力（在实际预应力钢结构施工过程中，通常取 $F_{con}=(0.2\sim0.4)\cdot A_0 f_{ptk}$）；

3）结构在施工过程中仅发生弹性变形和刚体位移，即结构具有良好的保守性，即拆卸路径对应的应力状态和几何状态具有原位可恢复性。

由于满足限制条件的施工步骤有许多种，因此，用逆向分析法求得的解，常因倒拆顺序的不同而不同。因此，逆向分析方法的解不惟一。

假定预应力张拉结构中有 n 组索分为 n 批张拉，经过一个循环达到设计索力。则逆向分析法的基本计算步骤如下：

1）将各组杆件初始力设置为设计值；

2）拆除第 n 步施工张拉的构件单元，计算其余 $n-1$ 步已张拉构件所组成的结构体系的内力和位移；

3）重复第 2）步骤，直到拆除第 2 步施工张拉的构件单元，计算第 1 批已张拉构件组成的结构体系的内力和位移；

4）输出各张拉阶段结构体系的内力和位移计算结果。

8.3.2 张拉过程的主要控制参数和控制原则

在实际施工中，结构的实际状态与其理想状态无法实现完全吻合，两者之间存在着一定的误差，如何准确有效地对结构实际状态进行估计和预测是施工控制的重要内容。但是在实际施工中，会受到许多确定性的或者非确定性因素的影响，结构的实际状态很难达到它的理想状态，与理想状态总是存在一定的误差，必须采取一定的理论和方法来分析和调整这些误差。从现代工程学角度出发，可以把大跨度结构的施工看作为一个复杂的动态系统，运用现代控制理论，根据结构理想状态、现场实测状态和误差信息进行误差分析，并制定可调变量的最佳调整方案，指导施工现场调整作业，使结构施工的实际状态趋于理想状态。在此基础上，可以根据当前施工阶段结构的实际状态进行前进分析至结构成形，预告今后施工可能出现的应力和变形状态，这就是施工控制的两大任务：即结构的前期预报和后期调整。为了完成施工控制的两大任务，必须以现代控制理论为基础。目前施工控制采用的理论和主要方法主要有 Kalman 滤波法、灰色系统理论法、最小二乘法等。文献[17] 研究了 Kalman 滤波法在大跨空间钢结构施工控制中的运用。同时，结合具体工程建立网架整体提升的 Kalman 数学模型，对提升过程进行了估计和预测。但是，观测的精度决定了线性滤波的精度，当观测误差较小时，滤波值与观测值基本重合，即结构的真实状态与观测所得的状态一致。相反，当观测误差较大，观测值与滤波值将产生较大的偏离。施工的精度决定了预测估计的精度，当施工精度提高后，预测值与滤波值较好地吻合，可以较准确地预测结构下阶段的施工状态。当施工精度和观测精度满足一定要求时，Kalman 滤波法可以很好地对结构状态做出估计与预测，从而有效地进行施工控制。

误差最优控制状态识别后，当发现结构的实际状态与理想状态产生偏离并超过允许范围时，可以利用结构中可调变量进行调整，使控制变量的偏差最大限度地减小，保证结构的最终状态最优地趋近理想控制目标。运用影响矩阵法进行最优控制的理论计算，再结合闭环控制系统。以误差绝对值之和最小为目标函数，考虑了多个控制目标的误差，通过实时对结构状态的估计、预测和误差分析，可有效地进行施工控制。

柔性大跨钢结构施工控制的目的在于确保结构施工过程中和完成后结构应力和变形在设计许可范围内；确保施工过程中结构的几何形态，为后续工种施工创造良好条件；确保建筑完成并承担设计荷载后，其几何形态符合设计要求，建筑功能正常发挥。因此，形态控制和应力控制是柔性大跨钢结构施工控制的两个最基本要求，其控制原则一般是确保结构形态符合设计要求，结构应力在安全范围内。

施工中应根据结构本身的特性和施工方法的不同，采用相应的控制策略。对于非预应力或部分预应力的大跨钢结构而言，构件施工阶段的内力，特别是与已有结构相连成为整体后，一般很难通过各种调整手段改变其内力，应以形态控制为主，应力控制为辅。应力控制可以通过上文介绍的方法进行施工模拟，从而获得结构各个施工阶段的结构应力。当发现某些构件的施工应力偏大时，可事先进行局部加固，或者改进施工方法；施工时对关键截面的应力进行跟踪监测，如发现问题则立即停工，分析原因后采取有效措施，方可进行下一阶段的施工，这样就可以有效地控制结构的施工应力。对于预应力钢结构，如果索力的微小变化会引起挠度较大的变化，拉索张拉时应以形态控制为主。相反，若结构刚度较大，拉索索力变化很多，结构的挠度变形却非常有限，施工中应以拉索的控制张拉力进行控制，然后根据标高的实测情况对索力作适当的调整。为了得到理想的结构最终状态，合理的施工控制策略以及根据现场监测数据进行修正张拉过程也是至关重要的，这对于具体的张拉结构以及具体的张拉过程要具体分析和设计。

8.4 预张力的检测

8.4.1 概述

钢缆索索力测量是工程界的一个难题。目前，常用于钢缆索索力测量的方法有压应力法和弦振法。另外，磁弹法作为一种新方法，是一种长寿命、高精度和低成本的检测方法，已初步应用于实际工程。对于膜内张力的测量，有人利用弦振法进行有意义的探索，但是，至今仍没有能够为工程所用的检测方法。本节重点介绍比较成熟的索内力的检测手段和方法[22-24]。

8.4.2 油压表读数法

该方法的原理是根据张拉索时，油泵上油压表的读数来推算张拉千斤顶的张拉力，并认为千斤顶的张拉力就等于拉索索力。用该方法测定拉索索力时，事先要对张拉拉索的液压系统进行标定，建立油压表读数与千斤顶张拉力之间的对应关系。油压表读数法适合于施工阶段拉索张拉的同时确定张拉索索力的大小，对于成形后的张拉结构该方法就不合适了。该方法主要应用于桥梁结构的斜拉索的施工张拉过程中的索拉力的测量。

8.4.3 压应力法

利用压应力法测量拉索索力时，将圆环形弹性材料和应变传感材料组合成穿心式压应力传感器安装在拉索锚具和索孔垫板之间（如图 8-4 所示），拉索张拉时，锚具和索孔垫板之间的弹性材料受到压力作用，并产生形变，此时，通过附着在弹性材料上的应变传感材料，将弹性材料的变形转换成可以测量的电信号或者光信号，输入给信号接收系统，系统仪表再通过二次转换，输出为测量的索力。

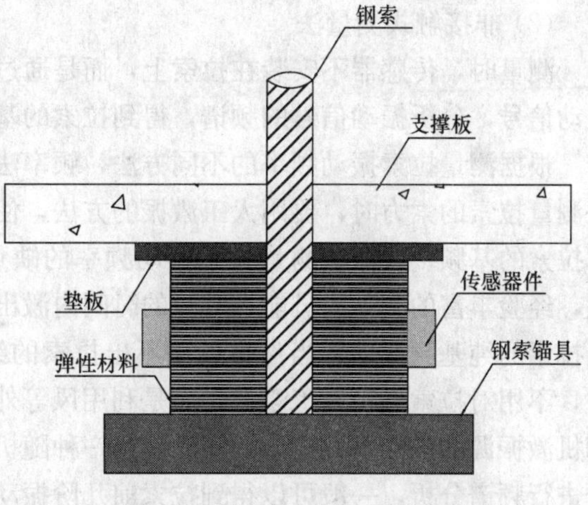

图 8-4 压力应变计原理示意图

用电阻应变式传感器测量拉索索力，其测量原理和索力的计算公式相对简单，测量系统的构成也不复杂。但是，因为应变片的电阻-应变特性易受环境影响，如温度变化会引起电阻材料特性曲线的零漂移，这将导致索力测量结果也产生相应较大的漂移。采用压应力法测量索力，必须将传感器安装在拉索锚具与索孔垫板之间，所以一般用它来测量拉索施工阶段的索力。如果要长期监测索力变化，就必须在结构建造期间预先安装压力传感器。由于弹性材料在索力长期作用下容易出现疲劳损坏而失效，所以这种监测方法的寿命不长，一般在半年到一年之间。另外，压力传感器的价格相当高，特别是大吨位的传感器就更贵，这将增加索力监测系统的成本。

8.4.4 弦振法（频率法）

18 世纪初英国科学家泰勒（Taylor）获得弦振动频率 f 的计算公式，即对于线密度为 ρ 长度为 l 的不可伸长的弦，在轴向张力 T 的作用下，在平面内做简谐振动时（如图 8-5所示），弦的固有振动频率 f_1^e 和张力 T 有如下关系

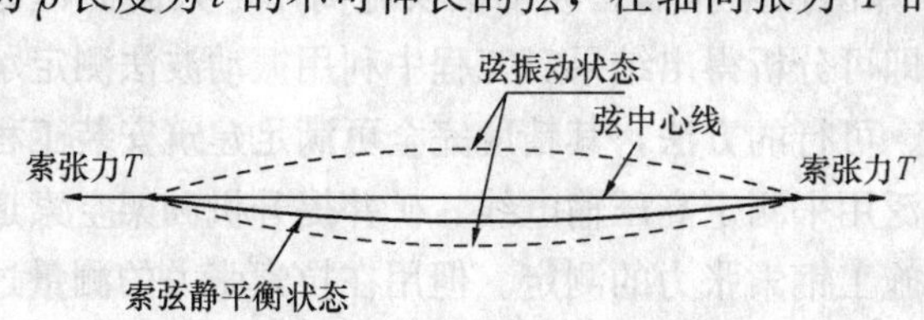

图 8-5 索弦振动示意图

$$f_1^e = \frac{1}{2l}\sqrt{\frac{T}{\rho}} \tag{8-22}$$

由式（8-22）可知，只要测得拉索的固

有振动频率，就可以计算拉索索力。频率法测量索力是目前广泛应用于斜拉桥索力测量的一种方法。根据测定拉索振动时不同的激励方法，频率法又可以分为人工激励法和随机激励法。采用人工激励法测量拉索振动频率时，要用人工激振的方法（跳车法或偏心机）使拉索做单一的基频振动；采用随机振动法测量拉索振动频率，是利用风、桥面振动等随机激振源作为拉索的激励。然后，通过传感器获取拉索在人工激励和随机激励下的振动信号，通过频谱分析仪对振动信号的频谱进行分析，得出拉索的基频，或者通过拉索前几阶振动频率，计算得到基频。根据获取拉索振动信号的传感器位置的不同，频率法又可以分为接触式测量和非接触式测量两类。

（1）接触式测量

将传感器直接安装在拉索上采集拉索振动信号。传感器将拉索振动信号转换成电信号，通过频谱分析仪记录和分析拉索振动信号的频谱，从中得到拉索振动的基频。

（2）非接触式测量法

测量时，传感器不安装在拉索上，而是通过激光传感器或者声发射传感器获得拉索的振动信号，分析振动信号的频谱，得到拉索的基频。

根据测量拉索振动频率的不同方法，频率法又可分为共振法和随机振动法。采用共振法测量拉索的索力时，要用人工激振的方法，使拉索做单一的基频振动，然后用频率计测出拉索的基频。共振法测量拉索振动频率的缺点是测量结果的准确性与操作者的经验有关，经验丰富的测试人员能在较短的时间内激出拉索的纯基频振动，而一般人员往往激不出拉索的纯基频振动，当然也就测不出拉索的纯基频。用随机振动法测量拉索振动频率时，不用对拉索进行人工激振，而是利用风等外界环境随机激振源对拉索的激励。在环境随机激振源的激励下，拉索的振动也是一种随机振动，可利用频谱分析仪对拉索的随机信号进行频谱分析，一般可以得到拉索前几阶振动频率。利用环境随机振动法测量拉索的振动频率具有不需要对拉索进行人工激振、测得拉索振动频率准确可靠等优点。通过频谱分析，根据功率谱图上的峰值可判定其各阶频率，得到频率后即可据此求算索力。

频率法是目前应用最广的索力测量方法。但频率法的首要问题在于拉索的基频很难从现场的噪声中提取出来，往往需要有经验的工程师在现场进行多次测试，然后结合经验，用人工的方法初筛选出较好的频率信号，再进行分析。这样的方法不仅耗费人力物力，同时也很可能使测量结果产生人为误差，影响测量精度。另外，采用频率法测量索力时，无论是采用附着在拉索上的加速度传感器或者别的方法，成本都较高。

8.4.5 波动法

该方法根据应力波在拉索中传播波速与拉索张力的关系，先测出激励脉冲与反射波之间的走时时差确定波速，便可根据公式计算出拉索张力。波动法实施简单，只需力锤敲击，击起应力波，由测出的应力波传播图即可分析得出结果。工程中利用振动波法测定承载索的张力，是目前国内外一种比较简便、可行的方法，其精度完全可满足建筑安装工程的实际需要。此方法在国外工程中已被广泛用来测定高压输电线、矿井提升机和架空索道等拉索的张力，国内已成功地用在斜拉桥施工钢索张力的测定。但用在拉索张力的测量过程中，由于拉索处于自然激励或工况激励之下，振动噪声很大，有时甚至大于被测应力波信号。要想准确得到拉索张力，必须从受随机振动信号干扰的信号中精确分离出应力波脉冲信号。选择一种适当的滤波方法是波动法测量拉索应力的关键。

8.4.6 磁弹性法（或磁通量法）

磁弹性法的基本原理是，铁磁材料在受到应力的条件下磁特性会发生变化，这一变化特性称为磁弹效应。可以通过对磁特性的测量，根据磁特性与应力之间的相互关系，计算铁磁材料所受的应力。这种方法在国外已用于各种结构的应力测试，获得了较好的效果。而在我国目前还很少见到有关文献报道。磁弹性法是测定斜拉桥索力、监测拉索锈蚀的非破坏性方法。利用放在索中的小型电磁传感器，测定磁通量变化，根据索力、温度与磁通量变化的关系，推算索力。磁弹性法是一种新型的钢结构应力检测方法[24,25]。

虽然磁弹性法也存在测量过程很繁琐等一些固有弱点，但其测量装置往往成本低、不易损坏，有着很长的使用寿命。随着经济的进一步发展，必然有更多的大型建筑需要低成本的检测方案，因此，从长远看，磁弹性法是最具有潜力的一种索力检测方式。

近年来，国际上对磁弹法测量钢结构应力的主要研究集中在斯洛伐克、日本和美国等一些研究机构里。主要有日本计测研究发展部门的苏米特洛（Sumitro）、捷克夸美纽斯大学土木与材料系的安德瑞·杰鲁塞维克（Andrej Jarosevic）和美国伊利诺斯大学的王（M L. WANG）。国内的部分高校也开始了磁弹性传感器的相关研究工作，并取得了一定的成果。

目前开发的磁弹性传感器主要有套筒式传感器和U型传感器两种。事实上，在磁弹法测量索力的过程中，传感器件是被测元件本身，严格意义上不能叫做传感器，但为了叙述方便，仍将测量铁磁材料的附加元件称为传感器。

安德瑞·杰鲁塞维克等人开发了一种套筒式的磁弹性传感器。该磁弹传感器内部由两个同轴的线圈构成，一个线圈为主线圈，其作用是励磁，另一个线圈为感应线圈，其作用是读出感应信号。传感器外部用铁壳尽量密封，以减少漏磁。整个线圈在使用时需要套到被测的钢缆或者钢棒上。这种传感器的优点是结构简单，测量结果精确，适于正在施工的结构测量，缺点是无法在已施工完成的建筑中使用。

在此基础上，为了监测已施工完成的建筑中的铁磁材料应力情况，又开发了现场绕制的磁弹性传感器。此类传感器和上述的套筒式传感器在原理上是一样的，不过为了能在已施工完成的建筑中使用，这种传感器的线圈是现场绕制的。由于现场绕制的线圈稳定性和可靠性不如预先绕制的线圈，这种方式的传感器在精度上要比预先绕制线圈的传感器要差。

为了解决磁弹传感器的安装问题，王等人开发了U型的磁弹传感器，该传感器可以检测20mm以下钢索或钢棒的应力。该类传感器的突出优点是安装方便，由于该传感器有U型的开口，因此无需套入被测对象，只需找到合适位置并固定。但是，这类传感器也有其缺点，磁路设计比较复杂，有漏磁和外界磁场干扰问题，测量精度也不如套筒式传感器。此外，斯洛伐克还开发出了用于锚头位置的多钢缆磁弹性传感器。

参 考 文 献

[1] 张其林. 索和膜结构[M]. 上海:同济大学出版社,2002.

[2] H. A. Buchholdt. Introduction to Cable Roof Structures. Cambridge：The University Press，1985.
[3] F. Otto. Tensile Structures. Cambridge：MIT Press，1971.
[4] K. J. Bathe. Finite Element Procedures in Engineering Analysis. Prentice-hall，Inc，1982.
[5] 沈世钊. 大跨空间结构的发展——回顾与展望[J]. 土木工程学报. 1998，3(3)：5-14.
[6] S. Pellegrino. A Class of Tensegrity Domes. Int. Journal of Space Structures. Vol. 7，No. 2，1992. 127-142.
[7] 张其林，罗晓群，杨晖柱. 索杆体系的机构运动及其与弹性变形的混合问题[J]. 计算力学学报. 2004，21(4)：470-474.
[8] J. H. Argyris，T. Angelopoulos and B. Bichat. A General Method for the Shape Finding of Lightweight Tension Structures. Comput. Meths. Appl. Mech. Engrg. No. 3，1974. 135-149.
[9] E. Haug，G. H. Powell. Analytical Shape Finding for Cable Nets. IASS Pacific Symp. Part Ⅱ on Tension Structures and Space Frames. Tokyo and Kyoto，1972. 83-92.
[10] H. J. Sheck. The Force Density Method for Form Finding and Computation of General Networks. Comp. Meth. Appl. Mech. Eng. No. 3，1974. 115-134.
[11] W. J. Lewis，M. S. Jones and K. R. Rushton. Dynamic Relaxation Analysis of the Non-linear Static Response of Pretensioned Cable Roofs. Computers and Structures，Vol. 18，No. 6，1984. 989-997.
[12] W. J. Lewis，T. S. Lewis. Application of Formian and Dynamic Relaxation to the Form-finding of Minimal Surfaces. IASS Vol. 37，No. 122，1996. 165-186.
[13] M. Barnes. Form and Stress Engineering of Tension Structures . Structural Engineering Review，Vol. 6，No. 3-4，1994. 175-202.
[14] 王春江. 索膜结构分析方法与应用技术的研究[R]. 上海交通大学博士后研究工作报告，2003.
[15] 卓新，董石麟. 施工阶段内力与变位叠加法及其应用[J]. 浙江大学学报(工学版). 2003，37(5)：556-559.
[16] 李永梅，张毅刚，杨庆山. 索承网壳结构施工张拉索力的确定[J]. 建筑结构学报. 2004，25(4)：76-81.
[17] 陈胜利. 大跨空间钢结构施工控制技术研究[D]. 东南大学硕士学位论文. 2005.
[18] 卓新，毛海军，董石麟. 预应力空间结构施工控制张力的逆向计算法[J]. 施工技术. 2004，33(11)：4-5.
[19] 吕方宏，沈祖炎. 修正的循环迭代法与控制索原长法结合进行杂交空间结构施工控制[J]. 建筑结构学报. 2005，26(3)：92-97.
[20] 袁行飞，董石麟. 索穹顶结构施工控制反分析[J]. 建筑结构学报. 2001，22(2)：75-80.
[21] 罗尧治，沈雁彬. 索穹顶结构初始状态确定与成形过程分析[J]. 浙江大学学报(工学版). 2004，38(10)：1321-1327.
[22] 崔玉亮，邓铁六，于凤. 谐振式传感器理论及测试技术[M]. 北京：煤炭工业出版社，1997.
[23] 黄长艺，严普强. 机械工程测试技术基础[M]. 北京：机械工业出版社，1998.
[24] 郝超等. 斜拉桥索力测试新方法——磁通量法[J]. 公路. 2000，11：12-14.
[25] 唐德东，黄尚廉，陈伟民，等. 基于磁弹效应的温度补偿型单旁路励磁索力传感器研究[J]. 传感技术学报. 2007，(6)：1240-1244.

9 计算多体动力学初步及其在施工过程模拟中的应用

9.1 多体动力学基本概念

传统的结构工程领域几乎不涉及机构动力学问题，机构动力学是机械学的内容。随着结构工程的发展，将一般动力学理论引入结构工程领域是必然的发展趋势。近年来，大型复杂钢结构的应用越来越多，其中的技术关键之一就是复杂钢结构的施工技术及其控制技术。大型钢结构施工过程存在大量动力学过程，如结构构件的吊装过程、大型结构的滑动过程、大型结构的提升或顶升过程等，这些安装过程均是由安装设备与钢结构所组成的系统的动力学过程，是一种典型的复杂动力学过程。深入分析这些动力学过程，实现包括安装设备与安装结构在内的结构施工系统的动力学数值模拟，是大型钢结构施工的关键技术之一，同时也是大型钢结构工程施工过程控制必需的技术。

多体系统（Multibody System）的分析对象是由各交互作用的物体所构成的力学系统，分析内容是多体系统的运动学与动力学。多体系统作为一个一般术语涵盖范围很广，如机械装置、飞机、汽车、船舶、机车、建筑施工机械、机器人、航天器、生物力学系统（包括人类自身结构系统）等，都属于多体系统的分析范围。建筑施工过程包含大量的运动学与动力学过程，同样属于多体系统的分析范围。多体系统的运动学与动力学也是计算机辅助设计 CAD（Computer Aid Design）及 MCAE（Mechanical Computer Aided Engineering）的一个重要组成部分。

9.1.1 多体系统与铰接点

多体系统是 2 个或 2 个以上相互关联的刚体的集合。多体系统中刚体之间的连接允许刚体的相互运动，称为运动副（kinematic pair）或铰点（joint）或铰接点，也可简单地称为多体系统的节点。多体系统中的刚体称为单元（element）。一个铰点允许某些相对运动，限制其他的相对运动。

在平面多体系统中，最常用的铰接点为旋转铰（revolute joint）和棱柱铰（prismatic joint）。旋转铰只允许一个方向的相对旋转运动，常记为 R 铰；棱柱铰允许一个方向的相对位移，记为 P 铰。

对三维多体系统，存在数量更多的铰接形式，常用的铰为圆柱铰（cylindrical joint），记为 C 铰；球形铰（spherical joint），记为 S 铰；万能铰（universal joint），记为 U 铰；螺旋铰（helical joint），记为 H 铰。比较特殊的铰接点还有，齿轮铰（gear joint），记为 G 铰；滚动铰（track-wheel rolling contact），记为 W 铰。

图 9-1 给出了三维情形下，典型铰接点的三维模型。

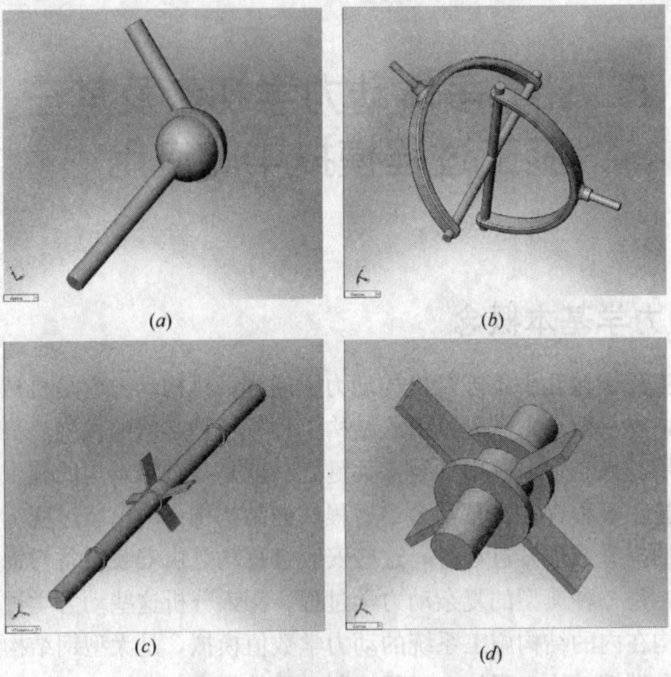

图 9-1 典型铰接点的三维模型

(a) 球形铰的三维模型；(b) 万能铰的三维模型；(c) 圆柱铰的三维模型；(d) 旋转铰的三维模型

一个多体系统就是多个刚体（也可以是可变形的弹性体，本节主要分析对象仅限于刚体，因考虑弹性变形的多体系统，分析过程将非常复杂）通过各种铰连接形成的机械（机构）系统。图 9-2 给出了某结构施工过程中，典型的常用吊装设备——起重机——及吊装子结构的动力学模型。

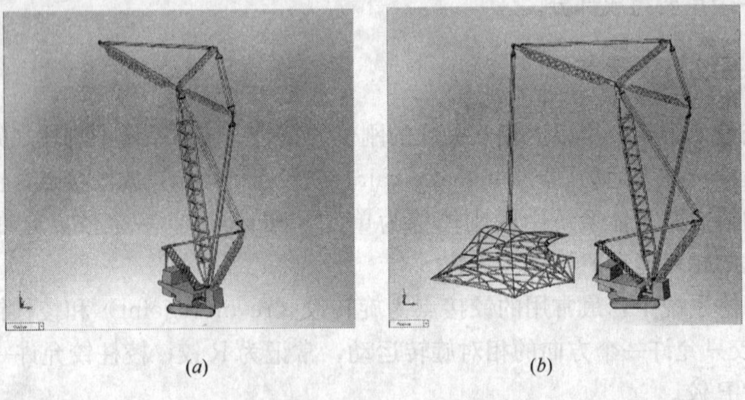

图 9-2 钢结构施工过程中常用的吊装设备——起重机及吊装子结构的三维动力学模型

(a) 起重机三维动力学模型；(b) 起重机与子结构系统的三维动力学模型

多体系统的刚体单元，也可以通过传递作用力的单元（称之为力元）连接在一起。典型的力元包括弹簧、减振器、阻尼器等。

一个多体系统可以划分为开环系统与闭环系统。如果多体系统不存在一个循环的支路，该多体系统就称为开环系统，否则就称为闭环系统。

9.1.2 多体系统的描述方法

要完整描述多体系统，得到合适的多体系统运动学和动力学方程，最重要、最基本的方法是选择一组参数或坐标变量，通过参数或坐标变量确定任意时刻多体系统上任意几何点的位置、速度及加速度。目前，国际上有很多种不同的参数或坐标的选择方式[1,2]。对同一多体系统，采用不同的参数或坐标描述方法，最终得到的运动方程与动力方程形式不同，相应的求解过程的难易程度及求解效率差别也较大。

描述多体系统的常见方法是坐标方法，此时，采用坐标参数描述多体系统，即多体系统的位置向量用坐标参数来描述。采用坐标描述方法也有多种不同的参数形式，一种是采用独立坐标（independent coordinates）描述系统的运动，独立坐标的个数等于多体系统自由度数，所形成的运动方程和动力方程的个数都是最少的；另一种是采用非独立坐标（dependent coordinates）描述多体系统的运动，非独立坐标参数的数量大于多体系统自由度数，由于坐标变量的个数大于多体系统自由度的个数，因此，需要额外补充约束方程，约束方程描述非独立坐标相互之间的运动关系，约束方程的个数等于非独立坐标个数与系统自由度数之差。一般而言，约束方程是非线性的，它是多体系统运动学与动力学分析的核心问题之一。

目前，国际上的大量研究趋于表明，采用独立坐标描述一般的多体系统不甚方便，而非独立坐标比较适宜于描述复杂的一般多体系统。描述多体系统的最基本的要求是通过最终的运动方程能够惟一确定多体系统任意单元的位置向量、速度及加速度向量等未知量。由于独立坐标一般不是直接描述多体系统的所有单元的位置，通过所得的运动方程不能保证惟一确定单元的位置向量、速度向量及加速度向量。而采用非独立坐标，则完全可以惟一确定系统中任意单元的位置向量、速度向量及加速度向量。

非独立坐标描述方法又可以分为三种：相对坐标（relative coordinates）方法、参考坐标（reference coordinates）方法和自然坐标（natural coordinates，fully Cartesian coordiantes）方法。其中自然坐标方法是目前广泛接受的一种多体系统描述方法[1,2]。

9.1.3 多体系统动力学的求解

多体系统的求解包括运动学方程的求解及动力学方程的求解，大致可以分为以下类型。

9.1.3.1 运动学问题

多体系统运动学分析多体系统的位置和运动，不考虑引发位置变化的原因。输入单元是系统中位置和运动已知的单元，其他单元的位置和运动需要求解得到。具体包括：

(1) 初始位置问题（Initial Position Problem）

初始位置问题也称装配问题，指通过输入单元求得系统中其他单元的位置和运动。

(2) 有限位移问题（Finite Displacement Problem）

已知多体系统的一个固定位置和输入单元的有限位移，确定系统剩余单元的位置。

(3) 速度和加速度分析（Velocity and Acceleration Analysis）问题

已知多体系统所有单元的位置和输入单元的速度，速度分析要求确定多体系统中其他单元的速度以及其他所需要的几何点上的速度。

已知多体系统所有单元的位置、速度和输入单元的加速度，加速度分析要求确定多体系统中其他单元的加速度以及其他所需要的几何点上的加速度。

(4) 运动模拟 (Kinematic Simulation)

运动模拟提供多体系统整体运动分析。重点是有限运动分析，包括碰撞、轨迹分析等。

9.1.3.2 动力学问题

在求解动力学问题之前，认为运动学问题已解决，因而速度及加速度已求得。动力学问题的突出特征是动力学方程包含了多体系统间的作用力以及多体系统单元的各类惯性特征，如：质量、惯性张量、重心位置等。以下是动力学问题的进一步分类。

(1) 静平衡位置 (Static Equilibrium Position Problem)

静平衡位置问题求解多体系统的一个特定位置，在此位置上所有的重力、外力、弹簧力及作用力保持平衡。

(2) 线性动力学 (Linearized Dynamics)

线性动力学求解在相对静平衡位置产生振动所对应的振型及频率。首先在特定的位置上，对动力学方程线性化，然后进行求解。

(3) 正动力学问题（动力学模拟）(Forward Dynamic Problem, Dynamic Simulation)

正动力学问题根据给定的外力及初始条件，通过数值积分求解多体系统在给定时间范围内的运动，模拟多体系统运动的结果一般通过图形方式表现。

(4) 逆动力学问题 (Inverse Dynamic Problem)

逆动力学问题根据多体系统给定的运动及作用在各铰点上的反力，求解对应的驱动力或作用力。

(5) 弹性多体系统的正反动力学 (Forward and Inverse Dynamics of Elastic Multibodies)

前述多体系统均假定由刚体构成，即一个单元中任意两点不存在相对位移。在很多实际工程应用中，这一刚体假定是可行的。但在有些实际工程中，单元变形不能忽略，如钢结构施工过程中大量存在的吊装或提升过程，其中构件和结构的变形不能忽略，只有考虑这一变形，才能保证施工过程的顺利和安全。

(6) 冲击和碰撞 (Percussion and Impact)

冲击及碰撞都是一种数值巨大、持续时间极短的作用，两者主要区别在于冲击是作用力已知，且作用时间为无限小；碰撞包含物体剧烈的相互作用，其中至少有一物体表现为速度的急剧变化，如将其视为冲击过程，则冲击作用大小无法预测。

9.2 非独立坐标描述方法及相关约束方程

多体系统运动学与动力学描述的关键，就是如何选择描述系统的参数集合。参数集合决定了多体系统的运动学与动力学相关方程的属性，决定了方程的简单或难易程度，从而决定了求解效率。常用的三种笛卡尔坐标描述方法为相对坐标 (Relative coordinates) 法、参考坐标 (Reference point coordinates Cartesian coordinates) 法、自然坐标 (Natural Coordinates ）法。选择了参数集合之后，多体系统描述的最基本的一步就是建立参数之间必须满足的关系，可称之为约束方程。约束方程表达了描述多体系统的参数所必须满足的运动学及动力学所规定的约束条件。

自然坐标法以铰点或者其他重要几何点为参考点，能够保证所有单元至少具有 2 个几何点，任意单元的位置及方位可以由单元内的至少 2 个几何点的坐标完全确定，不需要额外的表示单元方位的角度参数。由于铰点通常至少属于 2 个以上单元共享，这样的坐标参数可以简化约束方程的形式。限于篇幅，本节仅介绍空间多体系统的自然坐标方法。

9.2.1 单元的刚体约束方程

自然坐标法通过基本点的坐标参数和固接于单元的单位向量完成对单元运动的描述。每个单元的运动都是通过基本点和单位向量定义的。在空间多体系统的建模过程中，有许多种组合来实现单元的定义。下面给出一些常用单元的刚体运动所对应的约束方程。

9.2.1.1 具有 2 个基本点的单元

图 9-3 所示单元可通过 2 个基本点定义，没有单位向量，因而，单元绕通过 2 个基本点的轴线的旋转运动不能定义。此时，在空间的任意位置，单元的运动具有 5 个自由度，考虑到单元具有 6 个自然坐标，因此，单元刚体运动必须有 6－5＝1 个约束方程。该约束方程就是 2 个基本点 i 和 j 之间的距离保持不变，它们可以使用相对向量的内积表示，即

$$\boldsymbol{r}^{ij}\cdot\boldsymbol{r}^{ij}-L_{ij}^2=0 \tag{9-1a}$$

其中，$\boldsymbol{r}^{ij}$ 表示相对位置向量。

上述向量内积方程可以写为分量形式

$$(x_i-x_j)^2+(y_i-y_j)^2+(z_i-z_j)^2-l_{ij}^2=0 \tag{9-1b}$$

该方程是自然坐标的二次方程。

9.2.1.2 具有 3 个不共线的基本点的单元

图 9-4 所示单元通过 3 个基本点完全定义了单元的运动。在空间的任意位置，单元的运动具有 6 个自由度，考虑到单元具有 9 个自然坐标，因此单元刚体运动必须有 9－6＝3 个约束方程。该约束方程就是 3 个基本点 i、j 和 k 之间的距离保持不变，可以用相对向量的内积表示，即

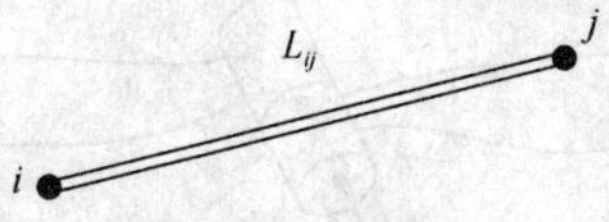

图 9-3　具有 2 个基本点的单元

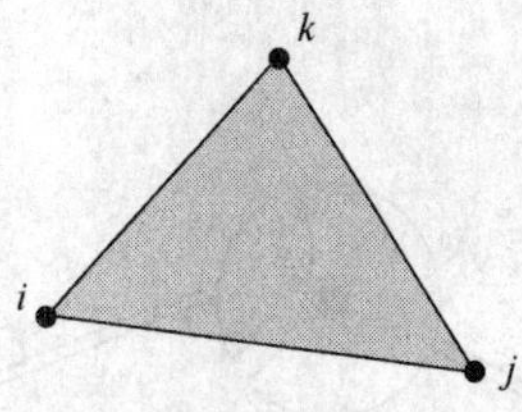

图 9-4　具有 3 个不共线的基本点的单元

$$\boldsymbol{r}^{ij} \cdot \boldsymbol{r}^{ij} - L_{ij}^2 = 0 \tag{9-2a}$$

$$\boldsymbol{r}^{jk} \cdot \boldsymbol{r}^{jk} - L_{jk}^2 = 0 \tag{9-2b}$$

$$\boldsymbol{r}^{ki} \cdot \boldsymbol{r}^{ki} - L_{ki}^2 = 0 \tag{9-2c}$$

其中，$\boldsymbol{r}^{ij}$、$\boldsymbol{r}^{jk}$、$\boldsymbol{r}^{ki}$表示相对位置向量。

该方程同样是自然坐标的二次方程。

9.2.2 铰点约束方程

上节针对多体系体的任意单元建立了保持刚体运动所必须满足的约束方程。多体系统除了满足这些约束条件外，还需满足由各种铰点所规定的相对运动条件，即铰点所对应的约束方程。对某些铰点不需要添加额外的约束方程，而另外一些铰点需要满足额外的必须的约束方程。下面是一些常见空间铰点的约束方程，包括球形铰 S、旋转铰 R、圆柱铰 C、棱柱铰 P 以及万能铰 U。

9.2.2.1 球形铰 S 对应的约束方程

图 9-5 所示为一个球形铰。球形铰并不需要添加任何约束方程，只要任意 2 个具有共同基本点的单元满足相关的刚体条件，刚体约束方程本身就会限制 2 个单元的运动，所允许的惟一运动就是 2 个单元对于该基本点的相对旋转运动，这种相对运动就是球形铰点所允许的相对运动。球形铰点对于空间多体系统所起的作用和平面旋转铰点对平面多体系统所起的作用完全一致。

在定义球形铰点时，只要对通过球形铰连接的 2 个单元进行约束即可，此时，只要对 2 个分别属于不同单元的基本点 i 和 j 坐标做如下约束就得到了球形铰，即

$$x_i - x_j = 0 \tag{9-3a}$$

$$y_i - y_j = 0 \tag{9-3b}$$

$$z_i - z_j = 0 \tag{9-3c}$$

9.2.2.2 旋转铰 R 对应的约束方程

图 9-6 所示为旋转铰。2 个单元拥有一个共同的基本点和一个共同的单位向量，如果单元已经满足刚体条件，此时，2 个单元之间所具有的惟一可能的相对运动就是绕单位向量的相对旋转运动。同样，当 2 个单元拥有 2 个共同的基本点时，如果单元已经满足刚体条件，此时，2 个单元之间所具有的惟一可能的相对运动就是绕通过 2 个基本点的轴线的相对旋转运动。与球形铰类似，在需要时，可以定义 2 个单元之间的旋转铰，只要使得分别属于不同单元的基本点的坐标和单位向量之间相等即可。

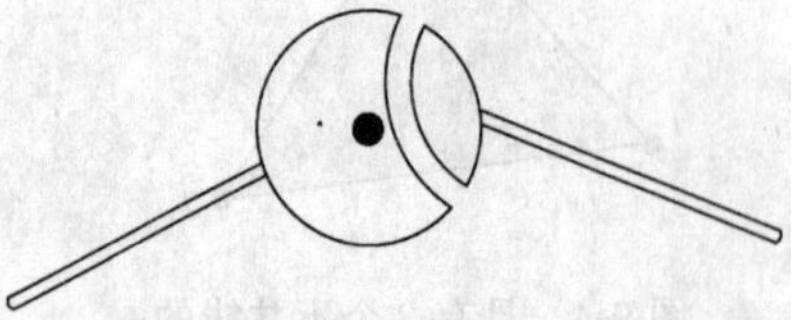

图 9-5 球形铰

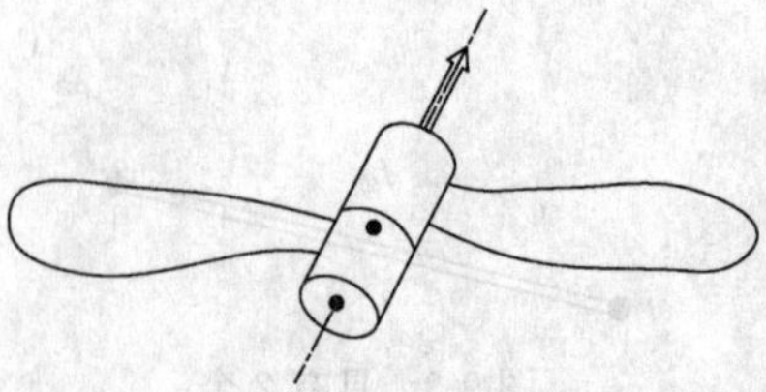

图 9-6 旋转铰

9.2.2.3 圆柱铰C对应的约束方程

圆柱铰限制单元之间4个自由度，因此需要4个约束方程定义圆柱铰。

图9-7所示的圆柱铰，2个单元共同拥有1个通过圆柱铰轴线的单位向量。圆柱铰必须满足的两个约束条件为位置向量 $\boldsymbol{r}^{ij}$ 与单位向量 $\boldsymbol{u}$ 平行，即其向量叉积为0。

$$\boldsymbol{r}^{ij} \times \boldsymbol{u} = 0 \tag{9-4a}$$

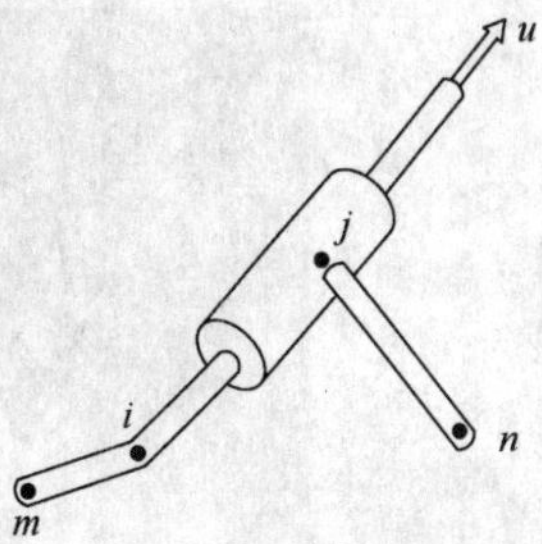

图9-7 圆柱铰

上述约束方程只有2个是独立的。

另外一个约束方程为

$$\boldsymbol{r}^{ij} - \alpha \boldsymbol{u} = 0 \tag{9-4b}$$

其中，α 为常数。

上述约束方程也只有2个是独立的。

9.2.2.4 棱柱铰P对应的约束方程

棱柱铰限制单元之间5个自由度，只提供1个相对运动的自由度，因此需要5个约束方程定义棱柱铰。

棱柱铰所必须满足的约束方程与圆柱铰几乎一样，圆柱铰所限制的自由度棱柱铰也同样限制。此外，棱柱铰还限制2个单元的相对转动。因此，只要在圆柱铰约束方程的基础上再增加限制相对转动的约束条件，即可得到棱柱铰的约束方程。因此，棱柱铰同样可以用图9-7的圆柱铰表示。

额外的约束方程，来自于2个分别属于不同单元的向量的夹角保持不变的条件，即向量内积为常数。相应的约束方程可写为

$$\boldsymbol{r}^{im} \cdot \boldsymbol{r}^{jn} - \alpha_1 = 0 \tag{9-5a}$$

$$\boldsymbol{r}^{im} \cdot \boldsymbol{r}^{kn} - \alpha_2 = 0 \tag{9-5b}$$

$$\boldsymbol{r}^{jm} \cdot \boldsymbol{r}^{kn} - \alpha_3 = 0 \tag{9-5c}$$

其中，α_1，α_2，α_3 为常数。

基本点分别属于相应的单元，如图9-7所示。如果向量间夹角为0，上述约束方程需要使用线性表示的方法定义。

9.2.2.5 万能铰U对应的约束方程

图9-8所示为万能铰。万能铰限制单元之间4个自由度，只提供2个相对运动自由度，因此，需要5个约束方程定义棱柱铰。向量 $\boldsymbol{u}^m$ 固接于线段（$i-j$）所属单元，并且垂直于线段（$i-j$）；类似地，向量 $\boldsymbol{u}^n$ 固接于线段（$j-k$）所属单元，并且垂直于线段（$j-k$）。2个单元共同拥有基本点 j。如果两个旋转轴线之间的夹角固定，则万能铰限制单元之间5个自由度，只允许1个自由度。

2个单元拥有共同的基本点提供了3个约束方程。单位向量 $\boldsymbol{u}^m$ 和 $\boldsymbol{u}^n$ 垂直提供了另外一个约束条件，即

$$\boldsymbol{u}^m \cdot \boldsymbol{u}^n = 0 \tag{9-6a}$$

如果2个轴线之间的夹角保持不变，则另外1个约束方程可以写为

$$\boldsymbol{r}^{ij} \cdot \boldsymbol{r}^{jk} - L_{ij} L_{jk} \cos\psi = 0 \tag{9-6b}$$

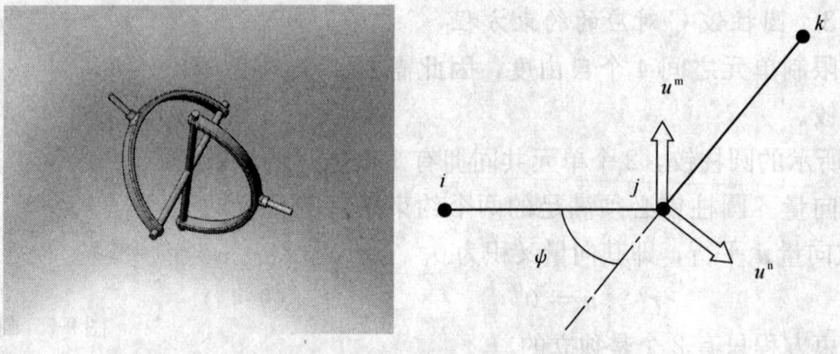

图 9-8 万能铰的铰接模型

如果夹角接近 0，此时，上述约束方程应该使用向量叉积的形式替代。

9.3 运动分析

应用自然坐标方法建立平面及空间多体系统的运动约束方程，就构成了运动学及动力学分析的基础。本节将阐述由约束方程出发解各种运动学方程的方法及算法，如初始位置问题、有限位移问题以及速度及加速度分析。其中初始位置问题、有限位移问题本质上是非线性方程组的迭代求解。

9.3.1 初始位置问题

初始位置问题就是在已知多体系统中根据输入单元位置，求出其他单元位置。初始位置问题在数学上就是在已知某些变量的情况下，求解约束方程。

对一般的多体系统，其约束方程形式如下

$$\boldsymbol{\Phi}(\boldsymbol{q},\ t)=\mathbf{0} \tag{9-7}$$

其中，$\boldsymbol{q}$ 是代表系统所含的非独立坐标的向量。

约束方程的个数至少应为方程中所含未知量即未知坐标的个数。约束方程的求解可采用 Newton-Raphson 迭代求解技术。Newton-Raphson 迭代方法在解的邻域内具有 2 次收敛速度，并且只要初始近似值足够好，一般不会在迭代计算中出现问题。

将式(9-7)在 $\boldsymbol{q}$ 的近似值 $\boldsymbol{q}_i$ 的邻域内按泰勒级数展开，得到约束方程的近似线性表达式

$$\boldsymbol{\Phi}(\boldsymbol{q},t)\cong\boldsymbol{\Phi}(\boldsymbol{q}_i)+\boldsymbol{\Phi}_q(\boldsymbol{q}_i)(\boldsymbol{q}-\boldsymbol{q}_i)=0 \tag{9-8}$$

式中，时间变量 t 被当作常数，不在微分运算中考虑。

$\boldsymbol{\Phi}_q$ 是约束方程的 Jacobian 矩阵。$\boldsymbol{\Phi}_q$ 可以写为

$$\boldsymbol{\Phi}_q=\begin{bmatrix}\dfrac{\partial\phi_1}{\partial q_1} & \dfrac{\partial\phi_1}{\partial q_2} & \cdots & \dfrac{\partial\phi_1}{\partial q_n}\\ \dfrac{\partial\phi_2}{\partial q_1} & \dfrac{\partial\phi_2}{\partial q_2} & \cdots & \dfrac{\partial\phi_2}{\partial q_n}\\ \cdots & \cdots & \cdots & \cdots\\ \dfrac{\partial\phi_m}{\partial q_1} & \dfrac{\partial\phi_m}{\partial q_2} & \cdots & \dfrac{\partial\phi_m}{\partial q_n}\end{bmatrix} \tag{9-9}$$

其中，m 是约束方程的个数，n 是非独立坐标变量的个数。

如果约束方程是独立的，则 $f=n-m$ 是多体系统的自由度个数。

由约束方程的近似线性方程(9-8)可以得到如下标准的迭代求解格式

$$\boldsymbol{\Phi}(\boldsymbol{q}_i)+\boldsymbol{\Phi}_q(\boldsymbol{q}_i)(\boldsymbol{q}_{i+1}-\boldsymbol{q}_i)=0 \tag{9-10}$$

由该迭代求解格式，可以得到满足精度要求的近似解 $\boldsymbol{q}_i$。

9.3.2 速度和加速度分析

多体系统速度和加速度的分析，是进行多体系统动力学分析的基础。

9.3.2.1 速度分析

上节给出的多体系统约束方程的一般形式为

$$\boldsymbol{\Phi}(\boldsymbol{q},t)=\boldsymbol{0} \tag{9-11}$$

对约束方程两边进行时间微分，得到如下方程

$$\boldsymbol{\Phi}_q(\boldsymbol{q},t)\dot{\boldsymbol{q}}=-\boldsymbol{\Phi}_t\equiv\boldsymbol{b} \tag{9-12}$$

其中，$\boldsymbol{\Phi}_q$ 是约束方程的 Jacobian 矩阵；$\dot{\boldsymbol{q}}$ 是非独立坐标对时间的微分，即速度向量；$-\boldsymbol{\Phi}_t\equiv\boldsymbol{b}$ 是约束方程对时间的偏微分。

如果多体系统的约束方程不明显包含时间变量，于是相应的偏微分为 0。如果系统的位置向量已知，输入单元的速度，那么由方程(9-12)可以求得速度向量 $\dot{\boldsymbol{q}}$。同样 Jacobian 矩阵完全决定了速度向量 $\dot{\boldsymbol{q}}$ 的求解。而方程(9-12)是线性的，求解不需要迭代。

9.3.2.2 加速度分析

对速度方程 $\boldsymbol{\Phi}_q(\boldsymbol{q},t)\dot{\boldsymbol{q}}=-\boldsymbol{\Phi}_t\equiv\boldsymbol{b}$ 两边进行时间微分，得到加速度方程为

$$\boldsymbol{\Phi}_q(\boldsymbol{q},t)\ddot{\boldsymbol{q}}=-\dot{\boldsymbol{\Phi}}_t-\dot{\boldsymbol{\Phi}}_q(\boldsymbol{q},t)\dot{\boldsymbol{q}}\equiv\boldsymbol{c} \tag{9-13}$$

如果已知系统的位置向量 $\boldsymbol{q}$ 和速度向量 $\dot{\boldsymbol{q}}$，求解上述加速度方程，就可以得到系统的加速度向量 $\ddot{\boldsymbol{q}}$。由于速度方程(9-12)及加速度方程(9-13)的系数矩阵都是系统的 Jacobian 矩阵，因此，在求解速度方程时，对 Jacobian 矩阵进行的三角分解，可以直接用于求解加速度向量的过程中，于是加速度求解只需进行上三角阵的求解。对速度方程而言，只要约束方程不包含明显时间变量 t，那么速度方程是齐次方程，但加速度方程一般总是非齐次方程。

对加速度方程两边进行时间微分，得到加速度率方程为

$$\boldsymbol{\Phi}_q(\boldsymbol{q},t)\dddot{\boldsymbol{q}}=-\ddot{\boldsymbol{\Phi}}_t-2\dot{\boldsymbol{\Phi}}_q(\boldsymbol{q},t)\ddot{\boldsymbol{q}}-\ddot{\boldsymbol{\Phi}}_q(\boldsymbol{q},t)\ddot{\boldsymbol{q}} \tag{9-14}$$

9.3.3 有限位移分析

有限位移分析与初始位置问题密切相关，其控制方程也是式(9-7)和式(9-8)。

9.3.3.1 Newton-Raphson 迭代

已知多体系统的一个位置向量 $\boldsymbol{q}_{\text{fixed}}$，它满足约束方程，对系统输入单元引入有限位移或驱动装置引入相对位移，有限位移分析就是求解一个新位置向量 $\boldsymbol{q}_{\text{new}}$，要求 $\boldsymbol{q}_{\text{new}}$ 满足所有约束方程。

有限位移分析和初始位置分析的主要特征相同，同样可以用 Newton-Raphson 迭代求

解。有限位移分析与初始位置问题的不同在于，有限位移分析是在已知一个满足约束方程的位置向量 $\boldsymbol{q}_{\text{fixed}}$ 的条件下，求解满足约束方程的新位置向量 $\boldsymbol{q}_{\text{new}}$。

计算时，输入单元的位移应取得足够小，在满足约束方程的所有解中，最接近初始位置的解是正确解。否则，Newton-Raphson 的迭代结果也可能出现不可能的位置解，无法满足所有的约束方程。

9.3.3.2　多余约束问题

初始位置问题或有限位移问题，需要求解非线性的约束方程组

$$\boldsymbol{\Phi}(\boldsymbol{q},t)=0$$

Newton-Raphson 迭代及速度、加速度分析，需要求解线性方程组

$$\boldsymbol{\Phi}_q(\boldsymbol{q},t)\boldsymbol{x}=\boldsymbol{d}$$

假定多体系统非独立坐标数为 n，系统自由度数为 f，若独立约束方程个数为 $m=n-f$，则不存在多余约束问题，可以正常求解线性方程组。

如果独立约束方程个数为 $m>n-f$，则约束方程个数大于未知量个数，于是存在 $m-n-f$ 个多余约束方程，即约束方程并不完全独立，这使得线性方程组求解困难，首先不合适的约束方程对应的 Jacobian 矩阵 $\boldsymbol{\Phi}_q$ 是秩亏的；另外过约束的线性方程组(即方程组个数大于未知量个数)可能不存在满足所有约束方程的解。

9.3.4　可能运动子空间

在运动学分析中，输入单元或驱动自由度的运动已知，系统其他单元的运动可以由此确定。在动力学分析中，输入单元的运动也是未知的，或者至少部分是未知的，需要通过动力学方程求得。可能的运动是满足所有约束方程的多体系统的任意运动。

9.3.4.1　定常系统(Scleronomous System)

给定一个动力学系统，具有 m 个约束方程，n 个非独立的坐标，自由度为 $f=n-m$。约束方程不明显依赖时间变量 t，只明显依赖于坐标向量 $\boldsymbol{q}$，形式如下

$$\boldsymbol{\Phi}(\boldsymbol{q})=\boldsymbol{0} \tag{9-15}$$

相应的速度方程为

$$\boldsymbol{\Phi}_q(\boldsymbol{q})\dot{\boldsymbol{q}}=\boldsymbol{0} \tag{9-16}$$

相应的加速度方程为

$$\boldsymbol{\Phi}_q(\boldsymbol{q})\ddot{\boldsymbol{q}}=-\dot{\boldsymbol{\Phi}}_q(\boldsymbol{q})\dot{\boldsymbol{q}} \tag{9-17}$$

由速度方程可知，多体系统速度向量 $\dot{\boldsymbol{q}}$ 属于 Jacobian 矩阵 $\boldsymbol{\Phi}_q$ 的零空间(Nullspace)。线性代数理论关于零空间认为，如果 Jacobian 矩阵 $\boldsymbol{\Phi}_q$ 具有 m 个独立行、$n=f+m$ 个列，$\boldsymbol{\Phi}_q$ 的秩为 m，$\boldsymbol{\Phi}_q$ 的零空间就是所有可能运动的子空间，即所有可能速度向量的子空间，则所有满足约束方程的可能的速度向量一定属于矩阵 $\boldsymbol{\Phi}_q$ 的零空间。零空间的维数就是多体系统自由度个数 $f=n-m$。

对多体系统的速度向量 $\dot{\boldsymbol{q}}$，$\dot{\boldsymbol{q}}$ 包含 n 个非独立坐标变量。为了简化 $\dot{\boldsymbol{q}}$，可将 $\dot{\boldsymbol{q}}$ 在其 Jacobian 矩阵 $\boldsymbol{\Phi}_q$ 的零空间中展开。记 $\boldsymbol{\Phi}_q$ 的零空间的一组向量基为 $\boldsymbol{r}^i$ $(i=1,2,\cdots,f)$，任意允许运动，即速度向量 $\dot{\boldsymbol{q}}$ 可表示为 $\boldsymbol{r}^i$ 的线性组合

$$\dot{\boldsymbol{q}} = \boldsymbol{r}^1 z_1 + \boldsymbol{r}^2 z_2 + \cdots + \boldsymbol{r}^f z_f \tag{9-18}$$

引入 $n \times f$ 阶矩阵 $\boldsymbol{R}$，它的列是 $\boldsymbol{r}^i$，于是上式可以写为矩阵形式

$$\dot{\boldsymbol{q}} = \boldsymbol{R}\dot{\boldsymbol{z}} \tag{9-19}$$

$\boldsymbol{r}^i$是 Jacobian 矩阵 $\boldsymbol{\Phi}_q$的零空间的向量基，满足

$$\boldsymbol{\Phi}_q(\boldsymbol{q})\boldsymbol{r}^i = \boldsymbol{0}\ (i = 1,2,\cdots,f) \tag{9-20}$$

$$\boldsymbol{\Phi}_q(\boldsymbol{q})\boldsymbol{R} = \boldsymbol{0} \tag{9-21}$$

对加速度向量，也可采用在零空间展开的形式简化表达式，式(9-19)两边对时间微分，得

$$\ddot{\boldsymbol{q}} = \boldsymbol{R}\ddot{\boldsymbol{z}} + \dot{\boldsymbol{R}}\dot{\boldsymbol{z}} \tag{9-22}$$

9.3.4.2 非定常系统(Rheonomous Systems)

非定常系统的特征是系统约束方程明显依赖于时间变量。系统约束方程为

$$\boldsymbol{\Phi}(\boldsymbol{q},t) = \boldsymbol{0} \tag{9-23}$$

速度方程为

$$\boldsymbol{\Phi}_q(\boldsymbol{q},t)\dot{\boldsymbol{q}} = -\boldsymbol{\Phi}_t \equiv \boldsymbol{b} \tag{9-24}$$

加速度方程为

$$\boldsymbol{\Phi}_q(\boldsymbol{q},t)\ddot{\boldsymbol{q}} = -\dot{\boldsymbol{\Phi}}_t - \dot{\boldsymbol{\Phi}}_q\dot{\boldsymbol{q}} \equiv \boldsymbol{c} \tag{9-25}$$

假定约束方程(9-23)有 m 个独立，并代表刚体条件、铰接点运动条件及依赖时间的运动约束。系统中含有 n 个非独立变量，于是有 $n-m$ 个自由度，记速度向量为 $\dot{\boldsymbol{z}}$，引入关系式

$$\dot{\boldsymbol{z}} = \boldsymbol{B}\dot{\boldsymbol{q}} \tag{9-26}$$

将上式与式(9-24)联立，写为矩阵形式，得

$$\begin{bmatrix} \boldsymbol{\Phi}_q \\ \boldsymbol{B} \end{bmatrix}\dot{\boldsymbol{q}} = \begin{Bmatrix} \boldsymbol{b} \\ \dot{\boldsymbol{z}} \end{Bmatrix} \tag{9-27}$$

假定矩阵 $\boldsymbol{B}$ 为常数，且满足$\begin{bmatrix} \boldsymbol{\Phi}_q \\ \boldsymbol{B} \end{bmatrix}$的最后 $f=n-m$ 行线性独立，且独立于前 m 行，则$\begin{bmatrix} \boldsymbol{\Phi}_q \\ \boldsymbol{B} \end{bmatrix}$存在逆矩阵，于是得

$$\dot{\boldsymbol{q}} = \begin{bmatrix} \boldsymbol{\Phi}_q \\ \boldsymbol{B} \end{bmatrix}^{-1}\begin{Bmatrix} \boldsymbol{b} \\ \dot{\boldsymbol{z}} \end{Bmatrix} \equiv \boldsymbol{S}\boldsymbol{b} + \boldsymbol{R}\dot{\boldsymbol{z}} \tag{9-28}$$

其中，矩阵 $\boldsymbol{S}$ 是$\begin{bmatrix} \boldsymbol{\Phi}_q \\ \boldsymbol{B} \end{bmatrix}^{-1}$的前 m 列组成的子矩阵；矩阵 $\boldsymbol{R}$ 是$\begin{bmatrix} \boldsymbol{\Phi}_q \\ \boldsymbol{B} \end{bmatrix}^{-1}$的最后 $f=n-m$ 列组成的子矩阵，即满足

$$\begin{bmatrix} \boldsymbol{\Phi}_q \\ \boldsymbol{B} \end{bmatrix}\begin{bmatrix} \boldsymbol{\Phi}_q \\ \boldsymbol{B} \end{bmatrix}^{-1} = \begin{bmatrix} \boldsymbol{\Phi}_q \\ \boldsymbol{B} \end{bmatrix}[\boldsymbol{S}\quad \boldsymbol{R}] = \begin{bmatrix} \boldsymbol{\Phi}_q\boldsymbol{S} & \boldsymbol{\Phi}_q\boldsymbol{R} \\ \boldsymbol{B}\boldsymbol{S} & \boldsymbol{B}\boldsymbol{R} \end{bmatrix} = \begin{bmatrix} \boldsymbol{I} & \boldsymbol{0} \\ \boldsymbol{0} & \boldsymbol{I} \end{bmatrix} \tag{9-29}$$

于是有

$$\boldsymbol{\Phi}_q\boldsymbol{R} = \boldsymbol{0} \tag{9-30}$$

可见，矩阵 $\boldsymbol{R}$ 是 Jacobian 矩阵 $\boldsymbol{\Phi}_q$的零空间。即所有可能的运动都属于矩阵 $\boldsymbol{R}$ 的列空间。

表达式 $\dot{\boldsymbol{q}}=\boldsymbol{Sb}+\boldsymbol{R}\dot{z}$ 表明，速度向量由两部分组成，一部分是约束方程的通解 $\boldsymbol{R}\dot{z}$，一部分是约束方程的特殊解 $\boldsymbol{Sb}$，即

$$\boldsymbol{\Phi}_q\boldsymbol{R}\dot{z}=\boldsymbol{0} \tag{9-31}$$

$$\boldsymbol{\Phi}_q\boldsymbol{Sb}=\boldsymbol{b} \tag{9-32}$$

同样对加速度向量，也可以做类似分解。将式(9-26)两边对时间微分，得到

$$\ddot{z}=\boldsymbol{B}\ddot{\boldsymbol{q}} \tag{9-33}$$

将上式与式(9-25)联合，写为矩阵形式，得

$$\begin{bmatrix}\boldsymbol{\Phi}_q\\ \boldsymbol{B}\end{bmatrix}\ddot{\boldsymbol{q}}=\begin{Bmatrix}\boldsymbol{c}\\ \ddot{z}\end{Bmatrix} \tag{9-34}$$

求解加速度向量，得

$$\ddot{\boldsymbol{q}}=\begin{bmatrix}\boldsymbol{\Phi}_q\\ \boldsymbol{B}\end{bmatrix}^{-1}\begin{Bmatrix}\boldsymbol{c}\\ \ddot{z}\end{Bmatrix}=\boldsymbol{Sc}+\boldsymbol{R}\ddot{z} \tag{9-35}$$

上式是定常情况下式(9-22) $\ddot{\boldsymbol{q}}=\boldsymbol{R}\ddot{z}+\dot{\boldsymbol{R}}\dot{z}$的在非定常情况下的推广。

9.3.4.3　矩阵 R 的计算方法——投影方法

投影方法是将独立变量 $\dot{z}$ 写为非独立变量 $\dot{\boldsymbol{q}}$ 的投影式

$$\dot{z}=\boldsymbol{B}\dot{\boldsymbol{q}} \tag{9-36}$$

对非定常系统，存在如下关系式

$$\dot{\boldsymbol{q}}=\begin{bmatrix}\boldsymbol{\Phi}_q\\ \boldsymbol{B}\end{bmatrix}^{-1}\begin{Bmatrix}\boldsymbol{b}\\ \dot{z}\end{Bmatrix}=\boldsymbol{Sb}+\boldsymbol{R}\dot{z}\quad \dot{z}=\boldsymbol{B}\dot{\boldsymbol{q}} \tag{9-37}$$

$$\ddot{\boldsymbol{q}}=\begin{bmatrix}\boldsymbol{\Phi}_q\\ \boldsymbol{B}\end{bmatrix}^{-1}\begin{Bmatrix}\boldsymbol{c}\\ \ddot{z}\end{Bmatrix}=\boldsymbol{Sc}+\boldsymbol{R}\ddot{z} \tag{9-38}$$

由此可知，非独立变量 $\dot{\boldsymbol{q}}$ 与独立变量 $\dot{z}$ 之间的变换关系完全由上述关系式确定。此时，只有矩阵 **B** 没有确定。下面是矩阵 **B** 的常用计算方法。

(1) 基于奇异值分解的矩阵 **B** 的计算方法

对 Jacobian 矩阵 $\boldsymbol{\Phi}_q$做奇异值 SVD 分解，写成如下形式

$$\boldsymbol{\Phi}_q=\boldsymbol{U}^{\mathrm{T}}\boldsymbol{DV} \tag{9-39}$$

其中，矩阵 **U** 是 $m\times m$ 阶正交矩阵；**D** 是 $m\times n$ 阶矩阵，包含一个 $m\times m$ 阶的对角矩阵，对角元素是矩阵 $\boldsymbol{\Phi}_q$的奇异值，**D** 的最后 $f=n-m$ 列是零矩阵；矩阵 **V** 是 $n\times n$ 阶正交矩阵，矩阵 **V** 可以分解为两个子矩阵 $\boldsymbol{V}_d$和 $\boldsymbol{V}_i$，$\boldsymbol{V}_d$为 $m\times n$ 阶矩阵，$\boldsymbol{V}_i$是 $f\times n$ 阶矩阵。

Jacobian 矩阵 $\boldsymbol{\Phi}_q$的 SVD 分解可用图 9-9 形象地表示。

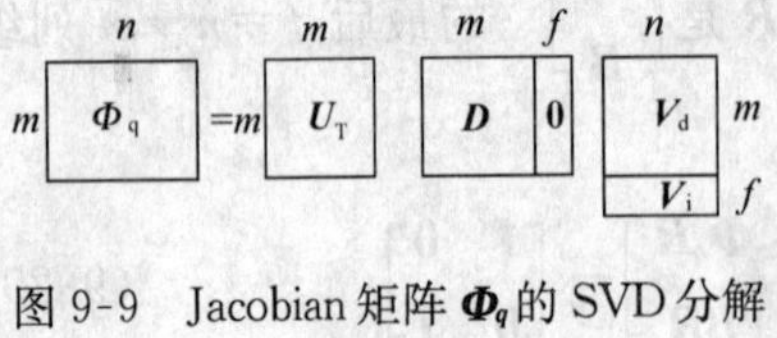

图 9-9　Jacobian 矩阵 $\boldsymbol{\Phi}_q$的 SVD 分解

由 SVD 分解的性质可知，矩阵 $\boldsymbol{V}_i$构成了矩阵 $\boldsymbol{\Phi}_q$的零空间的正交基，即

$$\boldsymbol{\Phi}_q\boldsymbol{V}_i^{\mathrm{T}}=\boldsymbol{0} \tag{9-40}$$

如果令矩阵 **R** 取

$$\boldsymbol{R}=\boldsymbol{V}_i^{\mathrm{T}} \tag{9-41}$$

由 $\boldsymbol{\Phi}_q\boldsymbol{V}_i^{\mathrm{T}}=0$ 可知，非独立速度向量 $\dot{\boldsymbol{q}}$ 可由独立速度向量 $\dot{z}$ 线性表示。

$$\dot{\boldsymbol{q}}=\boldsymbol{V}_i^{\mathrm{T}}\dot{z}=\boldsymbol{R}\dot{z} \tag{9-42}$$

由 $\dot{z}=\boldsymbol{B}\dot{q}$ 得

$$\dot{z}=\boldsymbol{B}\dot{q}=\boldsymbol{B}\boldsymbol{R}\dot{z}=\boldsymbol{I}\dot{z}=\boldsymbol{V}_i\boldsymbol{V}_i^{\mathrm{T}}\dot{z} \tag{9-43}$$

于是有

$$\boldsymbol{B}=\boldsymbol{V}_i \tag{9-44}$$

(2) 基于 QR 分解的矩阵 $\boldsymbol{B}$ 的计算方法

对 Jacobian 矩阵 $\boldsymbol{\Phi}_q$ 做 QR 分解，写成如下形式

$$\boldsymbol{\Phi}_q^{\mathrm{T}}=\widetilde{\boldsymbol{Q}}\widetilde{\boldsymbol{R}} \tag{9-45}$$

其中，矩阵 $\widetilde{Q}$ 是 $n\times n$ 阶正交矩阵，可分为 2 个子矩阵 $\widetilde{Q}_i$ 和 $\widetilde{Q}_d$，阶数分别为 $(n-m)\times n$ 和 $m\times n$；$\widetilde{\boldsymbol{R}}$ 是 $n\times m$ 阶矩阵，包含一个 $m\times m$ 阶上三角矩阵和一个 $(n-m)\times m$ 阶零矩阵。

Jacobian 矩阵 $\boldsymbol{\Phi}_q$ 的 QR 分解可用图 9-10 形象地表示。

矩阵 $\widetilde{Q}_i$ 是矩阵 $\boldsymbol{\Phi}_q$ 的零空间的正交基，于是可取

$$\boldsymbol{B}=\widetilde{Q}_i \tag{9-46}$$

满足

$$\boldsymbol{\Phi}_q(q)\widetilde{Q}_i=\boldsymbol{0} \tag{9-47}$$

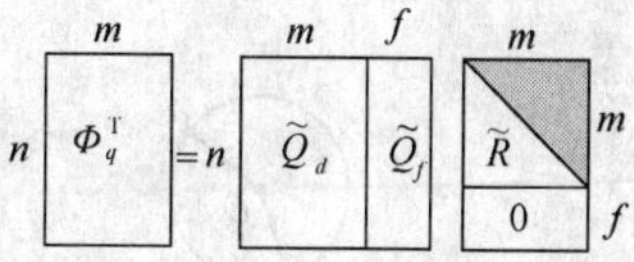

图 9-10 Jacobian 矩阵 $\boldsymbol{\Phi}_q$ 的 QR 分解

(3) 基于高斯三角分解的矩阵 $\boldsymbol{B}$ 的计算方法

将 Jacobian 矩阵 $\boldsymbol{\Phi}_q$ 分解为如下形式

$$\boldsymbol{\Phi}_q\equiv[\boldsymbol{\Phi}_q^d\quad\boldsymbol{\Phi}_q^i] \tag{9-48}$$

其中，矩阵 $\boldsymbol{\Phi}_q^d$ 是 $m\times m$ 阶矩阵，包含矩阵 $\boldsymbol{\Phi}_q$ 的所有主元列。矩阵 $\boldsymbol{\Phi}_q^i$ 是 $m\times f$ 阶矩阵，不包含矩阵 $\boldsymbol{\Phi}_q$ 的所有主元列。

由线性代数理论可知，$\boldsymbol{\Phi}_q^i$ 的列向量代表独立变量，$\boldsymbol{\Phi}_q^d$ 的列向量代表非独立变量。此时，矩阵 $\boldsymbol{B}$ 可取下列形式

$$\boldsymbol{B}=[\boldsymbol{0}\quad\boldsymbol{I}] \tag{9-49}$$

矩阵 $\boldsymbol{R}$ 可由下列矩阵的逆矩阵得到

$$\begin{bmatrix}\boldsymbol{\Phi}_q\\\boldsymbol{B}\end{bmatrix}=\begin{bmatrix}\boldsymbol{\Phi}_q^d&\boldsymbol{\Phi}_q^i\\\boldsymbol{0}&\boldsymbol{I}\end{bmatrix} \tag{9-50}$$

(4) 基于高斯三角分解的矩阵 $\boldsymbol{R}$ 的计算方法

假设已通过上面的方法得到矩阵 $\boldsymbol{B}$，此时可以形成如下矩阵

$$\boldsymbol{P}\equiv\begin{bmatrix}\boldsymbol{\Phi}_q\\\boldsymbol{B}\end{bmatrix} \tag{9-51}$$

将矩阵 $\boldsymbol{P}$ 的 n 行采用 Gram-Schmidt 正交化方法，得到 n 个正交向量，构成 $n\times n$ 阶矩阵

$$\boldsymbol{V}\equiv\begin{bmatrix}\boldsymbol{V}_d\\\boldsymbol{V}_i\end{bmatrix} \tag{9-52}$$

其中，$\boldsymbol{V}_d$ 的行由矩阵 $\boldsymbol{\Phi}_q$ 的正交化得到；$\boldsymbol{V}_i$ 的行由矩阵 $\boldsymbol{B}$ 的正交化得到，并且 $\boldsymbol{V}_i$ 与 $\boldsymbol{V}_d$ 也正交，此时可取 $\boldsymbol{R}=\boldsymbol{V}_i^{\mathrm{T}}$。

$$\boldsymbol{v}^i=\alpha_i\Big(\boldsymbol{p}^i-\sum_{j=1}^{i-1}(\boldsymbol{v}^j\cdot\boldsymbol{p}^i)\boldsymbol{v}^j\Big) \tag{9-53}$$

$$\alpha_i = 1/\left| \boldsymbol{p}^i - \sum_{j=1}^{i-1} (\boldsymbol{v}^j \cdot \boldsymbol{p}^i)\boldsymbol{v}^j \right| \tag{9-54}$$

9.3.5 具有非完整约束的多体系统

非完整（Non-holonomic）约束指约束方程不仅依赖于非独立坐标变量，还通过不可积分方程依赖于非独立速度变量。在曲面上滚动的车轮就是典型的非完整约束。

9.3.5.1 平面轮单元

典型轮单元如图 9-11 所示，与曲面接触，产生相对运动。轮单元与曲面的相对运动可分为两类：一类是轮单元与曲面不产生相对滑移，称为滚动；一类是轮单元与曲面产生相对滑移，称为滚动加滑动，也简称为滑动。本节只讨论轮单元实现滚动和滑动的约束方程。

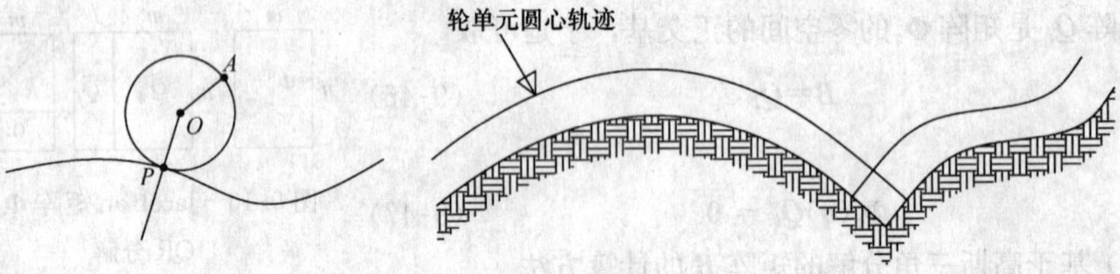

图 9-11 平面轮单元模型

轮单元通过 2 个基本点描述其运动，基本点分别位于轮单元圆心和半径端点。非完整铰点的约束方程由速度向量确定，不存在对位置向量的任何限制条件。位置向量通过轮单元圆心的位置决定，轮单元圆心位于一条曲线上，它是轮单元所有可能位置几何点的集合。一旦轮单元圆心位置确定，整个轮单元的位置可通过转过的相对角度完全确定。

(1) 平面滚动约束方程

若轮单元只有滚动，轮单元与曲面接触点的约束条件是接触点的速度为 0；如果轮单元滚动的曲面也在运动，则轮单元与曲面接触点的约束条件是接触点的速度向量一样。

若曲面处于静止状态，如果已知基本点 O、A 的速度，于是接触点 P 速度为 0 的约束条件可以等价为基本点 O、A 的速度分别垂直于线段 PO、PA。如果基本点 P、O、A 坐标已知，则轮单元的约束方程为

$$(x_O - x_P)\dot{x}_O + (y_O - y_P)\dot{y}_O = 0 \tag{9-55a}$$

$$(x_A - x_P)\dot{x}_A + (y_A - y_P)\dot{y}_A = 0 \tag{9-55b}$$

所得约束方程可推广到曲面运动情形。

(2) 平面滑动约束方程

如果轮单元与曲面相对运动为滑动，约束条件就是基本点 P 不存在任何垂直于曲面方向的速度分量，即基本点 O 的速度与线段 PO 垂直，即满足式（9-55a）。

在滚动情况下，2 个自由度受限制，而在滑动情况下，1 个自由度受限制。因此，滑动条件下，式（9-55b）不再成立，这样轮单元滑动的约束方程就只有式（9-55a）。

加速度方程可通过式（9- 55a）、(9-55b）对时间微分得到。此时接触点 P 应该视为一个纯粹的几何点，不属于轮单元和曲面。于是加速度方程为

$$(x_O-x_P)\ddot{x}_O+(\dot{x}_O-\dot{x}_P)\dot{x}_O+(y_O-y_P)\ddot{y}_O+(\dot{y}_O-\dot{y}_P)\dot{y}_O=0 \tag{9-56a}$$

$$(x_A-x_P)\ddot{x}_A+(\dot{x}_A-\dot{x}_P)\dot{x}_A+(y_A-y_P)\ddot{y}_A+(\dot{y}_A-\dot{y}_P)\dot{y}_A=0 \tag{9-56b}$$

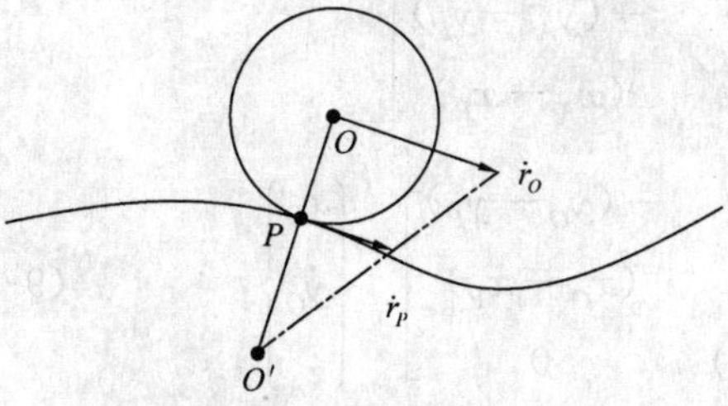

图 9-12 平面轮单元的曲率中心

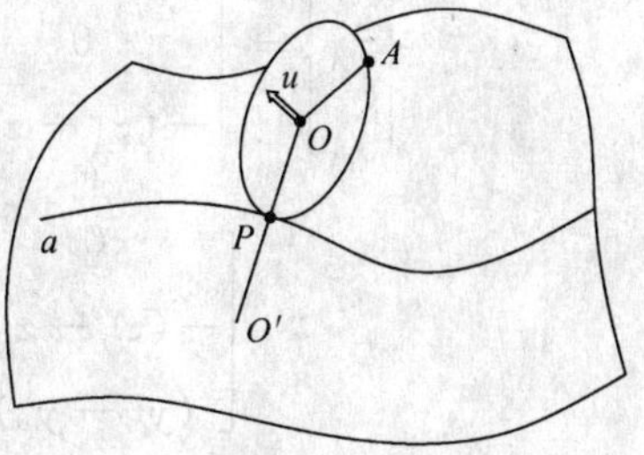

图 9-13 三维轮单元模型

为了计算 P 的速度 $\dot{\boldsymbol{r}}_P$，需考虑轮单元圆心的轨迹。如果 O' 是圆心轨迹的曲率中心，基本点 P、O 必然与 O' 点共线（图 9-12），相应速度向量的端点也共线，于是有

$$\dot{\boldsymbol{r}}_P=(\overline{O'P}/\overline{O'O})\dot{\boldsymbol{r}}_O \tag{9-57}$$

上述向量方程可用分量表示，然后带入式（9-55a）、(9-55b)，即可求解加速度方程。

9.3.5.2 空间轮单元

在三维情况下轮单元的约束方程复杂，但约束条件仍为接触点的速度为 0。图 9-13 所示为一空间轮单元沿一空间曲面运动，此时，轮单元由 2 个基本点 O、A 和 1 个单位向量 $\boldsymbol{u}$ 描述。单位向量通过基本点 O 且垂直于轮单元所在平面。

(1) 空间滚动约束方程

非完整铰接点所对应的约束方程仍然是属于轮单元的接触点 P 的速度为 0，即

$$\dot{\boldsymbol{r}}_P=\boldsymbol{0} \tag{9-58}$$

速度向量代表的 3 个约束方程就是空间滚动铰的约束方程，轮单元只允许接触点 P 的转动。假定转动角速度向量为 $\boldsymbol{\omega}$，过基本点 O、A 的速度为

$$\dot{\boldsymbol{r}}_O=\boldsymbol{\omega}\times(\boldsymbol{r}_O-\boldsymbol{r}_P) \tag{9-59}$$

$$\dot{\boldsymbol{r}}_A=\boldsymbol{\omega}\times(\boldsymbol{r}_A-\boldsymbol{r}_P) \tag{9-60}$$

写成分量形式为

$$\begin{aligned}
&\dot{x}_O=\omega_y(z_O-z_P)-\omega_z(y_O-y_P) \quad \dot{y}_O=\omega_z(x_O-x_P)-\omega_x(z_O-z_P)\\
&\dot{z}_O=\omega_x(y_O-y_P)-\omega_y(x_O-x_P) \quad \dot{x}_A=\omega_y(z_A-z_P)-\omega_z(y_A-y_P)\\
&\dot{y}_A=\omega_z(x_A-x_P)-\omega_x(z_A-z_P) \quad \dot{z}_A=\omega_x(y_A-y_P)-\omega_y(x_A-x_P)
\end{aligned} \tag{9-61}$$

将角速度向量 $\boldsymbol{\omega}$ 用自然坐标和自然速度表示，上式中的 3 个方程，可写为矩阵形式

$$\begin{bmatrix} 0 & (z_O-z_P) & -(y_O-y_P) \\ -(z_O-z_P) & 0 & (x_O-x_P) \\ (y_O-y_P) & -(x_O-x_P) & 0 \end{bmatrix}\begin{Bmatrix}\omega_x\\ \omega_y\\ \omega_z\end{Bmatrix}=\begin{Bmatrix}\dot{x}_O\\ \dot{y}_O\\ \dot{z}_A\end{Bmatrix} \tag{9-62}$$

如果系数矩阵可逆，将角速度向量 $\boldsymbol{\omega}$ 的分量表达式带入剩余的 3 个方程，可得到滚

动约束方程

$$\begin{Bmatrix} \dot{z}_O \\ \dot{x}_A \\ \dot{y}_A \end{Bmatrix} = \begin{bmatrix} (y_O - y_P) & -(x_O - x_P) & 0 \\ 0 & (z_A - z_P) & -(y_A - y_P) \\ -(z_A - z_P) & 0 & (x_A - x_P) \end{bmatrix}$$

$$\begin{bmatrix} 0 & (z_O - z_P) & -(y_O - y_P) \\ -(z_O - z_P) & 0 & (x_O - x_P) \\ (y_O - y_P) & -(x_O - x_P) & 0 \end{bmatrix}^{-1} \begin{Bmatrix} \dot{x}_O \\ \dot{y}_O \\ \dot{z}_A \end{Bmatrix} \tag{9-63}$$

认为接触点 P 是一纯粹几何点，将式（9-61）两边对时间微分，得到加速度

$$\ddot{x}_O = \dot{\omega}_y(z_O - z_P) - \dot{\omega}_z(y_O - y_P) + \omega_y(\dot{z}_O - \dot{z}_P) - \omega_z(\dot{y}_O - \dot{y}_P) \tag{9-64a}$$

$$\ddot{y}_O = \dot{\omega}_z(x_O - x_P) - \dot{\omega}_x(z_O - z_P) + \omega_z(\dot{x}_O - \dot{x}_P) - \omega_x(\dot{z}_O - \dot{z}_P) \tag{9-64b}$$

$$\ddot{z}_O = \dot{\omega}_x(y_O - y_P) - \dot{\omega}_y(x_O - x_P) + \omega_x(\dot{y}_O - \dot{y}_P) - \omega_y(\dot{x}_O - \dot{x}_P) \tag{9-64c}$$

$$\ddot{x}_A = \dot{\omega}_y(z_A - z_P) - \dot{\omega}_z(y_A - y_P) + \omega_y(\dot{z}_A - \dot{z}_P) - \omega_z(\dot{y}_A - \dot{y}_P) \tag{9-64d}$$

$$\ddot{y}_A = \dot{\omega}_z(x_A - x_P) - \dot{\omega}_x(z_A - z_P) + \omega_z(\dot{x}_A - \dot{x}_P) - \omega_x(\dot{z}_A - \dot{z}_P) \tag{9-64e}$$

$$\ddot{z}_A = \dot{\omega}_x(y_A - y_P) - \dot{\omega}_y(x_A - x_P) + \omega_x(\dot{y}_A - \dot{y}_P) - \omega_y(\dot{x}_A - \dot{x}_P) \tag{9-64f}$$

利用上述 6 个方程中的前 3 个或后 3 个，消去角加速度分量，可得到只包含基本点 A、O、P 的自然坐标、自然速度和自然加速度与其角速度的关系式，再带入另外 3 个表达式，就可得到只包含接触点 P 的速度分量为未知变量的约束方程

$$\dot{\boldsymbol{r}}_P = (\dot{x}_P, \dot{y}_P, \dot{z}_P) \tag{9-65}$$

记 O' 是轮单元与曲面接触点的曲率中心，可得到轮单元滚动的全部约束方程

$$\dot{\boldsymbol{r}}_P = [\dot{\boldsymbol{r}}_O - (\dot{\boldsymbol{r}}_O \cdot \boldsymbol{u})\boldsymbol{u}] \frac{\overline{PO'}}{\overline{PO}} \tag{9-66}$$

(2) 空间滑动约束方程

轮单元与曲面为滑动时，约束条件是接触点上垂直于曲面方向的速度分量为 0，因此，可利用上述滚动约束方程转换为接触点局部坐标系下的形式，然后消去垂直于曲面方向的速度分量就得到相关的约束方程。

9.4 多体系统的质量矩阵和外力

多体系统的运动可以采用自然坐标方法描述，为了建立多体系统的动力学方程，需要对每一个单元建立相对应的惯性质量和外力的表达式，它们是自然坐标的函数。建立基于自然坐标的惯性质量和外力的表达式是建立多体系统动力学方程最基本的工作。惯性质量和外力的表达式可以有许多种表达形式。最一般的方法是建立基于单元基本点的等价的合力和力矩。当然，惯性质量和外力的表达式与所采用的描述多体系统的方法密切相关。本节将采用自然坐标方法描述多体系统，然后根据分析力学的基本原理建立平面多体系统和空间多体系统的惯性质量和外力的表达式。

本节将建立多体系统运动过程中每个单元所对应的惯性力方程，目的是建立常用单元的质量矩阵，它是建立单元动力学方程的基本要素。单元质量矩阵与描述系统的方法密切

相关，本节仅采用自然坐标方法描述多体系统，建立相应的单元质量矩阵。

惯性力采用自然坐标描述法中对应的等价力表示，采用虚功率原理建立相应的动力方程，可直接得到对应的惯性力。

虚速度向量为$\tilde{\dot{q}}$，则惯性力对应的虚功率可以写为

$$\widetilde{W} = \tilde{\dot{\boldsymbol{q}}}^{\mathrm{T}} \boldsymbol{Q}_{\mathrm{I}} \tag{9-67}$$

其中，$\boldsymbol{Q}_{\mathrm{I}}$ 为对应自然坐标的惯性力。

对多体系统而言，需要将惯性力表示为质量矩阵与加速度的乘积，即

$$\widetilde{W} = \tilde{\dot{\boldsymbol{q}}}^{\mathrm{T}} \boldsymbol{M} \ddot{\boldsymbol{q}} \tag{9-68}$$

其中，$\boldsymbol{M}$ 是对称正定矩阵，依赖于单元质量、单元重心位置及惯性张量，有时也会依赖于位置向量。

9.4.1 多体系统的质量矩阵

9.4.1.1 平面多体系统的质量矩阵

平面多体系统单元如图 9-14 所示，由 2 个基本点 i、j 描述。（x，y）为惯性坐标系，（$\bar{x}$，$\bar{y}$）为随动坐标系或称移动坐标系，其原点位于基本点 i 上，$\bar{x}$ 轴通过基本点 j。

考虑单元上任一几何点 P，其位置向量在（x，y）坐标系为 $\boldsymbol{r}$，在（$\bar{x}$，$\bar{y}$）坐标系为 $\bar{\boldsymbol{r}}$，于是有

$$\boldsymbol{r} = \boldsymbol{r}_i + \boldsymbol{A}\bar{\boldsymbol{r}} \tag{9-69}$$

其中，$\boldsymbol{A}$ 为变换矩阵。

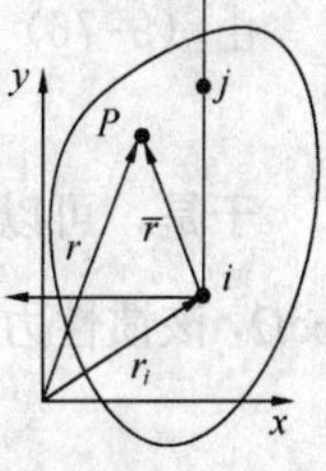

图 9-14 平面多体系统的单元的坐标系统

由于单元的刚体属性，因此位置向量 $\bar{\boldsymbol{r}}$ 的长度在系统运动过程中保持不变。将式（9-69）用基本点的自然坐标表示，可写为

$$\boldsymbol{r} = \boldsymbol{r}_i + \boldsymbol{A}\bar{\boldsymbol{r}} = \boldsymbol{r}_i + c_1(\boldsymbol{r}_j - \boldsymbol{r}_i) + c_2\boldsymbol{n} \tag{9-70}$$

向量（$\boldsymbol{r}_j - \boldsymbol{r}_i$）与 $\boldsymbol{n}$ 构成移动坐标系（$\bar{x}$，$\bar{y}$）的向量基，于是任意向量可在该向量基上分解。所以，c_1 和 c_2 是位置向量 $\bar{\boldsymbol{r}}$ 在向量（$\boldsymbol{r}_j - \boldsymbol{r}_i$）与 $\boldsymbol{n}$ 构成的基向量上的分量。向量 $\boldsymbol{n}$ 位于（$\bar{x}$，$\bar{y}$）的 $\bar{y}$ 轴上，其模与向量（$\boldsymbol{r}_j - \boldsymbol{r}_i$）相等。向量 $\boldsymbol{n}$ 可以用向量（$\boldsymbol{r}_j - \boldsymbol{r}_i$）的分量表示为

$$\boldsymbol{n} = (-(\boldsymbol{r}_j - \boldsymbol{r}_i)_y, (\boldsymbol{r}_j - \boldsymbol{r}_i)_x) \tag{9-71}$$

将式（9-70）写为矩阵形式

$$\boldsymbol{r} = \begin{Bmatrix} x \\ y \end{Bmatrix} = \begin{bmatrix} 1-c_1 & c_2 & c_1 & -c_2 \\ -c_2 & 1-c_1 & c_2 & c_1 \end{bmatrix} \begin{Bmatrix} x_i \\ y_i \\ x_j \\ y_j \end{Bmatrix} \equiv \boldsymbol{Cq} \tag{9-72}$$

其中，$\boldsymbol{q} = [x_i\ y_i\ x_j\ y_j]^{\mathrm{T}}$ 是单元基本点的自然坐标组成的向量，即单元位置向量。矩阵 $\boldsymbol{C}$ 对给定的几何点 P 是一常数矩阵，并不随时间和系统运动变化。

对式（9-72）两边微分，可得

$$\dot{\boldsymbol{r}} = \boldsymbol{C}\dot{\boldsymbol{q}} \tag{9-73}$$

$$\ddot{\boldsymbol{r}} = \boldsymbol{C}\ddot{\boldsymbol{q}} \tag{9-74}$$

这样，多体系统任一几何点的速度向量及加速度向量都可由基本点的速度向量及加速度向量通过矩阵 $\boldsymbol{C}$ 得到。

矩阵 $\boldsymbol{C}$ 的元素可通过下面的方式求得。向量 $(\boldsymbol{r}_j-\boldsymbol{r}_i)$ 与 $\boldsymbol{n}$ 构成的向量基在移动坐标系 $(\bar{x},\ \bar{y})$ 对应的向量记为 $(\bar{\boldsymbol{r}}_j-\bar{\boldsymbol{r}}_i)$ 与 $\bar{\boldsymbol{n}}$。将向量 $\bar{\boldsymbol{r}}$ 在 $(\bar{\boldsymbol{r}}_j-\bar{\boldsymbol{r}}_i)$ 与 $\bar{\boldsymbol{n}}$ 构成的向量基上分解，有

$$\bar{\boldsymbol{r}} = c_1(\bar{\boldsymbol{r}}_j-\bar{\boldsymbol{r}}_i)+c_2\bar{\boldsymbol{n}} \tag{9-75}$$

在随动坐标系下，$\bar{\boldsymbol{r}}_i=\boldsymbol{0}$，于是上式可写为

$$\bar{\boldsymbol{r}} = \begin{bmatrix}\bar{\boldsymbol{r}}_j & \bar{\boldsymbol{n}}\end{bmatrix}\begin{Bmatrix}c_1\\ c_2\end{Bmatrix} \equiv \bar{\boldsymbol{X}}\boldsymbol{c} \tag{9-76}$$

其中，$\boldsymbol{c}=[c_1c_2]^{\mathrm{T}}$ 是构成矩阵 $\boldsymbol{C}$ 的系数。

矩阵 $\bar{\boldsymbol{X}}$ 可以写为

$$\bar{\boldsymbol{X}} = \begin{bmatrix}\bar{x}_j & -\bar{y}_j\\ \bar{y}_j & \bar{x}_j\end{bmatrix} = \begin{bmatrix}L_{ij} & 0\\ 0 & L_{ij}\end{bmatrix} \tag{9-77}$$

其中，L_{ij} 是基本点 i，j 间的距离。矩阵 $\bar{\boldsymbol{X}}$ 可逆，除非基本点 i，j 重合。

由（9-76）式可以求解得到 $\boldsymbol{c}=[c_1c_2]^{\mathrm{T}}$

$$\boldsymbol{c} = \bar{\boldsymbol{X}}^{-1}\bar{\boldsymbol{r}} \tag{9-78}$$

于是，可以建立单元惯性力的虚功率。位于几何点 P 处无穷小质量的惯性力为 $\ddot{\boldsymbol{r}}\rho\mathrm{d}\Omega$，该惯性力所对应的虚功率为 $\tilde{\dot{\boldsymbol{r}}}^{\mathrm{T}}\ddot{\boldsymbol{r}}\rho\mathrm{d}\Omega$，将无穷小量 $\tilde{\dot{\boldsymbol{r}}}^{\mathrm{T}}\ddot{\boldsymbol{r}}\rho\mathrm{d}\Omega$ 积分，得单元虚功率方程

$$\widetilde{W} = -\int_{\Omega}\tilde{\dot{\boldsymbol{r}}}^{\mathrm{T}}\ddot{\boldsymbol{r}}\rho\mathrm{d}\Omega \tag{9-79}$$

其中，ρ 为单元质量密度。

假定单元内 ρ 为常数。将式（9-73）及（9-74）代入式（9-79），有

$$\widetilde{W} = -\rho\int_{\Omega}\tilde{\dot{\boldsymbol{q}}}^{\mathrm{T}}\boldsymbol{C}^{\mathrm{T}}\boldsymbol{C}\ddot{\boldsymbol{q}}\,\mathrm{d}\Omega = -\tilde{\dot{\boldsymbol{q}}}^{\mathrm{T}}\left(\rho\int_{\Omega}\boldsymbol{C}^{\mathrm{T}}\boldsymbol{C}\mathrm{d}\Omega\right)\ddot{\boldsymbol{q}} \tag{9-80}$$

于是，得到单元质量矩阵

$$\boldsymbol{M} = \rho\int_{\Omega}\boldsymbol{C}^{\mathrm{T}}\boldsymbol{C}\mathrm{d}\Omega$$

将矩阵 $\boldsymbol{C}^{\mathrm{T}}\boldsymbol{C}$ 展开得

$$\boldsymbol{M} = \rho\int_{\Omega}\begin{bmatrix}(1-c_1)^2+c_2^2 & 0 & (1-c_1)c_1-c_2^2 & -c_2\\ 0 & (1-c_1)^2+c_2^2 & c_2 & (1-c_1)c_1-c_2^2\\ (1-c_1)c_1-c_2^2 & c_2 & c_1^2+c_2^2 & 0\\ -c_2 & (1-c_1)c_1-c_2^2 & 0 & c_1^2+c_2^2\end{bmatrix}\mathrm{d}\Omega \tag{9-81}$$

上式中，矩阵元素的积分为 $\int_{\Omega}\rho\mathrm{d}\Omega=m$，其中 m 代表单元的质量。$\int_{\Omega}\rho\boldsymbol{c}\,\mathrm{d}\Omega=\bar{\boldsymbol{X}}^{-1}\int_{\Omega}\rho\bar{\boldsymbol{r}}\,\mathrm{d}\Omega=$

$m\overline{\boldsymbol{X}}^{-1}\bar{\boldsymbol{r}}_{\mathrm{G}}$，其中 $\bar{\boldsymbol{r}}_{\mathrm{G}}$ 代表局部坐标系下单元的重心坐标。$\int_{\Omega}\rho\boldsymbol{c}\boldsymbol{c}^{\mathrm{T}}\mathrm{d}\Omega=\overline{\boldsymbol{X}}^{-1}\int_{\Omega}\rho\bar{\boldsymbol{r}}\,\bar{\boldsymbol{r}}^{\mathrm{T}}\mathrm{d}\Omega\,(\overline{\boldsymbol{X}}^{-1})^{\mathrm{T}}$ $=\dfrac{1}{\mathrm{L}^2}\begin{bmatrix}\boldsymbol{I}_x & \boldsymbol{I}_{xy}\\ \boldsymbol{I}_{xy} & \boldsymbol{I}_y\end{bmatrix}$，其中 I_x，I_y，$\boldsymbol{I}_z$代表局部坐标系单元的惯性矩。

于是平面多体系统单元质量矩阵可表示为

$$\boldsymbol{M}=\begin{bmatrix} m-\dfrac{2m\bar{x}_{\mathrm{G}}}{L_{ij}}+\dfrac{I_i}{L_{ij}^2} & 0 & \dfrac{m\bar{x}_{\mathrm{G}}}{L_{ij}}-\dfrac{I_i}{L_{ij}^2} & -\dfrac{m\bar{y}_{\mathrm{G}}}{L_{ij}} \\ 0 & m-\dfrac{2m\bar{x}_{\mathrm{G}}}{L_{ij}}+\dfrac{I_i}{L_{ij}^2} & \dfrac{m\bar{y}_{\mathrm{G}}}{L_{ij}} & \dfrac{m\bar{x}_{\mathrm{G}}}{L_{ij}}-\dfrac{I_i}{L_{ij}^2} \\ \dfrac{m\bar{x}_{\mathrm{G}}}{L_{ij}}-\dfrac{I_i}{L_{ij}^2} & \dfrac{m\bar{y}_{\mathrm{G}}}{L_{ij}} & \dfrac{I_i}{L_{ij}^2} & 0 \\ -\dfrac{m\bar{y}_{\mathrm{G}}}{L_{ij}} & \dfrac{m\bar{x}_{\mathrm{G}}}{L_{ij}}-\dfrac{I_i}{L_{ij}^2} & 0 & \dfrac{I_i}{L_{ij}^2} \end{bmatrix} \tag{9-82}$$

其中，I_i是单元惯性力关于基本点 i 的极坐标矩。

9.4.1.2 空间多体系统的质量矩阵

空间多体系统单元质量矩阵的推导方法和平面多体系统的方法是类似的，但涉及更复杂的代数运算，有时质量矩阵不是常数矩阵。

本节首先给出空间多体系统最一般的单元质量矩阵表达式，对其他常用的单元类型，使用坐标变换的方法得到。考察具有 2 个基本点和 2 个不共面单位向量的单元如图 9-15 所示，单元可采用 2 个基本点 i、j 和 2 个不共面的单位向量 $\boldsymbol{u}$ 和 $\boldsymbol{v}$ 描述。

与平面多体问题一样，描述系统的坐标系为 2 个，一个是（x，y，z），为惯性坐标系，另一个（$\bar{x}$，$\bar{y}$，$\bar{z}$）为随动坐标系或称为移动坐标系，它的原点固接在单元的几何点 O 上。同样，考虑单元的任何一个几何点 P，它的位置向量在（x，y，z）坐标系中为 $\boldsymbol{r}$，在（$\bar{x}$，$\bar{y}$，$\bar{z}$）坐标系中为 $\bar{\boldsymbol{r}}$。由于单元的刚体属性，基本点 i，P 间的相对位置向量 $\bar{\boldsymbol{r}}-\bar{\boldsymbol{r}}_i$ 随着单元的运动保持不变。向量 $\boldsymbol{r}_j-\boldsymbol{r}_i$ 与 2 个不共面的单位向量 $\boldsymbol{u}$ 和 $\boldsymbol{v}$ 完全可以构成空间的向量基（$\boldsymbol{r}_j-\boldsymbol{r}_i$，$\boldsymbol{u}$，$\boldsymbol{v}$），该向量基（$\boldsymbol{r}_j-\boldsymbol{r}_i$，$\boldsymbol{u}$，$\boldsymbol{v}$）在移动坐标系（$\bar{x}$，$\bar{y}$，$\bar{z}$）中表示为（$\bar{\boldsymbol{r}}_j-\bar{\boldsymbol{r}}_i$，$\bar{\boldsymbol{u}}$，$\bar{\boldsymbol{v}}$）。于是任意的几何点基本点 i，P 间的位置向量 $\boldsymbol{r}-\boldsymbol{r}_i$，可以在此向量基上分解，写为

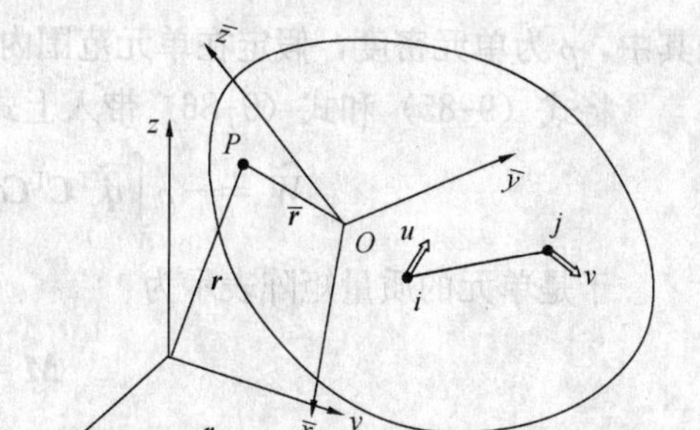

图 9-15 具有 2 个基本点和 2 个不共面的单位向量的空间多体系统单元

$$\boldsymbol{r}-\boldsymbol{r}_i=c_1(\boldsymbol{r}_j-\boldsymbol{r}_i)+c_2\boldsymbol{u}+c_3\boldsymbol{v} \tag{9-83}$$

其中，c_1，c_2，c_3 是 $\boldsymbol{r}-\boldsymbol{r}_i$ 在向量基（$\boldsymbol{r}_j-\boldsymbol{r}_i$，$\boldsymbol{u}$，$\boldsymbol{v}$）的分量。

将上式写为矩阵向量形式如下

$$\boldsymbol{r}=\begin{Bmatrix}x\\y\\z\end{Bmatrix}=[(1-c_1)\mathbf{I}_3\quad c_1\mathbf{I}_3\quad c_2\mathbf{I}_3\quad c_3\mathbf{I}_3]\begin{Bmatrix}\boldsymbol{r}_i\\\boldsymbol{r}_j\\\boldsymbol{u}\\\boldsymbol{v}\end{Bmatrix}=\boldsymbol{C}\boldsymbol{q}^{\mathrm{e}} \tag{9-84}$$

其中，$\mathbf{I}_3$ 是 3×3 阶的单位矩阵。$\boldsymbol{q}^{\mathrm{e}}=[\boldsymbol{r}_i\quad\boldsymbol{r}_j\quad\boldsymbol{u}\quad\boldsymbol{v}]^{\mathrm{T}}$ 是单元自然坐标向量。$\boldsymbol{C}=[(1-c_1)\mathbf{I}_3\quad c_1\mathbf{I}_3\quad c_2\mathbf{I}_3\quad c_3\mathbf{I}_3]$ 是与系统运动无关的系数矩阵。

于是对式（9-83）两边进行微分，可得

$$\dot{\boldsymbol{r}}=\boldsymbol{C}\dot{\boldsymbol{q}}^{\mathrm{e}} \tag{9-85}$$

$$\ddot{\boldsymbol{r}}=\boldsymbol{C}\ddot{\boldsymbol{q}}^{\mathrm{e}} \tag{9-86}$$

现在需要将构成矩阵 $\boldsymbol{C}$ 的系数 c_1，c_2，c_3 表示为单元自然坐标的表达式。将 $\overline{\boldsymbol{r}}-\overline{\boldsymbol{r}}_i$ 在移动坐标系（$\overline{x}$，$\overline{y}$，$\overline{z}$）中的向量基（$\overline{\boldsymbol{r}}_j-\overline{\boldsymbol{r}}_i$，$\overline{\boldsymbol{u}}$，$\overline{\boldsymbol{v}}$）上进行分解，于是有如下方程

$$\overline{\boldsymbol{r}}-\overline{\boldsymbol{r}}_i=c_1(\overline{\boldsymbol{r}}_j-\overline{\boldsymbol{r}}_i)+c_2\overline{\boldsymbol{u}}+c_3\overline{\boldsymbol{v}} \tag{9-87}$$

将上式写为矩阵形式

$$\overline{\boldsymbol{r}}-\overline{\boldsymbol{r}}_i=[\overline{\boldsymbol{r}}_j-\overline{\boldsymbol{r}}_i\quad\overline{\boldsymbol{u}}\quad\overline{\boldsymbol{v}}]\begin{Bmatrix}c_1\\c_2\\c_3\end{Bmatrix}=\overline{\boldsymbol{X}}\boldsymbol{c} \tag{9-88}$$

只要向量基（$\overline{\boldsymbol{r}}_j-\overline{\boldsymbol{r}}_i$，$\overline{\boldsymbol{u}}$，$\overline{\boldsymbol{v}}$）存在，则矩阵 $\overline{\boldsymbol{X}}$ 一定可逆。于是由式（9-88）可得

$$\boldsymbol{c}=\overline{\boldsymbol{X}}^{-1}(\overline{\boldsymbol{r}}-\overline{\boldsymbol{r}}_i) \tag{9-89}$$

空间多体系统单元对应的虚功率可以通过积分得到

$$\widetilde{W}=-\rho\int_{\Omega}\widetilde{\boldsymbol{r}}^{\mathrm{T}}\ddot{\boldsymbol{r}}\,\mathrm{d}\Omega \tag{9-90}$$

其中，ρ 为单元密度，假定在单元范围内为常数。

将式（9-85）和式（9-86）带入上式，得到如下方程

$$\widetilde{W}=-\rho\int_V\widetilde{\boldsymbol{q}}^{\mathrm{T}}\boldsymbol{C}^{\mathrm{T}}\boldsymbol{C}\ddot{\boldsymbol{q}}\,\mathrm{d}V=-\widetilde{\boldsymbol{q}}^{\mathrm{T}}\left(\rho\int_V\boldsymbol{C}^{\mathrm{T}}\boldsymbol{C}\mathrm{d}V\right)\ddot{\boldsymbol{q}} \tag{9-91}$$

于是单元的质量矩阵表示为

$$\boldsymbol{M}=\rho\int_V\boldsymbol{C}^{\mathrm{T}}\boldsymbol{C}\mathrm{d}V \tag{9-92}$$

将矩阵 $\boldsymbol{C}$ 的表达式带入上式，展开后得到质量矩阵的如下表达式

$$\boldsymbol{M}=\rho\int_V\begin{bmatrix}(1-c_1)^2\mathbf{I}_3 & (1-c_1)c_1\mathbf{I}_3 & (1-c_1)c_2\mathbf{I}_3 & (1-c_1)c_3\mathbf{I}_3\\(1-c_1)c_1\mathbf{I}_3 & c_1^2\mathbf{I}_3 & c_1c_2\mathbf{I}_3 & c_1c_3\mathbf{I}_3\\(1-c_1)c_2\mathbf{I}_3 & c_1c_2\mathbf{I}_3 & c_2^2\mathbf{I}_3 & c_2c_3\mathbf{I}_3\\(1-c_1)c_3\mathbf{I}_3 & c_1c_3\mathbf{I}_3 & c_2c_3\mathbf{I}_3 & c_3^2\mathbf{I}_3\end{bmatrix}\mathrm{d}V \tag{9-93}$$

上式积分中包含各种有力学意义的积分元素，记 $\int_V\rho\mathrm{d}V=m$，m 为单元质量，则

$$\int_V\rho\boldsymbol{c}\,\mathrm{d}V=\overline{\boldsymbol{X}}^{-1}\int_V\rho(\overline{\boldsymbol{r}}-\overline{\boldsymbol{r}}_i)\mathrm{d}V=m\overline{\boldsymbol{X}}^{-1}(\overline{\boldsymbol{r}}_{\mathrm{G}}-\overline{\boldsymbol{r}}_i)\equiv m\boldsymbol{a}$$

$$\int_V \rho \boldsymbol{c}\boldsymbol{c}^{\mathrm{T}} \mathrm{d}V = \overline{\boldsymbol{X}}^{-1}\left(\int_V \rho(\overline{\boldsymbol{r}}-\overline{\boldsymbol{r}}_i)(\overline{\boldsymbol{r}}-\overline{\boldsymbol{r}}_i)^{\mathrm{T}}\mathrm{d}V\right)(\overline{\boldsymbol{X}}^{-1})^{\mathrm{T}} = \overline{\boldsymbol{X}}^{-1}\boldsymbol{J}_i(\overline{\boldsymbol{X}}^{-1})^{\mathrm{T}} \equiv \boldsymbol{Z}$$

其中，$\overline{\boldsymbol{r}}_G$ 代表局部坐标系下单元的重心坐标；矩阵 $\boldsymbol{J}_i$ 由单元的各种惯性积组成。

于是质量矩阵可以写为

$$\boldsymbol{M} = \begin{bmatrix} (m-2ma_1+z_{11})\mathbf{I}_3 & (ma_1-z_{11})\mathbf{I}_3 & (ma_2-z_{12})\mathbf{I}_3 & (ma_3-z_{13})\mathbf{I}_3 \\ (ma_1-z_{11})\mathbf{I}_3 & z_{11}\mathbf{I}_3 & z_{12}\mathbf{I}_3 & z_{13}\mathbf{I}_3 \\ (ma_2-z_{12})\mathbf{I}_3 & z_{12}\mathbf{I}_3 & z_{22}\mathbf{I}_3 & z_{23}\mathbf{I}_3 \\ (ma_3-z_{13})\mathbf{I}_3 & z_{31}\mathbf{I}_3 & z_{32}\mathbf{I}_3 & z_{33}\mathbf{I}_3 \end{bmatrix} \tag{9-94}$$

可见质量矩阵是一常数矩阵、对称矩阵。

9.4.2 单元外力表达式

多体系统动力分析中，弹簧单元力一般视为内力，并表现在单元刚度矩阵中。

9.4.2.1 集中力与力矩

集中力与力矩的表达式就是将其表示为自然坐标的函数。

(1) 集中力

图 9-16 所示为一集中力作用在单元的 P 点上，P 点不是基本点，位置向量 $\boldsymbol{r}_p$ 为

$$\boldsymbol{r}_P = \boldsymbol{C}_P\boldsymbol{q}^{\mathrm{e}} \tag{9-95}$$

其中，$\boldsymbol{q}^{\mathrm{e}}$ 是单元的位置向量。

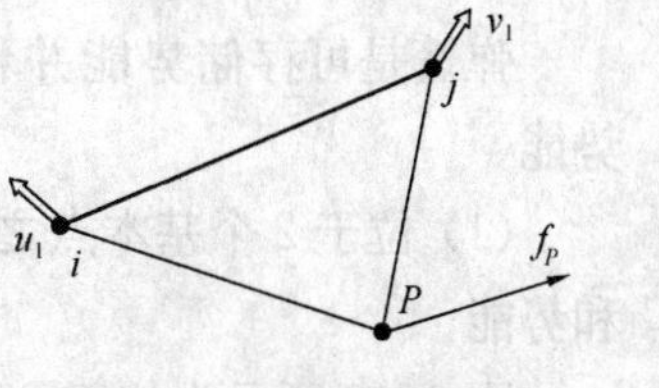

图 9-16 空间多体系统单元 P 点上的集中力

矩阵 $\boldsymbol{C}_p$ 的元素可通过下述方程得到

$$\boldsymbol{c} = \overline{\boldsymbol{X}}_P^{-1}(\overline{\boldsymbol{r}}_P - \overline{\boldsymbol{r}}_i) \tag{9-96}$$

变换矩阵 $\boldsymbol{C}_\delta$ 可将外力 $\boldsymbol{f}_P$ 转换为等价外力 $\boldsymbol{Q}^{\mathrm{e}}_{\mathrm{ex}}$，$\boldsymbol{f}_p$ 与 $\boldsymbol{Q}^{\mathrm{e}}_{\mathrm{ex}}$ 对应的虚功相等，即

$$\delta W = \delta\boldsymbol{r}_P^{\mathrm{T}}\boldsymbol{f}_P = \delta\boldsymbol{q}^{\mathrm{eT}}\boldsymbol{Q}^{\mathrm{e}}_{\mathrm{ex}} \tag{9-97}$$

将 $\boldsymbol{r}_P = \boldsymbol{C}_P\boldsymbol{q}^{\mathrm{e}}$ 变分，得 $\delta\boldsymbol{r}_P = \boldsymbol{C}_P\boldsymbol{q}^{\mathrm{e}}$，代入式 (9-97)，得

$$\delta W = \delta\boldsymbol{q}^{\mathrm{eT}}\boldsymbol{C}_P^{\mathrm{T}}\boldsymbol{f}_P = \delta\boldsymbol{q}^{\mathrm{eT}}\boldsymbol{Q}^{\mathrm{e}}_{\mathrm{ex}} \tag{9-98}$$

于是，外力 $\boldsymbol{f}_P$ 对应的等价单元外力为

$$\boldsymbol{Q}^{\mathrm{e}}_{\mathrm{ex}} = \boldsymbol{C}_P^{\mathrm{T}}\boldsymbol{f}_P \tag{9-99}$$

外力 $\boldsymbol{f}_P$ 的势能为

$$V = -\int_{\boldsymbol{q}_0}^{\boldsymbol{q}} \mathrm{d}\boldsymbol{r}_P^{\mathrm{T}}\boldsymbol{f}(\boldsymbol{q}) = -\int_{\boldsymbol{q}_0}^{\boldsymbol{q}} (\mathrm{d}\boldsymbol{q}^{\mathrm{e}})^{\mathrm{T}}\boldsymbol{C}_P\boldsymbol{f}(\boldsymbol{q}) = -\int_{\boldsymbol{q}_0}^{\boldsymbol{q}} (\mathrm{d}\boldsymbol{q}^{\mathrm{e}})^{\mathrm{T}}\boldsymbol{Q} \tag{9-100}$$

其中，$\boldsymbol{Q} = \boldsymbol{C}_P\boldsymbol{f}(\boldsymbol{q})$。

(2) 集中力矩

集中力矩对应的等价外力矩可采用集中外力同样的方法求得，只需将集中力矩 $\boldsymbol{M}$ 转换为等价的一对外力 $\boldsymbol{f}$ 和 $-\boldsymbol{f}$，作用面垂直于力矩 $\boldsymbol{M}$，且有适宜距离 $\boldsymbol{d}$，使 $\boldsymbol{M} = \boldsymbol{d}\times\boldsymbol{f}$ 成立。

图 9-17 所示为具有 2 个基本点的单元上作用力矩 $\boldsymbol{M}$。力矩 $\boldsymbol{M}$ 等价于一对外力 $\boldsymbol{f}$ 和 $-\boldsymbol{f}$，作用点分别位于单位向量 $\boldsymbol{u}_f$ 的起点与终点。$\boldsymbol{u}_f$ 的起点位于位置向量 $\boldsymbol{r}_i$ 的端点，定义

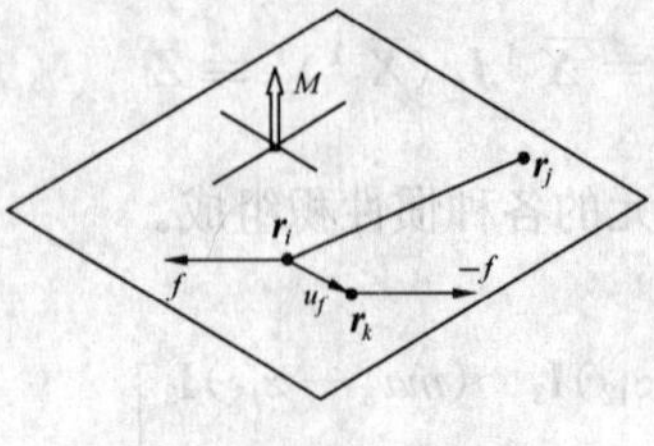

图 9-17　空间多体系统单元的集中力矩

如下

$$\boldsymbol{u}_f=\frac{(\boldsymbol{r}_j-\boldsymbol{r}_i)\times \boldsymbol{M}}{|(\boldsymbol{r}_j-\boldsymbol{r}_i)\times \boldsymbol{M}|} \tag{9-101}$$

外力 $\boldsymbol{f}$ 定义如下

$$\boldsymbol{f}=\boldsymbol{u}_f\times \boldsymbol{M} \tag{9-102}$$

采用变换方法，将外力 $\boldsymbol{f}$ 用单元位置向量 $\boldsymbol{q}^{e}$ 表示，虚功可表示为

$$\delta W=(\delta \boldsymbol{q}^{e})^{T}(\boldsymbol{C}_i^{T}\boldsymbol{f}-\boldsymbol{C}_{i+u_f}^{T}\boldsymbol{f}) \tag{9-103}$$

则力矩 $\boldsymbol{M}$ 的等价外力为

$$\boldsymbol{Q}_{ex}^{e}=\boldsymbol{C}_i^{T}\boldsymbol{f}-\boldsymbol{C}_{i+u_f}^{T}\boldsymbol{f} \tag{9-104}$$

力矩 $\boldsymbol{M}$ 对应的势能，即一对外力 $\boldsymbol{f}$ 和 $-\boldsymbol{f}$ 的势能为

$$V=-\int_{\boldsymbol{q}_0}^{\boldsymbol{q}} \mathrm{d}\boldsymbol{r}_i^{T}\boldsymbol{f}-(\mathrm{d}\boldsymbol{r}_i^{T}+\mathrm{d}\boldsymbol{u}_f^{T})\boldsymbol{f}=-\int_{\boldsymbol{q}_0}^{\boldsymbol{q}}(\mathrm{d}\boldsymbol{q}^{e})^{T}(\boldsymbol{C}_i^{T}-\boldsymbol{C}_{i+u_f}^{T})\boldsymbol{f} \tag{9-105}$$

9.4.2.2　弹簧对应的等价外力

弹簧是可存储势能并释放力的单元，本节说明常用拉伸弹簧和旋转弹簧的外力和势能。

(1) 位于 2 个基本点之间的拉伸弹簧的外力和势能

图 9-18 所示为位于 2 个基本点 i、j 间的拉伸弹簧，弹簧变形后和变形前的长度分别为 L_{ij} 和 L_0。当弹簧拉伸或压缩时，将在过 2 个基本点间的直线方向产生力，力的大小为

$$f=k(L_{ij})(L_{ij}-L_0) \tag{9-106}$$

其中，$k(L_{ij})$ 为弹簧刚度，若弹簧是线性的，则 $k(L_{ij})=k$。

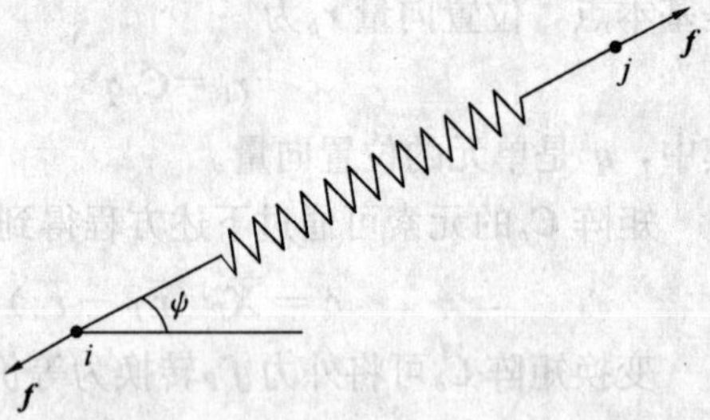

图 9-18　位于 2 个基本点之间的拉伸弹簧

在平面内，作用在基本点 i、j 的外力为

$$\boldsymbol{Q}=\begin{Bmatrix}\boldsymbol{Q}_{ix}\\ \boldsymbol{Q}_{iy}\\ \boldsymbol{Q}_{jx}\\ \boldsymbol{Q}_{jy}\end{Bmatrix}=f\begin{Bmatrix}-\cos\psi\\ -\sin\psi\\ \cos\psi\\ \sin\psi\end{Bmatrix}=\frac{f}{L_{ij}}\begin{Bmatrix}x_i-x_j\\ y_i-y_j\\ x_j-x_i\\ y_j-y_i\end{Bmatrix} \tag{9-107}$$

在空间，作用在基本点 i、j 的外力为

$$\boldsymbol{Q}=\frac{f}{L_{ij}}[x_i-x_j,\ y_i-y_j,\ z_i-z_j,x_j-x_i,\ y_j-y_i,\ z_j-z_i]^{T} \tag{9-108}$$

若弹簧为线性弹簧，则外力可以写为自然坐标的函数

$$\boldsymbol{Q}=k\left(1-\frac{L_0}{L_{ij}}\right)[x_i-x_j,y_i-y_j,z_i-z_j,x_j-x_i,y_j-y_i,z_j-z_i]^{T} \tag{9-109}$$

弹簧所存储的势能为

$$V=-\int_{q_0}^{q}(\mathrm{d}\boldsymbol{q}^{e})^{\mathrm{T}}\boldsymbol{Q}=-\int_{0}^{L-L_0}f\mathrm{d}l \tag{9-110}$$

若弹簧为线性弹簧，则势能可以写为自然坐标的函数

$$V=\frac{1}{2}k\,(L_{ij}-L_0)^2=\frac{1}{2}k\,\left(\sqrt{(x_j-x_i)^2+(y_j-y_i)^2+(z_j-z_i)^2}-L_0\right)^2 \tag{9-111}$$

采用混合坐标法可简化上述有关表达式，引入基本点 i、j 间的距离 s 作为坐标变量，约束为

$$(x_j-x_i)^2+(y_j-y_i)^2+(z_j-z_i)^2-s^2=0 \tag{9-112}$$

弹簧施加的外力 f 可以直接写为

$$f=k(s)(s-s_0) \tag{9-113}$$

其中，$s_0=L_0$。

弹簧势能为

$$V=-\int_{0}^{s-s_0}f\mathrm{d}s=\int_{0}^{s-s_0}k(s)(s-s_0)\mathrm{d}s \tag{9-114}$$

(2) 位于 2 个任意几何点间的拉伸弹簧的外力和势能

若弹簧端点为分别属于不同单元的任意 2 个几何点而非基本点（图 9-19），则弹簧的外力和势能需重新推导。将弹簧端点坐标用基本点的自然坐标表示，其位置向量 $\boldsymbol{r}_1$ 和 $\boldsymbol{r}_2$ 分别为

$$\boldsymbol{r}_1=\boldsymbol{r}_i+\boldsymbol{A}_1(\overline{\boldsymbol{r}}_1-\overline{\boldsymbol{r}}_i) \tag{9-115}$$

$$\boldsymbol{r}_2=\boldsymbol{r}_k+\boldsymbol{A}_2(\overline{\boldsymbol{r}}_2-\overline{\boldsymbol{r}}_k) \tag{9-116}$$

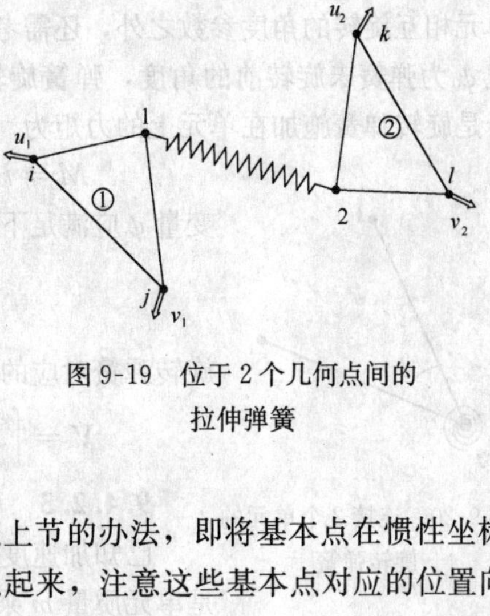

图 9-19 位于 2 个几何点间的拉伸弹簧

其中，$\boldsymbol{A}_1$ 和 $\boldsymbol{A}_2$ 为位置向量 $\boldsymbol{r}_1$ 和 $\boldsymbol{r}_2$ 对应的转换矩阵。

为了将 $\boldsymbol{A}_1$、$\boldsymbol{A}_2$ 表示为基本点的函数，采取类似上节的办法，即将基本点在惯性坐标系中的坐标和局部坐标系中的坐标通过 $\boldsymbol{A}_1$、$\boldsymbol{A}_2$ 联系起来，注意这些基本点对应的位置向量差及单位向量不随时间变换，即单元是刚体，于是有

$$\boldsymbol{X}\equiv[\boldsymbol{r}_i-\boldsymbol{r}_j\quad \boldsymbol{u}\quad \boldsymbol{v}]=\boldsymbol{A}\overline{\boldsymbol{X}}=\boldsymbol{A}[\overline{\boldsymbol{r}}_i-\overline{\boldsymbol{r}}_j\quad \overline{\boldsymbol{u}}\quad \overline{\boldsymbol{v}}] \tag{9-117}$$

因此，$\boldsymbol{A}$ 可以表示为

$$\boldsymbol{A}=\boldsymbol{X}\overline{\boldsymbol{X}}^{-1}=[\boldsymbol{r}_i-\boldsymbol{r}_j\quad \boldsymbol{u}\quad \boldsymbol{v}]\overline{\boldsymbol{X}}^{-1} \tag{9-118}$$

于是，对应于基本点 1、2 的 $\boldsymbol{A}_1$ 和 $\boldsymbol{A}_2$ 可以写为

$$\boldsymbol{A}_1=\boldsymbol{X}_1(\overline{\boldsymbol{X}}_1)^{-1}=[\boldsymbol{r}_i-\boldsymbol{r}_j\quad \boldsymbol{u}_1\quad \boldsymbol{v}_1](\overline{\boldsymbol{X}}_1)^{-1} \tag{9-119a}$$

$$\boldsymbol{A}_2=\boldsymbol{X}_2(\overline{\boldsymbol{X}}_2)^{-1}=[\boldsymbol{r}_i-\boldsymbol{r}_j\quad \boldsymbol{u}_2\quad \boldsymbol{v}_2](\overline{\boldsymbol{X}}_2)^{-1} \tag{9-119b}$$

由单元任意几何点 P 的表达式 $\boldsymbol{r}_P=\boldsymbol{C}_P\boldsymbol{q}^{e}$，可将位置向量 $\boldsymbol{r}_1$、$\boldsymbol{r}_2$ 表示为

$$\boldsymbol{r}_1=\boldsymbol{C}_1\boldsymbol{q}_1^{\mathrm{e}} \qquad \boldsymbol{r}_2=\boldsymbol{C}_2\boldsymbol{q}_2^{\mathrm{e}} \tag{9-120}$$

其中，矩阵 $\boldsymbol{C}_1$ 和 $\boldsymbol{C}_2$ 是常数矩阵。

于是，等价的单元外力可以表示为

$$\boldsymbol{Q}_1^{\mathrm{e}}=\boldsymbol{C}_1^{\mathrm{T}}\boldsymbol{f}_1 \quad \boldsymbol{Q}_2^{\mathrm{e}}=\boldsymbol{C}_2^{\mathrm{T}}\boldsymbol{f}_2 \quad \boldsymbol{f}_2=-\boldsymbol{f}_1 \tag{9-121}$$

外力 $\boldsymbol{Q}_1^{\mathrm{e}}$、$\boldsymbol{Q}_2^{\mathrm{e}}$ 对应的虚位移可通过对 $\boldsymbol{r}_1=\boldsymbol{C}_1\boldsymbol{q}_1^{\mathrm{e}}$、$\boldsymbol{r}_2=\boldsymbol{C}_2\boldsymbol{q}_2^{\mathrm{e}}$ 变分得到，即

$$\delta\boldsymbol{r}_1=\boldsymbol{C}_1\delta\boldsymbol{q}_1^{\mathrm{e}} \qquad \delta\boldsymbol{r}_2=\boldsymbol{C}_2\delta\boldsymbol{q}_2^{\mathrm{e}} \tag{9-122}$$

于是，相应的单元势能可以表示为

$$V=\int_{q_0}^{q}k(L)\left(1-\frac{L_0}{L}\right)\begin{Bmatrix}\boldsymbol{C}_1\boldsymbol{q}_1-\boldsymbol{C}_2\boldsymbol{q}_2\\-\boldsymbol{C}_1\boldsymbol{q}_1+\boldsymbol{C}_2\boldsymbol{q}_2\end{Bmatrix}^{\mathrm{T}}\begin{Bmatrix}\delta\boldsymbol{q}_1\\\delta\boldsymbol{q}_2\end{Bmatrix} \tag{9-123}$$

上式可以进一步展开为

$$\begin{aligned}V&=\int_{q_0}^{q}k(L)\left(1-\frac{L_0}{L}\right)\{\boldsymbol{q}_1^{\mathrm{T}}\quad\boldsymbol{q}_2^{\mathrm{T}}\}\begin{bmatrix}\boldsymbol{C}_1^{\mathrm{T}}&-\boldsymbol{C}_1^{\mathrm{T}}\\-\boldsymbol{C}_2^{\mathrm{T}}&\boldsymbol{C}_2^{\mathrm{T}}\end{bmatrix}\begin{bmatrix}\boldsymbol{C}_1&\boldsymbol{0}\\\boldsymbol{0}&\boldsymbol{C}_2\end{bmatrix}\begin{Bmatrix}\delta\boldsymbol{q}_1\\\delta\boldsymbol{q}_2\end{Bmatrix}\\&=\int_{q_0}^{q}k(L)\left(1-\frac{L_0}{L}\right)\{\delta\boldsymbol{q}_1^{\mathrm{T}}\quad\delta\boldsymbol{q}_2^{\mathrm{T}}\}\begin{bmatrix}\boldsymbol{C}_1^{\mathrm{T}}\boldsymbol{C}_1&-\boldsymbol{C}_1^{\mathrm{T}}\boldsymbol{C}_2\\-\boldsymbol{C}_2^{\mathrm{T}}\boldsymbol{C}_1&\boldsymbol{C}_2^{\mathrm{T}}\boldsymbol{C}_2\end{bmatrix}\begin{Bmatrix}\boldsymbol{q}_1\\\boldsymbol{q}_2\end{Bmatrix}\end{aligned} \tag{9-124}$$

(3) 旋转弹簧对应的外力和势能

连接 2 个单元的旋转弹簧对单元施加力矩，弹簧旋转的角度可以超过 360°，于是除了单元相互旋转的角度参数之外，还需考虑弹簧旋转的圈数。图 9-20 所示为平面旋转弹簧，记 ψ_0 为弹簧未旋转前的角度，弹簧旋转的总角度记为 $\psi+2n\pi$，ψ 为新引入的混合变量，于是旋转弹簧施加在单元上的力矩为

$$M=k(\psi)(\psi+2n\pi-\psi_0) \tag{9-125}$$

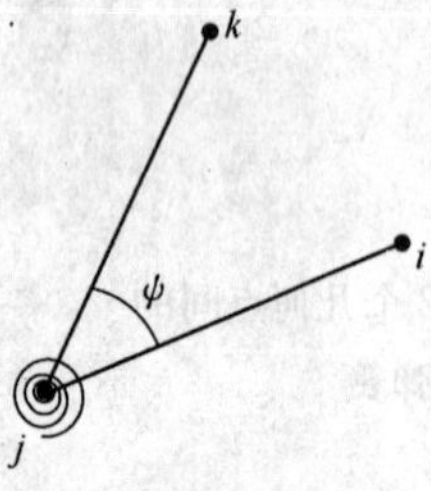

图 9-20 连接 2 个单元的旋转弹簧

变量 ψ 应满足下面的约束方程

$$\boldsymbol{r}_{ij}\cdot\boldsymbol{r}_{ik}=L_{ij}L_{ik}\cos\psi \tag{9-126}$$

$$|\boldsymbol{r}_{ij}\times\boldsymbol{r}_{ik}|=L_{ij}L_{ik}\sin\psi \tag{9-127}$$

旋转弹簧对应的势能为

$$V=\int_{\psi_0}^{\psi+2n\pi-\psi_0}M(\psi)\mathrm{d}\psi=\int_{\psi_0}^{\psi+2n\pi-\psi_0}k(\psi)(\psi-\psi_0)\mathrm{d}\psi \tag{9-128}$$

9.4.2.3 已知加速度场对应的外力

已知加速度场所对应的最简单外力是重力，作用在单元的重力是单元质量 m 乘以重力加速度 $\boldsymbol{g}$，作用点通过单元重心 $\boldsymbol{r}_{\mathrm{G}}$

$$\boldsymbol{f}=-m\boldsymbol{g} \tag{9-129}$$

对应的势能为

$$V=-m\boldsymbol{r}_{\mathrm{G}}^{\mathrm{T}}\boldsymbol{g} \tag{9-130}$$

重心 $\boldsymbol{r}_{\mathrm{G}}$ 可表示为单元自然坐标的函数

$$\boldsymbol{r}_{\mathrm{G}}=\boldsymbol{C}_{\mathrm{G}}\boldsymbol{q}^{\mathrm{e}} \tag{9-131}$$

对应的势能又可写为

$$V=-m(\boldsymbol{q}^{\mathrm{e}})^{\mathrm{T}}\boldsymbol{C}_{\mathrm{G}}^{\mathrm{T}}\boldsymbol{g} \tag{9-132}$$

已知加速度场求解外力的应用之一就是当单元或系统处于旋转运动中的动力学分析。

假定已知运动坐标系的运动，且坐标系原点的速度及角速度分别为 $\boldsymbol{v}_0$、$\boldsymbol{\Omega}$。根据相对运动原理，可得相对运动坐标系下的动力学描述。假定标准单元具有 2 个基本点 i、j 和 2 个不共面的单位向量 $\boldsymbol{u}$、$\boldsymbol{v}$，相应的加速度为

$$\ddot{\boldsymbol{r}}_i=\dot{\boldsymbol{\Omega}}\times\boldsymbol{r}_i+\boldsymbol{\Omega}\times(\boldsymbol{\Omega}\times\boldsymbol{r}_i)+\dot{\boldsymbol{v}}_0 \tag{9-133}$$

$$\ddot{\boldsymbol{r}}_j=\dot{\boldsymbol{\Omega}}\times\boldsymbol{r}_j+\boldsymbol{\Omega}\times(\boldsymbol{\Omega}\times\boldsymbol{r}_j)+\dot{\boldsymbol{v}}_0 \tag{9-134}$$

$$\ddot{\boldsymbol{u}}=\dot{\boldsymbol{\Omega}}\times\boldsymbol{u}+\boldsymbol{\Omega}\times(\boldsymbol{\Omega}\times\boldsymbol{u}) \tag{9-135}$$

$$\ddot{\boldsymbol{v}}=\dot{\boldsymbol{\Omega}}\times\boldsymbol{v}+\boldsymbol{\Omega}\times(\boldsymbol{\Omega}\times\boldsymbol{v}) \tag{9-136}$$

对应的单元等价惯性力 $\boldsymbol{Q}_{\text{in}}^{\text{e}}$

$$\boldsymbol{Q}_{\text{in}}^{\text{e}}=-M^{\text{e}}\left[\ddot{\boldsymbol{r}}_i,\ddot{\boldsymbol{r}}_j,\ddot{\boldsymbol{u}},\ddot{\boldsymbol{v}}\right]^{\text{T}}=-M^{\text{e}}\ddot{\boldsymbol{q}}^{\text{e}} \tag{9-137}$$

其中，M^{e}是对应的单元质量矩阵。

单元相应的势能为

$$V=-\int_{q_0}^{q}(\text{d}\boldsymbol{q}^{\text{e}})^{\text{T}}\boldsymbol{Q}_{\text{in}}^{\text{e}}=-\int_{q_0}^{q}(\text{d}\boldsymbol{q}^{\text{e}})^{\text{T}}\boldsymbol{M}^{\text{e}}\ddot{\boldsymbol{q}}^{\text{e}} \tag{9-138}$$

9.5 运动方程及动力分析

本节介绍直接动力学问题的求解过程和求解算法。直接动力学问题求解就是确定多体系统在已知外力作用下的运动，或者是在某些自由度运动已知或受控的情况下，确定多体系统的运动。直接动力学分析常常被称为动力模拟，动力模拟在很多领域有广泛应用，如大型结构施工过程的模拟分析等。

9.5.1 非独立坐标的运动方程

非独立坐标的运动方程可以通过 Lagrange 方程或虚功率原理得到。记位置向量 $\boldsymbol{q}$ 为多体系统的 n 个未知非独立坐标向量，m 记为独立约束方程（包括几何约束方程和运动约束方程）的个数，$f=n-m$ 是系统的动力自由度。多体系统的约束方程具有下列一般形式

$$\boldsymbol{\Phi}(\boldsymbol{q},t)=\boldsymbol{0} \tag{9-139}$$

记多体系统的动能为 $\boldsymbol{T}(\boldsymbol{q},\dot{\boldsymbol{q}})$，势能为 $V(\boldsymbol{q})$，$Q_{\text{ex}}(\boldsymbol{q})$为作用在位置向量 $\boldsymbol{q}$ 上的一般外力，于是 Lagrange 方程可以写为

$$\frac{\text{d}}{\text{d}t}\left(\frac{\partial L}{\partial\dot{\boldsymbol{q}}}\right)-\frac{\partial L}{\partial\boldsymbol{q}}+\dot{\boldsymbol{\Phi}}_{\boldsymbol{q}}^{\text{T}}\boldsymbol{\lambda}=\boldsymbol{Q}_{\text{ex}} \tag{9-140}$$

其中，$L=T-V$ 是 Lagrange 函数。

由于采用非独立坐标向量 $\boldsymbol{q}$ 描述系统，因此，需要引入项 $\boldsymbol{\Phi}_{\boldsymbol{q}}^{\text{T}}\boldsymbol{\lambda}$。$\boldsymbol{\Phi}_{\boldsymbol{q}}$ 代表约束方程的 Jacobian 矩阵，$\boldsymbol{\lambda}$ 代表 Lagrange 乘子，方程(9-140)共有 $n+m$ 个未知量。

多体系统的动能 $\boldsymbol{T}(\boldsymbol{q},\dot{\boldsymbol{q}})$ 可以写为

$$T=\frac{1}{2}\dot{\boldsymbol{q}}^{\text{T}}\boldsymbol{M}(\boldsymbol{q})\dot{\boldsymbol{q}} \tag{9-141}$$

其中，$\boldsymbol{M}(\boldsymbol{q})$ 为质量矩阵。

如果多体系统的所有单元都具有至少 2 个基本点和 2 个不共面的单位向量或者等价的单元，$\boldsymbol{M}(\boldsymbol{q})$ 将为常数矩阵，否则，$\boldsymbol{M}(\boldsymbol{q})$ 将依赖于 $\boldsymbol{q}$。

考虑 $\boldsymbol{M}(\boldsymbol{q})$ 的一般情况，即 $\boldsymbol{M}(\boldsymbol{q})$ 依赖于 $\boldsymbol{q}$，此时 Lagrange 方程可以进一步写为

$$\boldsymbol{M}(\boldsymbol{q})\ddot{\boldsymbol{q}}+\boldsymbol{\Phi}_q^{\mathrm{T}}\boldsymbol{\lambda}=Q_{\mathrm{ex}}+L_q-\dot{\boldsymbol{M}}(\boldsymbol{q})\dot{\boldsymbol{q}} \tag{9-142}$$

其中，$L_q=\dfrac{\partial L}{\partial \boldsymbol{q}}$。

多体系统的运动方程还可以通过虚功率原理推导得到，此时虚功率方程可以写为

$$\tilde{\dot{\boldsymbol{q}}}^{\mathrm{T}}(\boldsymbol{M}\ddot{\boldsymbol{q}}-\boldsymbol{Q})=0 \tag{9-143}$$

其中，$\tilde{\dot{\boldsymbol{q}}}$ 代表虚速度，必须满足速度约束方程

$$\boldsymbol{\Phi}_q(\boldsymbol{q},t)\tilde{\dot{\boldsymbol{q}}}=\boldsymbol{0} \tag{9-144}$$

由于 $\tilde{\dot{\boldsymbol{q}}}$ 不独立，因此方程(9-143)中的括号中的项并不能为 0，为此引入式(9-144)到式(9-143)中，得到

$$\tilde{\dot{\boldsymbol{q}}}^{\mathrm{T}}(\boldsymbol{M}\ddot{\boldsymbol{q}}-\boldsymbol{Q}+\boldsymbol{\Phi}_q^{\mathrm{T}}\boldsymbol{\lambda})=0 \tag{9-145}$$

此时，总能找到 $\boldsymbol{\lambda}$ 的一组 m 个元素，使得式(9-145)中的括号项为 0，于是根据变分定理，有

$$\boldsymbol{M}\ddot{\boldsymbol{q}}+\boldsymbol{\Phi}_q^{\mathrm{T}}\boldsymbol{\lambda}=\boldsymbol{Q} \tag{9-146}$$

其中，$\boldsymbol{Q}$ 包含所有外力，同时包含与速度相关的惯性力。

方程(9-146)与(9-142)是等价的，为多体系统非独立坐标的运动方程。

9.5.2 运动方程的求解方法

9.5.2.1 Lagrange 乘子法

式(9-146)有 $n+m$ 个未知量，将约束方程(9-139)与之联立，原则上可以求解。但它们由一组微分方程和一组代数方程组成，为此，对约束方程进行 2 次时间微分，得到

$$\boldsymbol{\Phi}_q\ddot{\boldsymbol{q}}=-\dot{\boldsymbol{\Phi}}_t-\dot{\boldsymbol{\Phi}}_q\dot{\boldsymbol{q}}\equiv\boldsymbol{c} \tag{9-147}$$

该方程可以求得向量 $\boldsymbol{c}$。联合式(9-146)、式(9-147)得到如下运动方程

$$\begin{bmatrix}\boldsymbol{M} & \boldsymbol{\Phi}_q^{\mathrm{T}}\\ \boldsymbol{\Phi}_q & \boldsymbol{0}\end{bmatrix}\begin{Bmatrix}\ddot{\boldsymbol{q}}\\ \boldsymbol{\lambda}\end{Bmatrix}=\begin{Bmatrix}\boldsymbol{Q}\\ \boldsymbol{c}\end{Bmatrix} \tag{9-148}$$

该方程组分别有 $n+m$ 个方程和未知量，系数矩阵为稀疏对称矩阵，且一般为非正定。动力分析的过程就是方程(9-148)的求解过程。运动方程的 Lagrange 乘子法的算法如下：

第一步：给定多体系统在 t 时刻的位置向量 $\boldsymbol{q}$ 和速度向量 $\dot{\boldsymbol{q}}$；

第二步：求解代数方程(9-148)，得到多体系统在 t 时刻的加速度向量 $\ddot{\boldsymbol{q}}$；

第三步：对速度向量和加速度向量进行数值积分，得到下一时刻 $t+\Delta t$ 对应的速度向量及加速度向量；

第四步：利用 $t+\Delta t$ 时刻的速度向量和加速度向量重新开始第二步。

9.5.2.2 投影矩阵方法

由上述运动分析可知，矩阵 $\boldsymbol{R}$ 的 $f=n-m$ 个列向量构成了 Jacobian 矩阵 $\boldsymbol{\Phi}_q$ 的零空间，即允许运动的向量基，即满足

$$\boldsymbol{\Phi}_q\boldsymbol{R}=\boldsymbol{0} \tag{9-149}$$

若约束方程不显式依赖于时间，则独立坐标向量与非独立坐标向量之间的关系为

$$\dot{\boldsymbol{q}}=\boldsymbol{R}\dot{\boldsymbol{z}} \tag{9-150}$$

此时，虚功率方程 $\tilde{\boldsymbol{q}}^{\mathrm{T}}(\boldsymbol{M}\ddot{\boldsymbol{q}}-\boldsymbol{Q})=0$ 可以利用独立坐标向量 $\dot{\boldsymbol{z}}$ 写为

$$\tilde{\boldsymbol{z}}^{\mathrm{T}}\boldsymbol{R}^{\mathrm{T}}(\boldsymbol{M}\ddot{\boldsymbol{q}}-\boldsymbol{Q})=0 \tag{9-151}$$

由于 $\tilde{\boldsymbol{z}}$ 的独立性，由变分定理可知

$$\boldsymbol{R}^{\mathrm{T}}\boldsymbol{M}\ddot{\boldsymbol{q}}=\boldsymbol{R}^{\mathrm{T}}\boldsymbol{Q} \tag{9-152}$$

上述方程有 $n-m$ 个未知量，与加速度约束方程联立，得如下形式方程

$$\begin{bmatrix}\boldsymbol{\Phi}_q\\ \boldsymbol{R}^{\mathrm{T}}\boldsymbol{M}\end{bmatrix}\ddot{\boldsymbol{q}}=\begin{Bmatrix}\boldsymbol{c}\\ \boldsymbol{R}^{\mathrm{T}}\boldsymbol{Q}\end{Bmatrix} \tag{9-153}$$

该方程组有 n 个方程、n 个未知量，可求得加速度。方程(9-153)的求解过程如下：

第一步：给定多体系统在 t 时刻的位置向量 $\boldsymbol{q}$ 和速度向量 $\dot{\boldsymbol{q}}$；

第二步：对 Jacobian 矩阵 $\boldsymbol{\Phi}_q$ 进行全主元三角消去法，得到转换矩阵 $\boldsymbol{R}$；

第三步：形成矩阵 $\boldsymbol{R}$，完成矩阵积 $\boldsymbol{R}^{\mathrm{T}}\boldsymbol{M}$ 的计算；

第四步：求解代数方程(9-153)，得到多体系统在 t 时刻的加速度向量；

第五步：对速度向量及加速度向量进行数值积分，得到下一时刻 $t+\Delta t$ 对应的速度向量及加速度向量；

第六步：利用 $t+\Delta t$ 时刻的速度向量及加速度向量重新开始第二步。

9.5.2.3 约束方程稳定性问题

上述两种求解方法均是将约束方程进行二次时间微分，然后联立得到运动方程(9-148)和(9-153)。加速度约束方程可以写为一般的形式

$$\ddot{\boldsymbol{\Phi}}_q(\boldsymbol{q},t)\equiv\boldsymbol{\Phi}_q\ddot{\boldsymbol{q}}+\dot{\boldsymbol{\Phi}}_q\dot{\boldsymbol{q}}+\dot{\boldsymbol{\Phi}}_t=\boldsymbol{0} \tag{9-154}$$

上述微分方程的一般解为

$$\boldsymbol{\Phi}_q(\boldsymbol{q},t)=\boldsymbol{a}_1t+\boldsymbol{a}_2 \tag{9-155}$$

其中，$\boldsymbol{a}_1$ 和 $\boldsymbol{a}_2$ 为依赖于初始条件的常数向量。

式(9-154)数值不稳定，因为若 $\boldsymbol{a}_1$ 取为任意非零向量，则解(9-155)随着时间增大，积分运算将趋于无穷大，即使初始条件使得 $\boldsymbol{a}_1=0$，数值积分过程中不可避免的数值误差将使约束方程不再满足，而且这种影响将随着时间的增长而延伸。Baumgarte 提出了修正方法。约束方程(9-154)可用下面的方程代替

$$\ddot{\boldsymbol{\Phi}}+2\alpha\dot{\boldsymbol{\Phi}}+\beta\boldsymbol{\Phi}=\boldsymbol{0} \tag{9-156}$$

其中，α、β 为适当的常数。

上述方程的一般解为

$$\boldsymbol{\Phi}=\boldsymbol{a}_1e^{s_1t}+\boldsymbol{a}_2e^{s_2t} \tag{9-157}$$

其中，$\boldsymbol{a}_1$、$\boldsymbol{a}_2$ 为依赖于初始条件的常数向量，s_1、s_2 是特征方程的根

$$s_1,\ s_2=-\alpha\pm\sqrt{\alpha^2-\beta^2}$$

于是，运动方程(9-148)和(9-154)可以分别重新写为以下形式

$$\begin{bmatrix}\boldsymbol{M} & \boldsymbol{\Phi}_q^{\mathrm{T}}\\ \boldsymbol{\Phi}_q & \boldsymbol{0}\end{bmatrix}\begin{Bmatrix}\ddot{\boldsymbol{q}}\\ \boldsymbol{\lambda}\end{Bmatrix}=\begin{Bmatrix}\boldsymbol{Q}\\ \boldsymbol{g}\end{Bmatrix} \tag{9-158}$$

$$\begin{bmatrix}\boldsymbol{\Phi}_q\\ \boldsymbol{R}^{\mathrm{T}}\boldsymbol{M}\end{bmatrix}\ddot{\boldsymbol{q}}=\begin{Bmatrix}\boldsymbol{g}\\ \boldsymbol{R}^{\mathrm{T}}\boldsymbol{Q}\end{Bmatrix} \tag{9-159}$$

$$\boldsymbol{g}=-\dot{\boldsymbol{\Phi}}_t-\dot{\boldsymbol{\Phi}}_q\dot{\boldsymbol{q}}-2\alpha(\boldsymbol{\Phi}_q\dot{\boldsymbol{q}}+\dot{\boldsymbol{\Phi}}_t)-\beta^2\boldsymbol{\Phi} \tag{9-160}$$

9.5.2.4 Bayo 罚函数法

Bayo 罚函数法可应用于完整约束和非完整约束多体系统运动方程的计算。

(1) 完整约束系统(Holonomic System)

构造一个虚拟势能如下

$$V=\sum_k\frac{1}{2}\alpha_k\omega_k^2\phi_k^2\equiv\frac{1}{2}\boldsymbol{\Phi}^{\mathrm{T}}\boldsymbol{\alpha}\boldsymbol{\Omega}^2\boldsymbol{\Phi} \tag{9-161}$$

构造一组 Rayleigh 耗散力(dissipative force)

$$G_k=-2\alpha_k\omega_k\mu_k\frac{\mathrm{d}\phi_k}{\mathrm{d}t}=\sum_k\frac{1}{2}\alpha_k\omega_k^2\phi_k^2\equiv2\boldsymbol{\alpha}\boldsymbol{\Omega}\boldsymbol{\mu}\dot{\boldsymbol{\Phi}} \tag{9-162}$$

构造一个虚拟的动能

$$\widetilde{T}=\sum_k\frac{1}{2}\alpha_k\left(\frac{\mathrm{d}\phi_k}{\mathrm{d}t}\right)^2\equiv\frac{1}{2}\dot{\boldsymbol{\Phi}}^{\mathrm{T}}\boldsymbol{\alpha}\dot{\boldsymbol{\Phi}} \tag{9-163}$$

其中，α_k为非常大的实数值；ω_k和μ_k代表约束方程$\boldsymbol{\Phi}_k=0$时罚系统的自然频率和阻尼比；矩阵$\boldsymbol{\alpha}$、$\boldsymbol{\Omega}$、$\boldsymbol{\mu}$均是$m\times m$阶对角阵。如果对每个约束方程取同样的值，那么矩阵$\boldsymbol{\alpha}$、$\boldsymbol{\Omega}$、$\boldsymbol{\mu}$就变为一个常数与单位矩阵相乘。

将上述 3 项组成的 Lagrange 函数 $L=T-V$ 进行微分，得到

$$\frac{\partial L}{\partial\boldsymbol{q}}=\boldsymbol{\Phi}_q^{\mathrm{T}}\boldsymbol{\alpha}\dot{\boldsymbol{\Phi}}-\boldsymbol{\Phi}_q^{\mathrm{T}}\boldsymbol{\alpha}\boldsymbol{\Omega}^2\boldsymbol{\Phi} \tag{9-164}$$

$$\frac{\partial L}{\partial\dot{\boldsymbol{q}}}=\dot{\boldsymbol{\Phi}}_q^{\mathrm{T}}\boldsymbol{\alpha}\dot{\boldsymbol{\Phi}} \tag{9-165}$$

$$\frac{\mathrm{d}}{\mathrm{d}t}\left(\frac{\partial L}{\partial\dot{\boldsymbol{q}}}\right)=\ddot{\boldsymbol{\Phi}}_q^{\mathrm{T}}\boldsymbol{\alpha}\dot{\boldsymbol{\Phi}}+\dot{\boldsymbol{\Phi}}_q^{\mathrm{T}}\boldsymbol{\alpha}\ddot{\boldsymbol{\Phi}}=\ddot{\boldsymbol{\Phi}}_q^{\mathrm{T}}\boldsymbol{\alpha}\dot{\boldsymbol{\Phi}}+\dot{\boldsymbol{\Phi}}_q^{\mathrm{T}}\boldsymbol{\alpha}\ddot{\boldsymbol{\Phi}} \tag{9-166}$$

容易验证 $\ddot{\boldsymbol{\Phi}}_{\dot{q}}=\dot{\boldsymbol{\Phi}}_q$。Rayleigh 耗散力做的虚功为

$$\delta W_R=-2(\delta\boldsymbol{\Phi})^{\mathrm{T}}\boldsymbol{\alpha}\boldsymbol{\Omega}\boldsymbol{\mu}\dot{\boldsymbol{\Phi}}=-2(\delta\boldsymbol{q})^{\mathrm{T}}\boldsymbol{\Phi}_q^{\mathrm{T}}\boldsymbol{\alpha}\boldsymbol{\Omega}\boldsymbol{\mu}\dot{\boldsymbol{\Phi}} \tag{9-167}$$

最终形式的 Lagrange 方程为

$$\boldsymbol{M}\ddot{\boldsymbol{q}}+\boldsymbol{\Phi}_q^{\mathrm{T}}\boldsymbol{\alpha}(\ddot{\boldsymbol{\Phi}}+2\boldsymbol{\Omega}\boldsymbol{\mu}\dot{\boldsymbol{\Phi}}+\boldsymbol{\Omega}^2\boldsymbol{\Phi})=\boldsymbol{Q} \tag{9-168}$$

其中，$\boldsymbol{M}$是质量矩阵，$\boldsymbol{Q}=\boldsymbol{Q}_{\mathrm{ex}}-L_q-\dot{\boldsymbol{M}}\dot{\boldsymbol{q}}$ 是系统外力。

将约束方程进行两次时间微分得到方程(9-147)，将式(9-168)中的$\ddot{\boldsymbol{\Phi}}$用$\boldsymbol{\Phi}_q\ddot{\boldsymbol{q}}=-\dot{\boldsymbol{\Phi}}_t-\dot{\boldsymbol{\Phi}}_q\dot{\boldsymbol{q}}$带入，式(9-168)最终的形式为

$$(\boldsymbol{M}+\boldsymbol{\Phi}_q^{\mathrm{T}}\boldsymbol{\alpha}\boldsymbol{\Phi}_q)\ddot{\boldsymbol{q}}=\boldsymbol{Q}-\boldsymbol{\Phi}_q^{\mathrm{T}}\boldsymbol{\alpha}(\dot{\boldsymbol{\Phi}}\dot{q}+\dot{\boldsymbol{\Phi}}_t+2\boldsymbol{\Omega}\boldsymbol{\mu}\dot{\boldsymbol{\Phi}}+\boldsymbol{\Omega}^2\boldsymbol{\Phi}) \tag{9-169}$$

(2) 非完整约束系统(Non-Holonomic System)

非完整约束系统的一般形式为

$$\Phi_k(q_j,\dot{q}_j,t)=0 \tag{9-170}$$

非完整约束多体系统的一般形式为

$$\boldsymbol{\Phi}=\boldsymbol{A}(\boldsymbol{q},t)\dot{\boldsymbol{q}}+\boldsymbol{B}(\boldsymbol{q},t) \tag{9-171}$$

引入 Lagrange 乘子，得到如下的运动方程

$$\boldsymbol{M}\ddot{\boldsymbol{q}}+\boldsymbol{A}^{\mathrm{T}}\lambda=\boldsymbol{Q} \tag{9-172}$$

同完整约束系统情形类似，引入虚拟 Rayleigh 耗散力

$$G_k=-\alpha_k\phi_k\mu_k\equiv\boldsymbol{\alpha}\boldsymbol{\mu}\boldsymbol{\Phi} \tag{9-173}$$

虚拟惯性力

$$\widetilde{I}_k=-\alpha_k\dot{\phi}_k\equiv\boldsymbol{\alpha}\dot{\boldsymbol{\Phi}} \tag{9-174}$$

于是作用于多体系统的外力，在约束方程非独立坐标空间的投影为

$$\boldsymbol{A}^{\mathrm{T}}\boldsymbol{\alpha}(\dot{\boldsymbol{\Phi}}+\boldsymbol{\mu}\boldsymbol{\Phi}) \tag{9-175}$$

虚功率方程为

$$\widetilde{\boldsymbol{q}}^{\mathrm{T}}[\boldsymbol{M}\ddot{\boldsymbol{q}}-\boldsymbol{Q}+\boldsymbol{A}^{\mathrm{T}}\boldsymbol{\alpha}(\dot{\boldsymbol{\Phi}}+\boldsymbol{\mu}\boldsymbol{\Phi})]=0 \tag{9-176}$$

由于引入了 Lagrange 乘子，因此约束方程不再具有约束性质，虚速度可任意选择，因此，根据变分定理，上式括号中必须为 0，于是得到如下方程

$$\boldsymbol{M}\ddot{\boldsymbol{q}}+\boldsymbol{A}^{\mathrm{T}}\boldsymbol{\alpha}(\dot{\boldsymbol{\Phi}}+\boldsymbol{\mu}\boldsymbol{\Phi})=\boldsymbol{Q} \tag{9-177}$$

将约束方程(9-171)进行时间微分得

$$\dot{\boldsymbol{\Phi}}(\boldsymbol{q},\dot{\boldsymbol{q}},t)=\boldsymbol{\Phi}_q\dot{\boldsymbol{q}}+\boldsymbol{\Phi}_q\ddot{\boldsymbol{q}}+\boldsymbol{\Phi}_t \tag{9-178}$$

于是式(9-178)可最终写为

$$(\boldsymbol{M}+\boldsymbol{A}^{\mathrm{T}}\boldsymbol{\alpha}\boldsymbol{A})\ddot{\boldsymbol{q}}=\boldsymbol{Q}-\boldsymbol{A}^{\mathrm{T}}\boldsymbol{\alpha}(\dot{\boldsymbol{A}}\dot{\boldsymbol{q}}+\dot{\boldsymbol{B}}+\boldsymbol{\mu}\boldsymbol{\Phi}) \tag{9-179}$$

(3) 扩展的 Lagrange 方程

方程(9-169)和(9-179)是由罚函数法得到的修正的 Lagrange 方程。罚函数法需要选择合适的罚函数，保证数值过程收敛。最初的罚函数方程(9-146)，对应 Holonomic System 的罚函数方程为

$$\boldsymbol{M}\ddot{\boldsymbol{q}}+\boldsymbol{\Phi}_q^{\mathrm{T}}\boldsymbol{\alpha}(\ddot{\boldsymbol{\Phi}}+2\boldsymbol{\Omega}\boldsymbol{\mu}\dot{\boldsymbol{\Phi}}+\boldsymbol{\Omega}^2\boldsymbol{\Phi})+\boldsymbol{\Phi}_q^{\mathrm{T}}\widetilde{\boldsymbol{\lambda}}=\boldsymbol{Q} \tag{9-180}$$

上述方程与式(9-146)比较，Lagrange 乘子可以表示为

$$\boldsymbol{\lambda}=\widetilde{\boldsymbol{\lambda}}+\boldsymbol{\alpha}(\ddot{\boldsymbol{\Phi}}+2\boldsymbol{\Omega}\boldsymbol{\mu}\dot{\boldsymbol{\Phi}}+\boldsymbol{\Omega}^2\boldsymbol{\Phi}) \tag{9-181}$$

求解方程(9-180)时，需先知道 Lagrange 乘子$\widetilde{\boldsymbol{\lambda}}$的值，$\widetilde{\boldsymbol{\lambda}}$可通过迭代的方法得到

$$\boldsymbol{\lambda}_{i+1}=\boldsymbol{\lambda}_i+\boldsymbol{\alpha}(\ddot{\boldsymbol{\Phi}}+2\boldsymbol{\Omega}\boldsymbol{\mu}\dot{\boldsymbol{\Phi}}+\boldsymbol{\Omega}^2\boldsymbol{\Phi})_{i+1},i=0,1,2,\cdots \tag{9-182}$$

因此，运动方程(9-180)可以通过迭代形式求解

$$(\boldsymbol{M}+\boldsymbol{\Phi}_q^{\mathrm{T}}\boldsymbol{\alpha}\boldsymbol{\Phi}_q)\ddot{\boldsymbol{q}}_{i+1}=\boldsymbol{M}\ddot{\boldsymbol{q}}_i+\boldsymbol{\Phi}_q^{\mathrm{T}}\boldsymbol{\alpha}(\dot{\boldsymbol{\Phi}}\dot{\boldsymbol{q}}+\dot{\boldsymbol{\Phi}}_t+2\boldsymbol{\Omega}\boldsymbol{\mu}\dot{\boldsymbol{\Phi}}+\boldsymbol{\Omega}^2\boldsymbol{\Phi})\ (i=0,1,2,\cdots) \tag{9-183}$$

对应非完整约束系统(Non-Holonomic System)，运动方程的迭代形式如下

$$(\boldsymbol{M}+\boldsymbol{A}_q^{\mathrm{T}}\boldsymbol{\alpha}\boldsymbol{A}_q)\ddot{\boldsymbol{q}}_{i+1}=\boldsymbol{M}\ddot{\boldsymbol{q}}_i+\boldsymbol{A}^{\mathrm{T}}\boldsymbol{\alpha}(\dot{\boldsymbol{A}}\dot{\boldsymbol{q}}+\dot{\boldsymbol{B}}+\boldsymbol{\mu}\boldsymbol{\Phi})\ (i=0,1,2,\cdots) \tag{9-184}$$

上两式的初始迭代方程均为 $\boldsymbol{M}\ddot{\boldsymbol{q}}_0=\boldsymbol{Q}$。

上述运动方程(9-169)、(9-179)、(9-183)及(9-184)都可用下面的算法过程实现：

第一步：给定多体系统在 t 时刻的位置向量 $\boldsymbol{q}$ 和速度向量 $\dot{\boldsymbol{q}}$；

第二步：求解运动方程(9-169)或(9-179)或(9-183)或(9-184)，得到多体系统在 t 时刻的加速度向量 $\ddot{\boldsymbol{q}}$；

第三步：对速度向量及加速度向量进行数值积分，得到下一时刻 $t+\Delta t$ 对应的速度向量及加速度向量；

第四步：利用 $t+\Delta t$ 时刻的速度向量及加速度向量重新开始第二步。

9.6 典型钢结构施工过程的动力学模拟

本章前面几节的内容是实现多体系统动力学分析与模拟的理论基础，本节将给出基于现代 CAD/CAM/CAE 系统，实现多体系统动力学数值模拟[3,4]的应用实例。

大型钢结构的施工过程是结构系统及其辅助施工结构、施工设备相互作用的复杂多体动力学过程。大型空间结构的施工过程对结构最终状态及其后的结构安全有着至关重要的影响。因此，大型空间结构施工过程的动力学数值模拟，对大型钢结构施工方案优化、施工过程控制及结构安全性都有十分重要的意义。

基于三维实体模型的大型 CAD/CAM/CAE 系统是现代设计与模拟系统的有效工具。利用现代先进的三维实体建模系统，可以实现复杂系统的力学性能数值模拟。因此，原则上可以对任何施工系统(包括结构系统、辅助结构以及施工设备)，建立相应的三维实体模型，实现大型复杂结构施工过程的动力学模拟。

本节根据上述多体系统动力学的理论基础，通过多体系统动力学数值模拟[3,4]的应用实例，说明基于现代 CAD/CAM/CAE 系统技术实现钢结构施工模拟的方法。首先以钢结构施工过程中典型的施工方法及结构吊装过程为例，简要说明建立施工系统三维实体模型的过程，在三维实体模型的基础上，进一步说明实现施工过程动力学模拟的过程。最后针对大型钢结构施工过程中常用的施工方法——吊装方法和滑移方法——及其施工过程，以重庆江北机场航站楼及上海忠旗体育馆的施工过程为例，建立相应的多体系统动力学实体模型，简要说明施工过程的动力学模拟方法。

9.6.1 施工系统的三维实体模型的建立

建立施工系统(包括结构系统、辅助结构以及施工设备)的三维实体模型是实现施工过程模拟的基础，其中施工设备三维实体模型的建立是关键，施工设备是提供驱动力的机械系统，该系统各部分之间产生相对运动；而结构系统、施工辅助结构系统一般既不提供动力也无相对运动。由多体系统动力学理论，施工设备可以表示为相互运动的多体系统，其

中各单元可分别由三维实体模型模拟，各单元之间的约束即多体系统的各种铰接点，可用两种方法定义。一种方法按照施工设备的属性，直接定义适宜的铰接点；另一种方法利用三维实体模型系统特有的约束方法，建立各单元之间适宜的几何约束，这些几何约束可由动力学模拟系统自动转换为各种铰约束，该方法较为简捷。

本节以钢结构施工中常见的吊装设备——起重机为例，说明建立起重机三维空间多体系统动力学模型的方法。本节的起重机三维模型只是一个简单的起重机空间多体系统模型，只考虑主要的运动特征，未考虑结构的细节，因此只对主要的铰接点进行三维实体模拟。此外，起重机各单元(部件)的几何只是一种示意，并不表示真实的几何尺寸，但三维实体建模严格遵守参数化建模的标准，因此，只要输入有关真实几何尺寸，就可很容易地得到真实的起重机三维模型。起重机空间多体系统模型的建模过程为：

(1) 应用参数化建模方法建立起重机各个运动单元(部件)的三维几何模型

各主要运动部件的三维实体模型如图 9-21 所示。

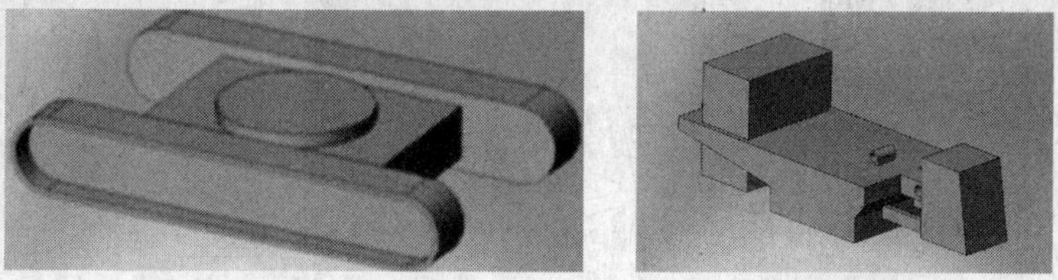

(*a*)

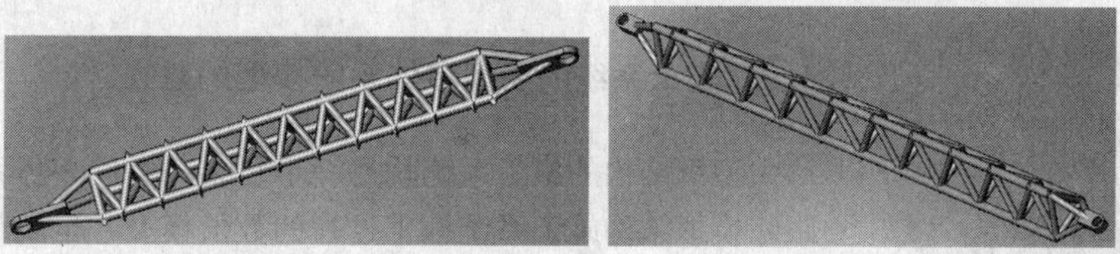

(*b*)

图 9-21 起重机主要运动部件的三维实体模型

(*a*) 运动底盘的三维实体模型；(*b*) 各种起重臂的三维实体模型

(2) 整体模型组装

在各主要运动部件的三维实体模型建立后，可按照三维实体系统的功能将各个单元装配为整体起重机系统。部件的装配实际就是添加几何约束，该几何约束可以准确模拟多体系统铰接点所提供的几何约束。

装配关系即几何约束在所有的三维实体建模系统中几乎一致，主要的几何约束为直线与直线的重合约束、面与面的共面约束、面与直线的共面约束、圆柱面与圆柱面的同心约束、圆与圆的同心约束、直线与直线的距离约束、面与面的距离约束。空间多体系统中各类铰接点所提供的几何约束均可以通过上述三维建模系统所提供的几何约束表示。图 9-22 为几个典型装配关系即几何约束的示意图。

对起重机各个运动部件添加必要的几何约束后，就形成了起重机的三维实体模型。此时通过三维实体系统提供的各种运动模拟功能，检查所有已形成的可能的几何运动，包括碰撞检查等。实际建立的起重机三维实体模型如图 9-23 所示。

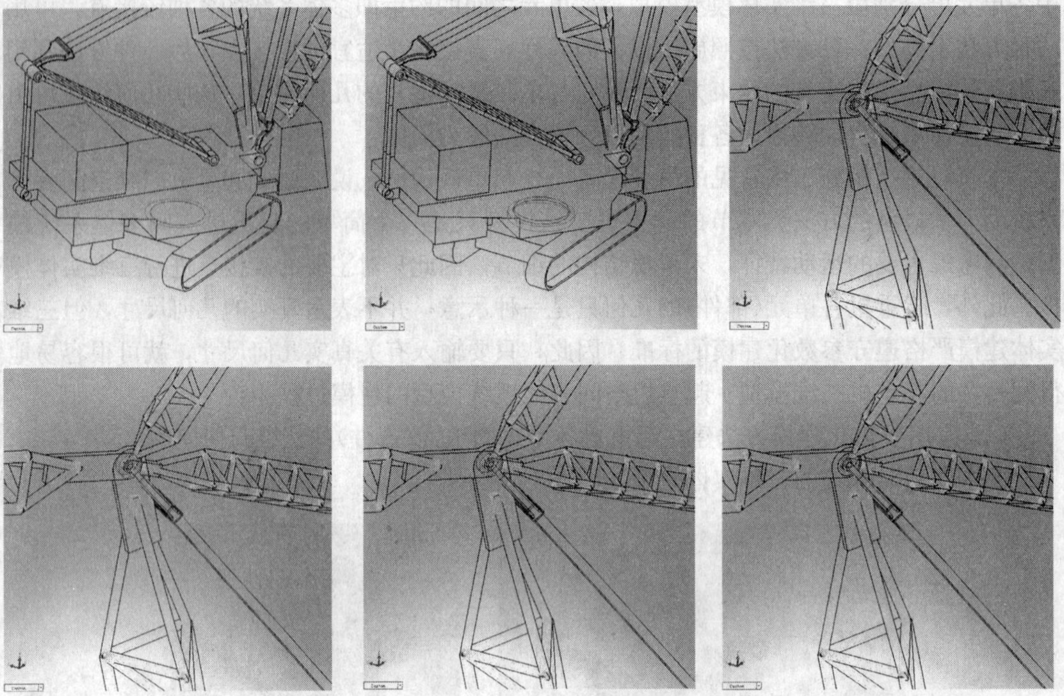

图 9-22 起重机各种构件典型装配关系三维模型

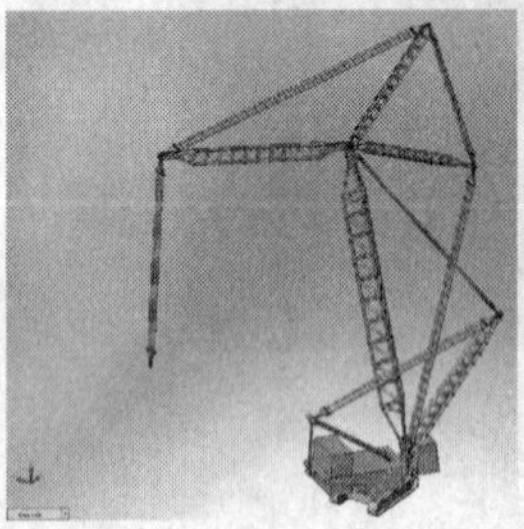

图 9-23 起重机的三维实体模型

9.6.2 施工系统的空间多体系统模型的建立

大型钢结构的施工系统就是一个复杂的空间多体系统，建立跟踪模拟结构施工系统施工过程的数值模型，也就是建立这个施工系统的空间多体系统模型。

建立空间多体系统模型的方法和主要步骤为：先建立各单元的三维实体模型；再以适当的几何约束连接这些单元的三维实体模型，形成空间多体系统的实体模型；在三维实体模型系统中定义单元（即部件）的材料属性（如密度、弹性模量等），以得到多体系统数值模拟所需的各种惯性参数（如中心坐标、惯性力矩等）；以此模型为基础，生成多体动力学模拟系统的质量矩阵。

在空间多体系统实体模型中施加几何约束，就是在多体动力学模拟系统中生成适宜的铰接点，从而形成完整的多体系统几何模型，当然，也可以为多体系统定义已有的铰接点。以已形成的三维实体模型为基础，就可生成多体系统的质量矩阵。因此，建立空间多体系统模型的最主要的工作就是建立各个单元的三维实体模型。

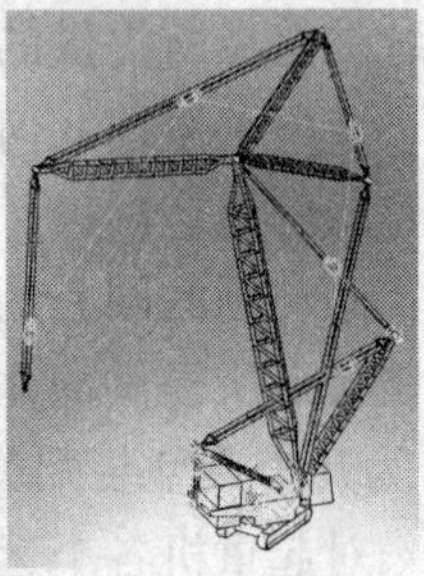

图 9-24 起重机的空间多体系统动力学模型

按以上方法生成的起重机多体系统模型示于图 9-24 中，图 9-25 为起重机多体系统中各种典型铰接点及相应属性。

图 9-26 是各主要运动单元的重心，它是多体系统数值模拟的重

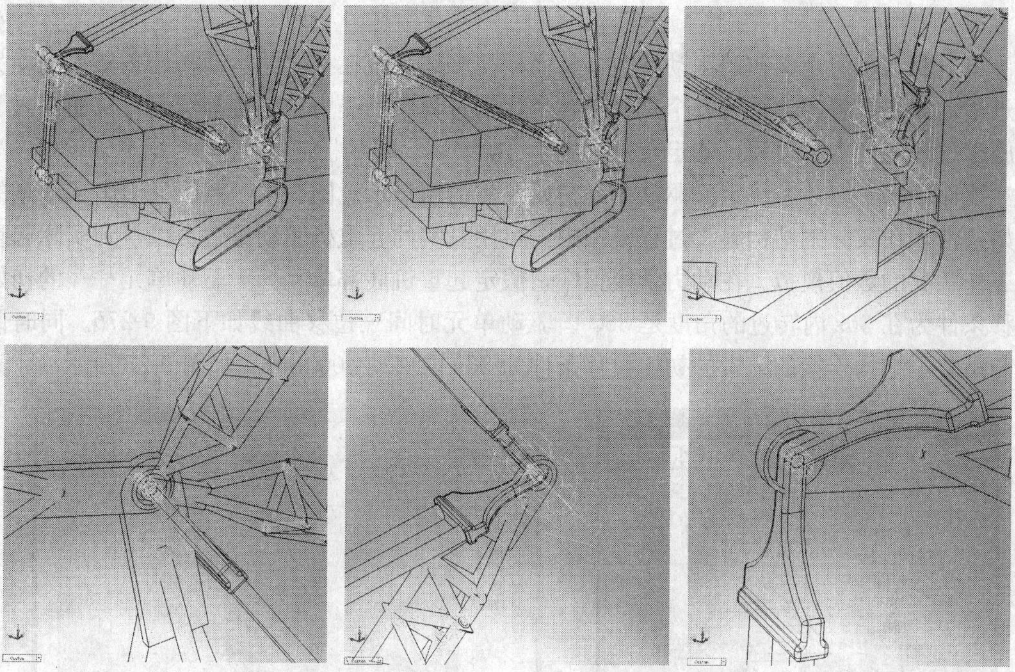

图 9-25 起重机多体系统铰接点模型

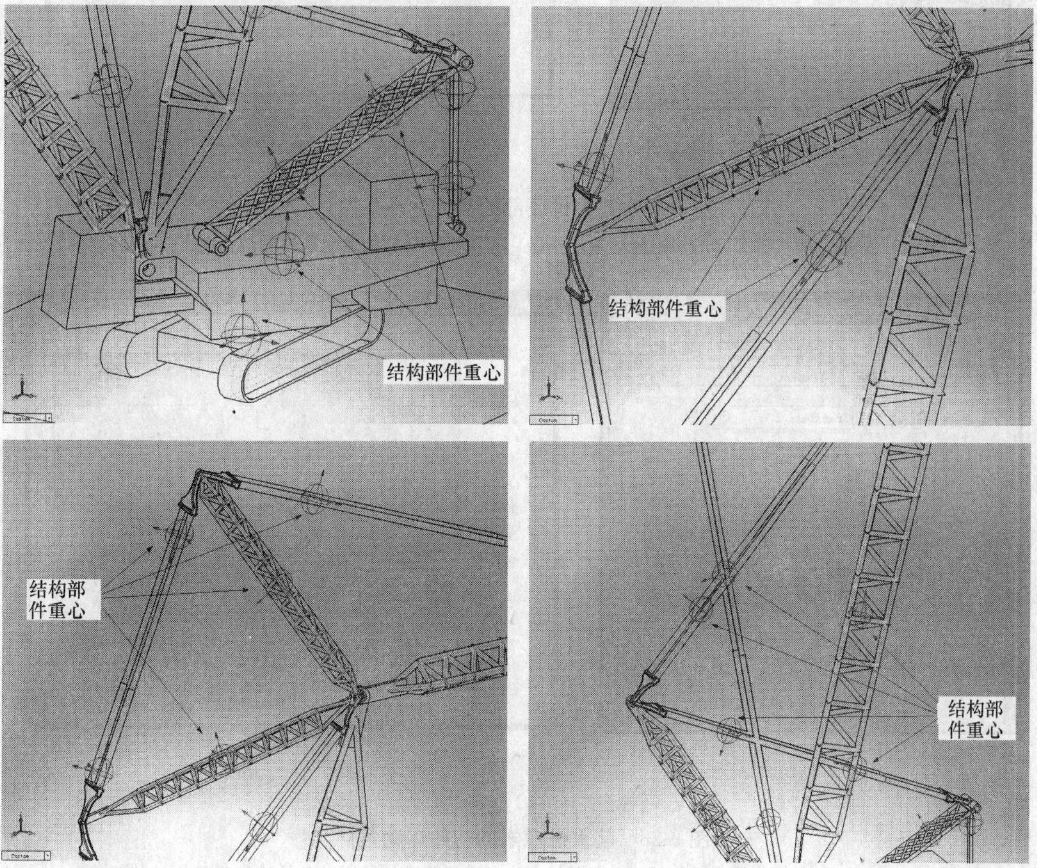

图 9-26 起重机多体系统模型的重心

要参数。

可对驱动单元定义初始运动参数，从而模拟多体系统在指定的运动初始条件下的动力学过程，详细了解多体系统各个单元在整个运动过程中的受力、轨迹等情况，从而深入了解施工过程的动力学过程，确定合理的施工方案。

下面给出了多体系统定义驱动单元初始条件的窗口示意图。本示意图只给出了示意的初始条件，在实际钢结构施工过程模拟中，可用真实的起重机驱动参数，以得到实际起重机工作状况的数值模拟。在动力学模拟中，假定起重机底部单元——驱动单元——的初始位移条件为在 36s 内转过的角度是 360°。驱动单元时间一位移曲线如下图 9-27*b*。同时假定与吊装子结构连接的缆索的初始位移条件为 36s 内移动 4000mm，如图 9-28 所示。

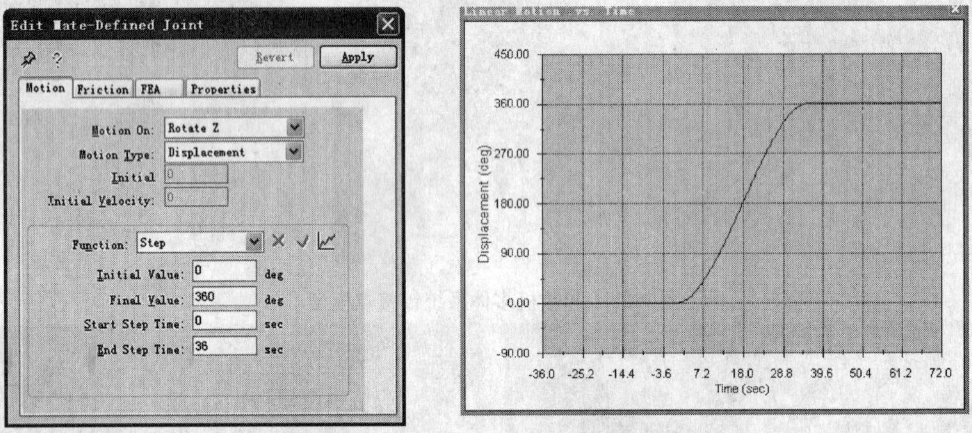

(*a*) (*b*)

图 9-27 起重机底部的初始运动条件

(*a*) 起重机底部的初始运动条件；(*b*) 起重机底部初始运动条件的位移图

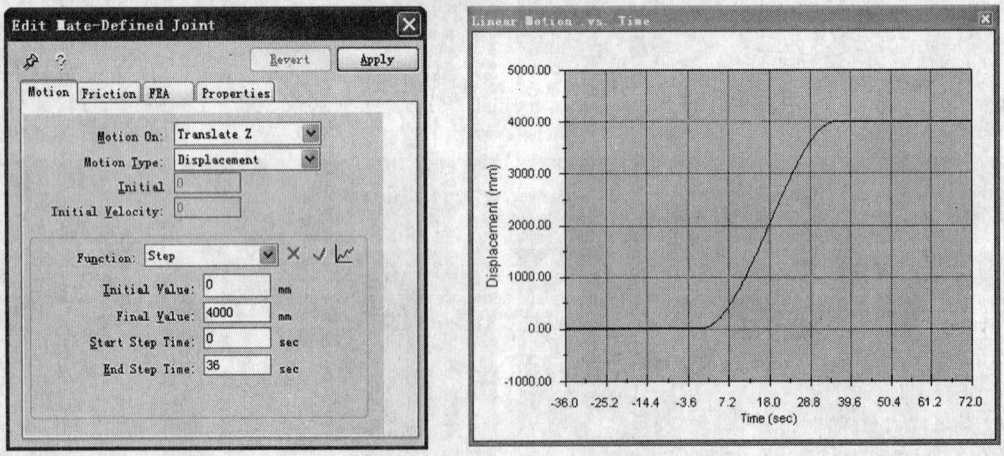

(*a*) (*b*)

图 9-28 起重机缆索的初始运动条件

(*a*) 起重机缆索的初始运动条件；(*b*) 起重机缆索初始运动条件的位移图

吊装子结构的三维实体模型采用同样方法建立并与吊装设备连接。建立子结构三维实体模型时，应特别注意吊点的模拟，吊点模拟的合理性将直接影响吊装模拟的动力学过程，将子结构三维实体模型与起重机三维实体模型装配，就可得到一个施工系统的多体系统动力学模型。图 9-29*a* 所示是一个被吊装子结构三维实体模型的简单例子，本例采用球铰节点模拟子结构与起重机的连接。图 9-29*b* 为被吊装子结构与起重机的三维实体模型实现装配后的组合多体系统动力学模型。

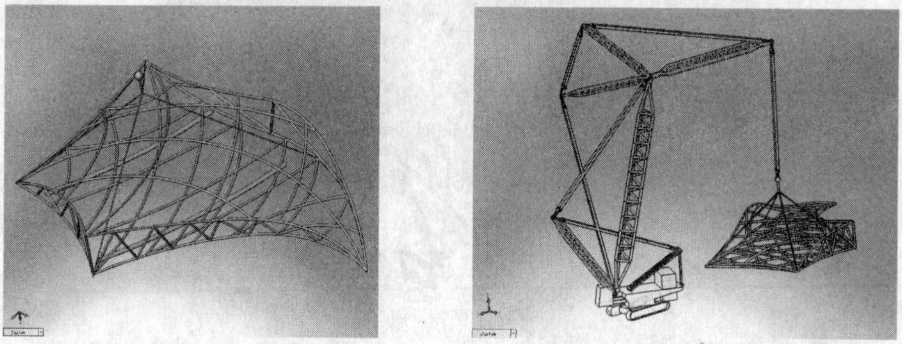

(*a*) (*b*)

图 9-29 子结构三维实体模型与起重机吊起过程的多体动力学模型

(*a*) 被吊装子结构三维实体模型；(*b*) 装配后的组合多体系统动力学模型

通过多体系统模拟，可以给出整个 36s 时间范围内多体系统的动力学过程，并可将整个动力学过程输出为各种需要的影像文件。本例截取起重机吊装过程的若干时段，用影像图形说明吊装过程的动力学过程，如图 9-30 所示。

动力学模拟过程可输出各种动力学过程的数值模拟结果，如在整个动力学过程中

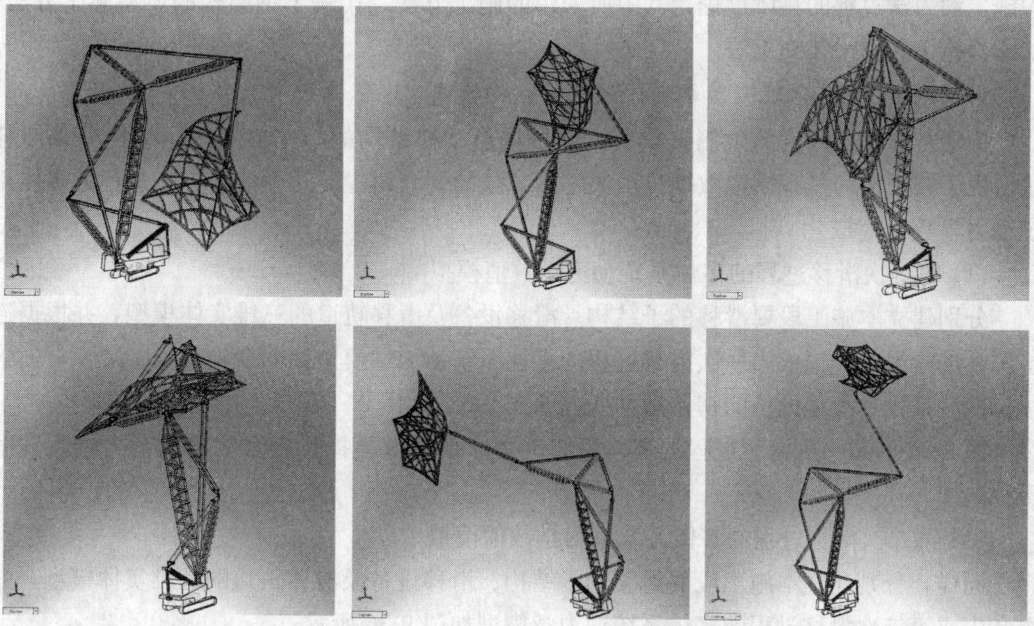

图 9-30 起重机吊起过程的数值模拟过程

节点的运动轨迹和位移、单元的内力—时间历程曲线。图 9-31 为本例吊装过程中施工系统某一几何点的运动轨迹，图 9-32 为典型铰接点所对应的位移—时间和内力—时间历程曲线。

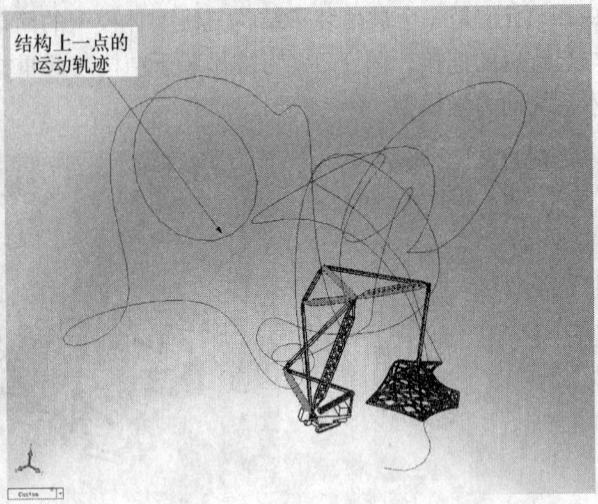

图 9-31 起吊过程中子结构一几何点的运动轨迹

在施工系统模拟时所形成的空间多体系统三维实体模型，既是用于建立施工过程数值模拟分析的三维有限元模型的基础，也是用于建立构件加工三维模型的基础。

9.6.3 实际钢结构施工过程的动力学模拟

本节通过两个实际钢结构工程施工过程的模拟，说明应用空间多体系统技术模拟钢结构施工动力学过程的具体过程，其中所采用的施工方法，代表了钢结构的典型施工方法，如滑移施工法及吊装施工法。

9.6.3.1 重庆江北国际机场航站主楼结构的施工过程模拟

由于各种施工因素的限制，重庆江北机场航站楼结构的施工方案采用结构分条滑移法。由于整个滑移过程模拟数据量很大，本节仅简要介绍主要几个滑移施工过程的多体系统动力学数值模拟。

(1) 第一次滑移过程的多体系统动力学数值模拟

分别建立本施工段要滑移的子结构、滑移设备及滑移轨道的三维实体模型，并根据连接关系进行组装，生成第一次滑移过程的多体系统动力学模型如图 9-33 所示。

然后，设定滑移设备的初始运动条件如图 9-34 所示。

图 9-35 为第一次滑移过程的多体系统动力学的数值模拟过程及输出的动力过程时间历程曲线。

(2) 第二次滑移过程的多体系统动力学数值模拟

同样，分别建立本施工段要滑移的子结构、滑移设备及滑移轨道的三维实体模型，并组装生成第二次滑移过程的多体系统动力学模型如图 9-36 所示。

初始运动条件的设定如图 9-37 所示。

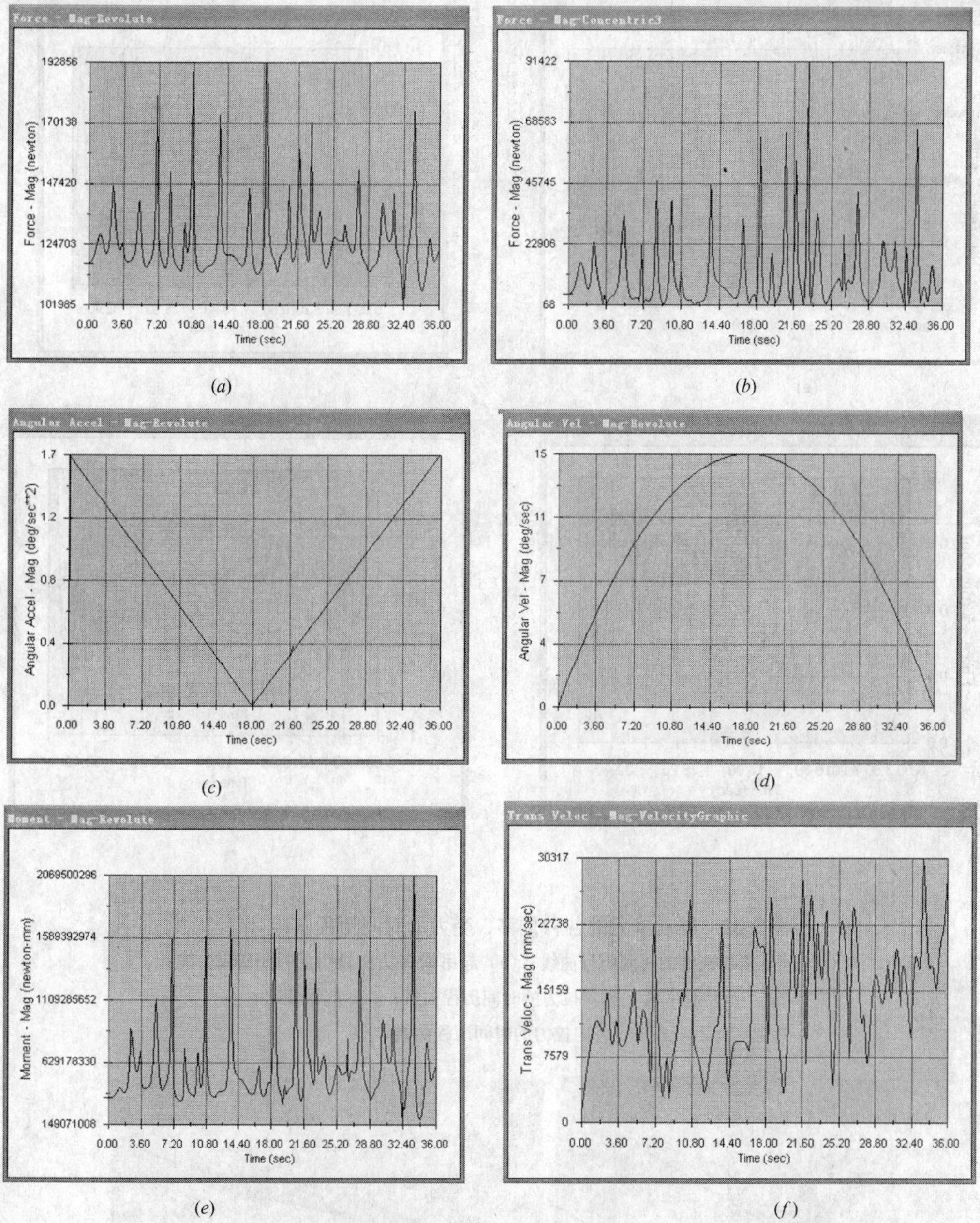

图 9-32 驱动单元的各种位移、受力的时间历程曲线（一）
（*a*）旋转底盘作用力的时间历程曲线；（*b*）起吊索作用力的时间历程曲线；（*c*）旋转底盘角加速度的时间历程曲线；（*d*）旋转底盘角速度的时间历程曲线；（*e*）旋转底盘角力矩的时间历程曲线；（*f*）起吊索速度的时间历程曲线

图 9-38 为第二次滑移过程的多体系统动力学的数值模拟过程及输出的动力过程时间历程曲线。

(3) 第三次滑移过程的多体系统动力学数值模拟

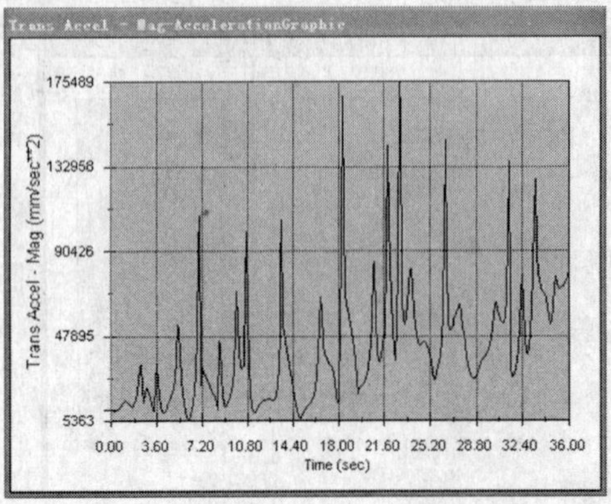

(*g*)

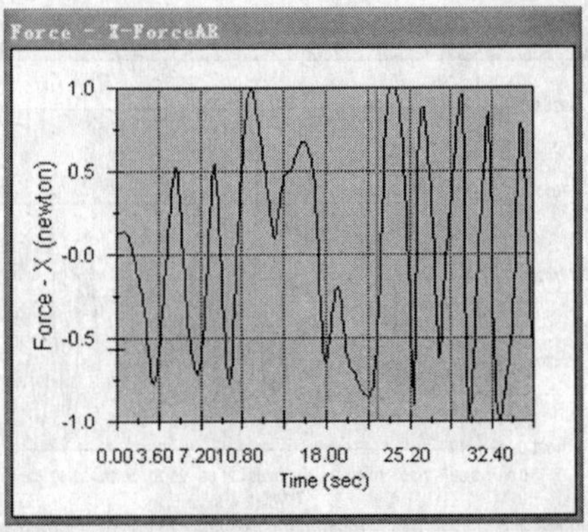

(*h*)

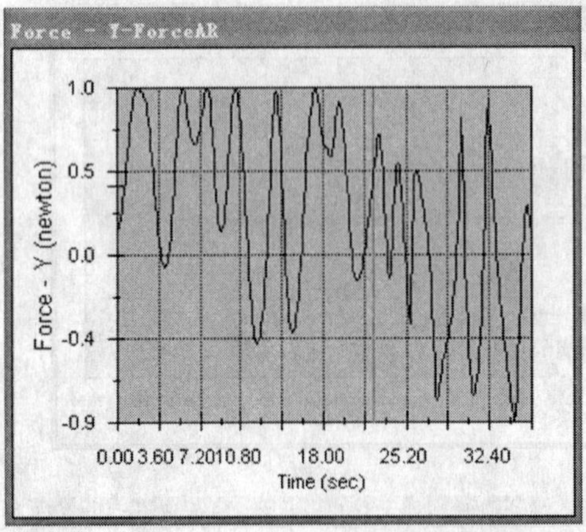

(*i*)

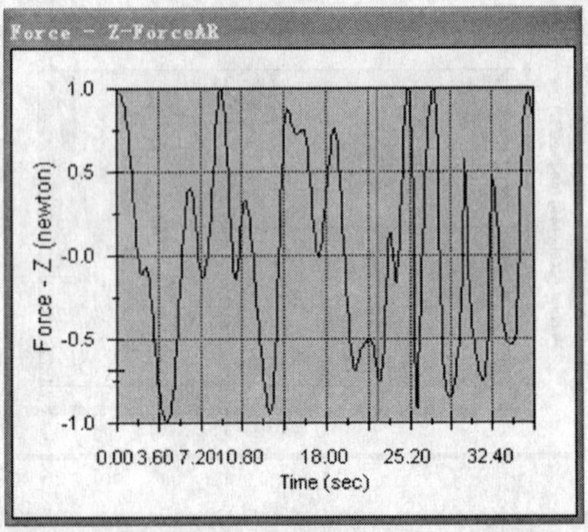

(*j*)

图 9-32 驱动单元的各种位移、受力的时间历程曲线（二）

（*g*）起吊索加速度的时间历程曲线；（*h*）起吊索 X 方向拉力的时间历程曲线；
（*i*）起吊索 *Y* 方向拉力的时间历程曲线；（*j*）起吊索 *Z*
方向拉力的时间历程曲线

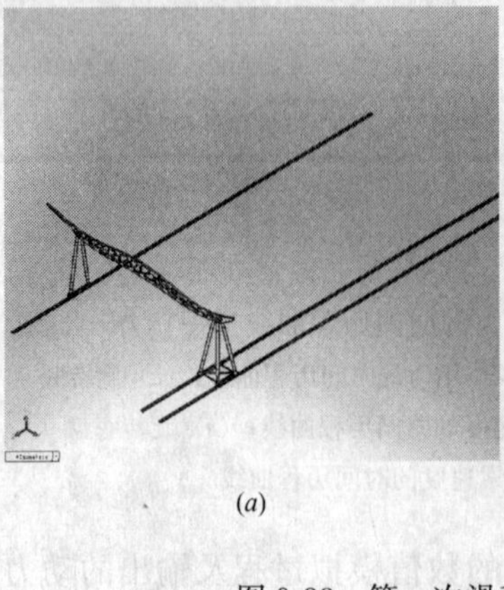

(*a*)

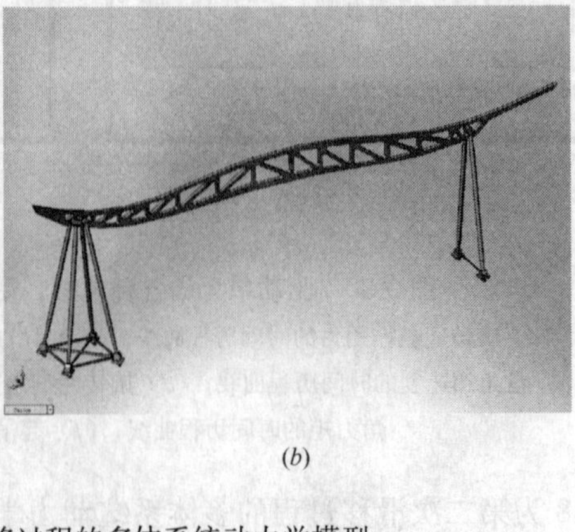

(*b*)

图 9-33 第一次滑移过程的多体系统动力学模型

（*a*）多体系统动力学模型；（*b*）滑移设备的三维实体模型

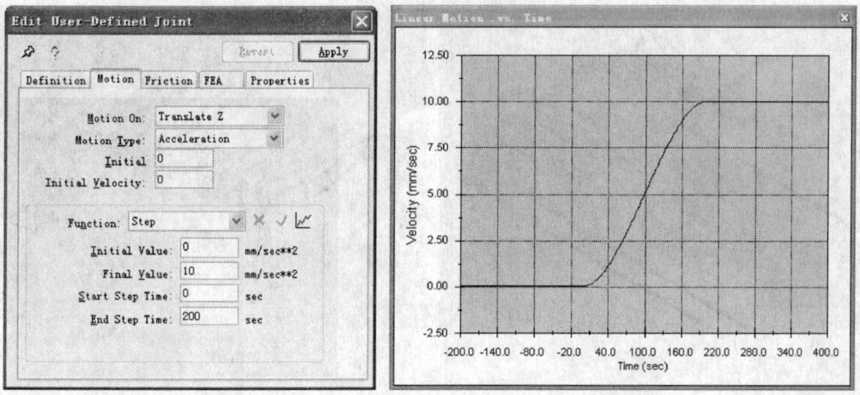

(*a*) (*b*)

图 9-34 滑移设备初始运动条件

(*a*) 初始运动条件；(*b*) 相应的位移曲线

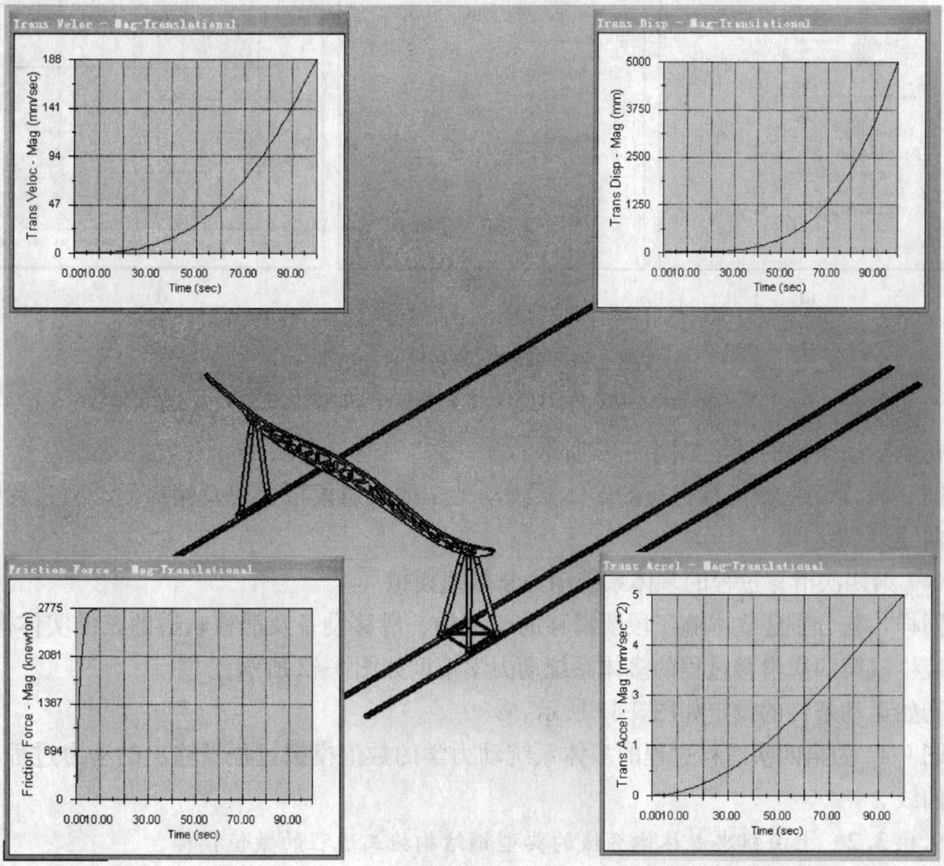

图 9-35 第一次滑移过程的多体系统动力学数值模拟

同样，先分别建立本施工段要滑移的子结构、滑移设备及滑移轨道的三维实体模型（本施工段的三维实体模型可利用前两次滑移的三维实体模型），并组装生成第三次滑移过程的多体系统动力学模型如图 9-39 所示。

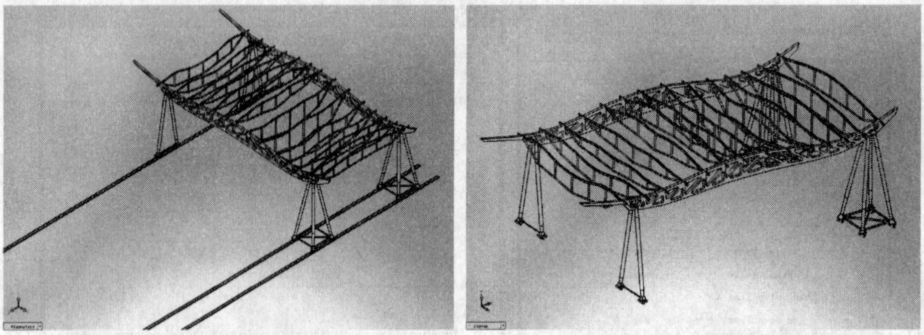

(a)　　　　　　　　　　(b)

图 9-36　第二次滑移过程的多体系统动力学模型

(a) 多体系统动力学模型；(b) 滑移设备的三维实体模型

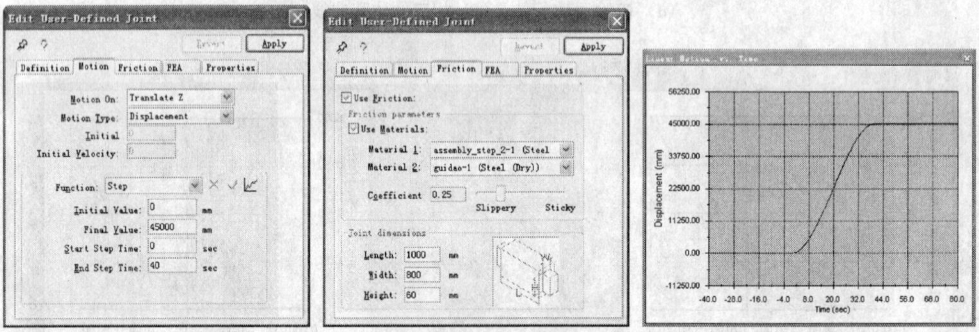

(a)　　　　　　　　　　(b)　　　　　　　　　　(c)

图 9-37　滑移设备初始运动条件

(a) 初始运动条件；(b) 摩擦条件；(c) 相应的位移曲线

初始运动条件的设定如图 9-40 所示。

图 9-41 为第三次滑移过程的多体系统动力学的数值模拟过程及输出的动力过程时间历程曲线。

(4) 第四次滑移过程的多体系统动力学数值模拟

同样，先分别建立本施工段要滑移的子结构、滑移设备及滑移轨道的三维实体模型。并组装生成第四次滑移过程的多体系统动力学模型如图 9-42 所示。

初始运动条件的设定如图 9-43 所示。

图 9-44 为第四次滑移过程的多体系统动力学的数值模拟过程及输出的动力过程时间历程曲线。

9.6.3.2　上海旗忠森林体育城的典型钢结构施工过程的数值模拟

上海旗忠森林体育城钢结构的施工过程采用先分块吊装、再分块滑移的施工方法，本节对两个施工过程的多体动力学模拟分别进行说明。

(1) 吊装施工过程的数值模拟

分别建立吊装空间子结构、吊装设备的三维实体模型，然后根据连接关系进行组装，生成模拟吊装过程的多体系统动力学模型如图 9-45*a* 所示，同时在图 9-45*b* 中给出钢结构

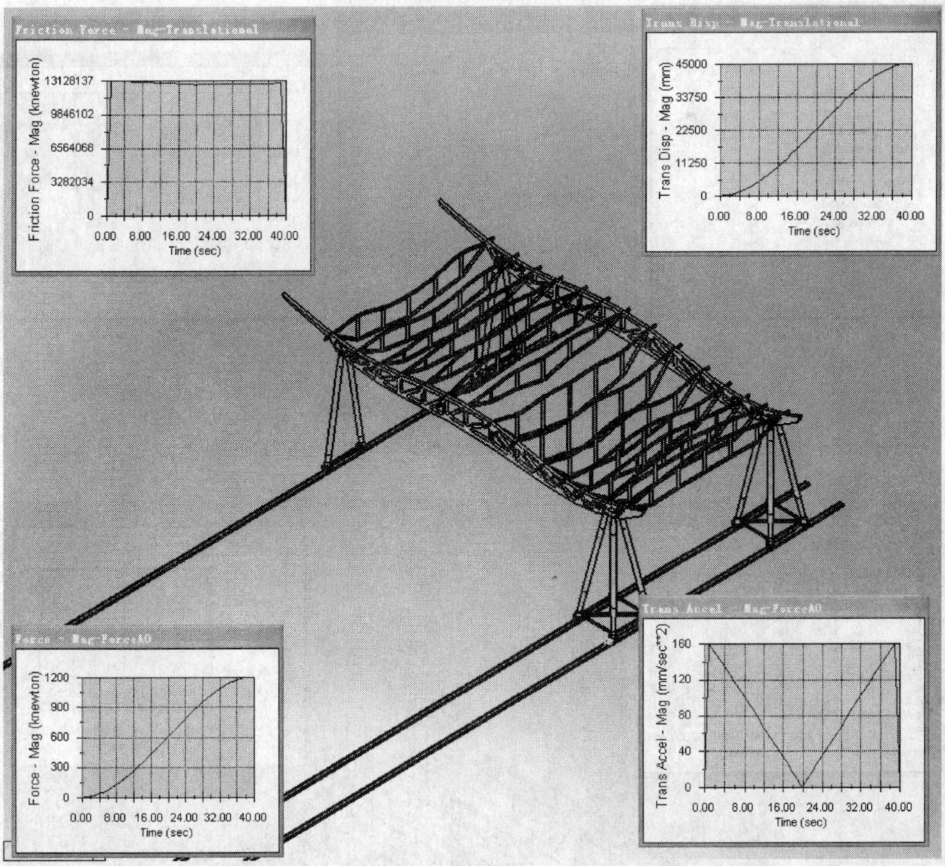

图 9-38 第二次滑移过程的多体系统动力学数值模拟

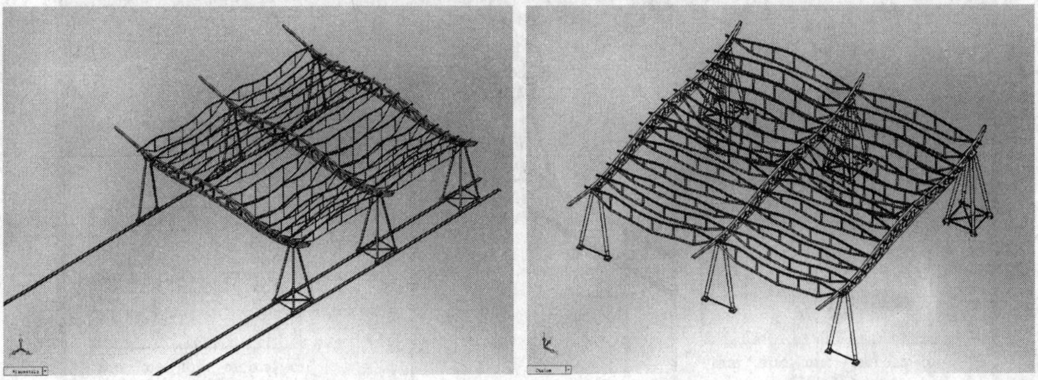

(*a*) (*b*)

图 9-39 第三次滑移过程的多体系统动力学模型

(*a*) 多体系统动力学模型；(*b*) 滑移设备的三维实体模型

吊装过程的动力学数值模拟结果。

(2) 滑移施工过程的数值模拟

先分别建立要滑移的空间子结构、滑移装置及滑移轨道的三维实体模型如图 9-46*a*、

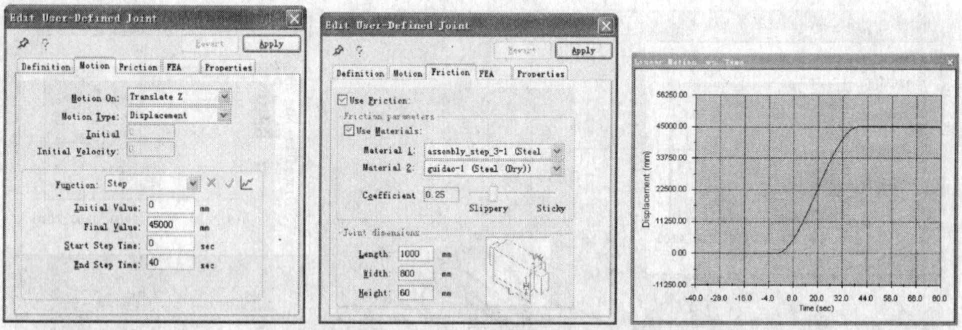

(*a*) (*b*) (*c*)

图 9-40 滑移设备初始运动条件

(*a*) 初始运动条件；(*b*) 摩擦条件；(*c*) 相应的位移曲线

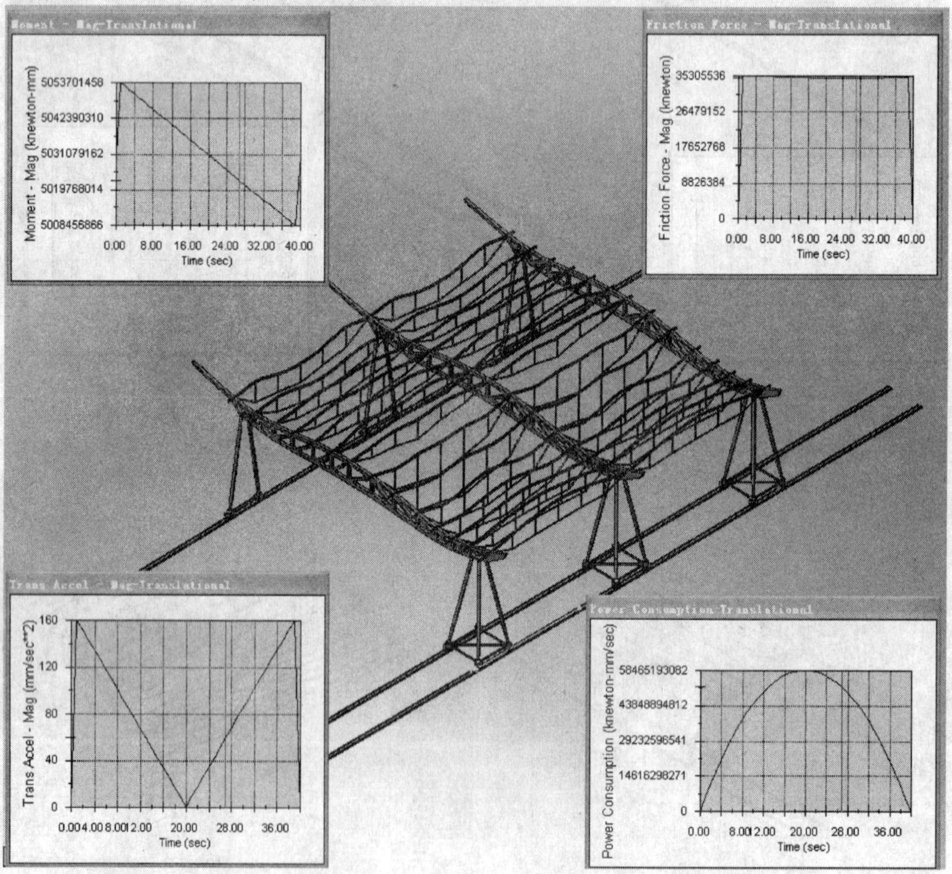

图 9-41 第三次滑移过程的多体系统动力学数值模拟

9-46*b* 所示，然后根据连接关系进行组装，生成模拟空间滑移过程的多体系统动力学模型如图 9-46*c* 所示。

初始运动条件的设定如图 9-47 所示。

图 9-48 为上海旗忠森林体育城钢结构施工过程中空间轨道滑移过程的数值模拟。

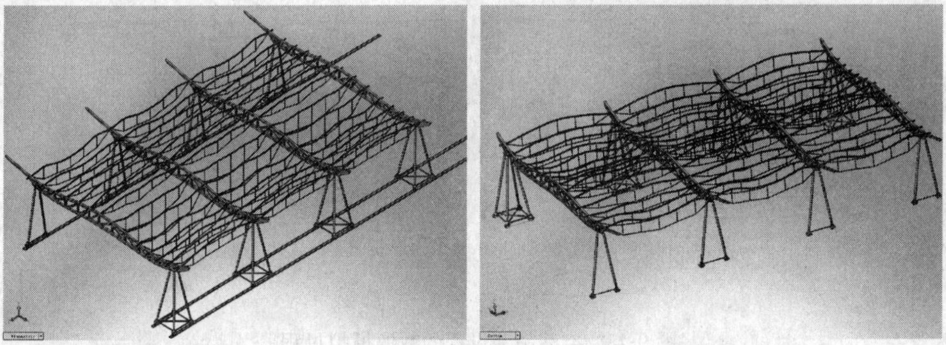

(*a*) (*b*)

图 9-42 第四次滑移过程的多体系统动力学模型

（*a*）多体系统动力学模型；（*b*）滑移设备的三维实体模型

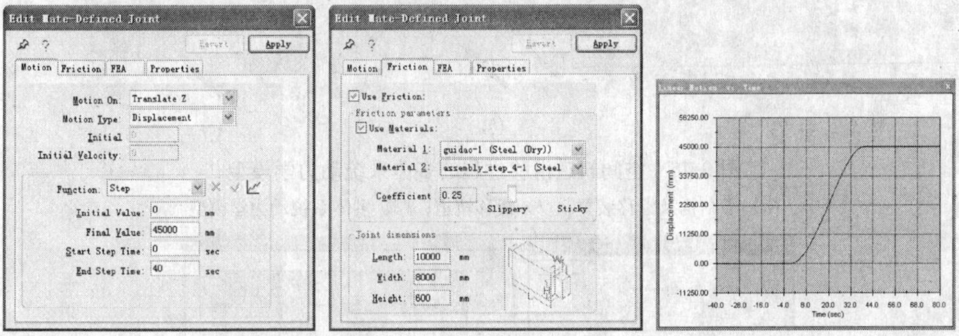

(*a*) (*b*) (*c*)

图 9-43 滑移设备初始运动条件

（*a*）初始运动条件；（*b*）摩擦条件；（*c*）相应的位移曲线

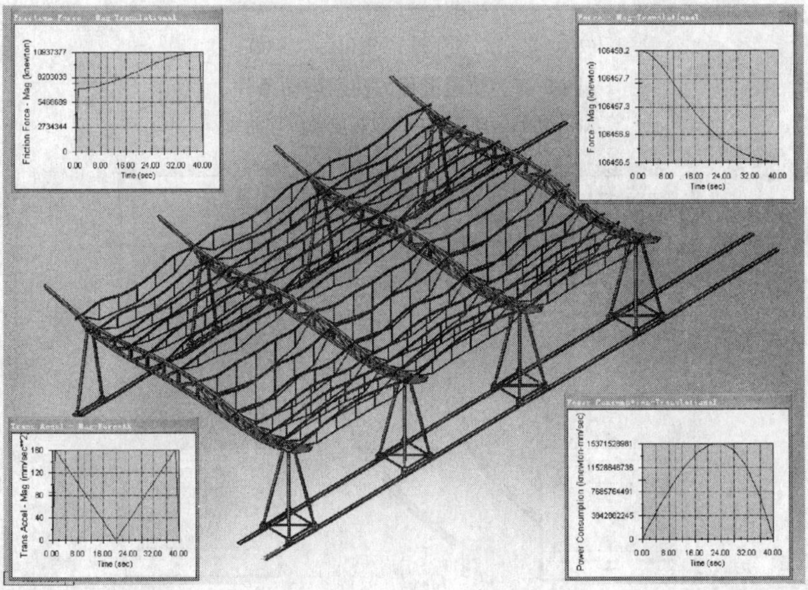

图 9-44 第四次滑移过程的多体系统动力学数值模拟

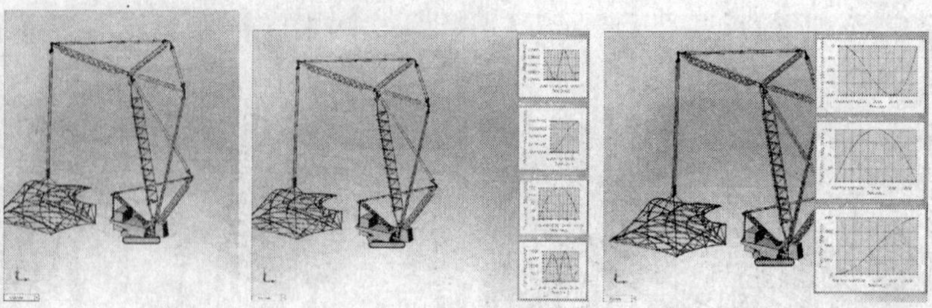

(*a*) (*b*)

图 9-45 空间吊装过程的数值模拟过程

(*a*) 吊装过程的多体系统动力学模型；(*b*) 吊装过程的数值模拟

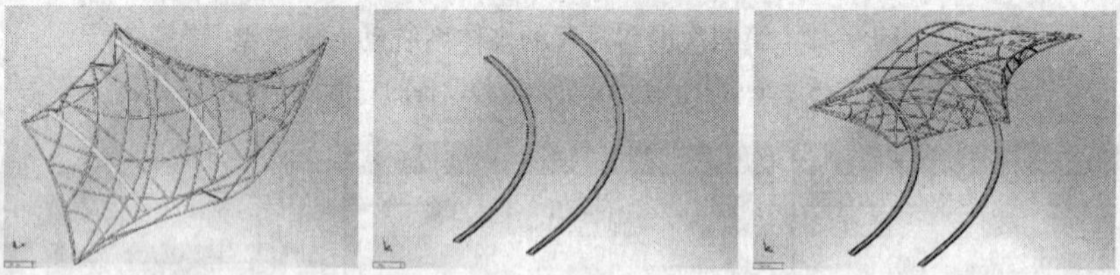

(*a*) (*b*) (*c*)

图 9-46 空间轨道滑移过程的多体系统动力学模型

(*a*) 子结构及滑移装置；(*b*) 滑移轨道；(*c*) 多体系统动力学模型

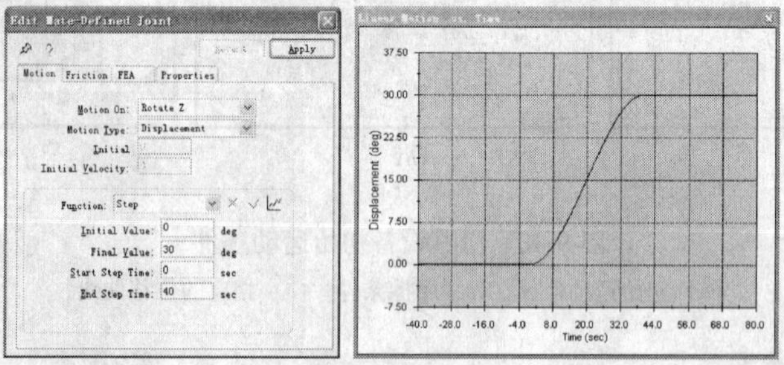

(*a*) (*b*)

图 9-47 轨道滑移的初始运动条件

(*a*) 初始运动条件；(*b*) 相应的位移曲线

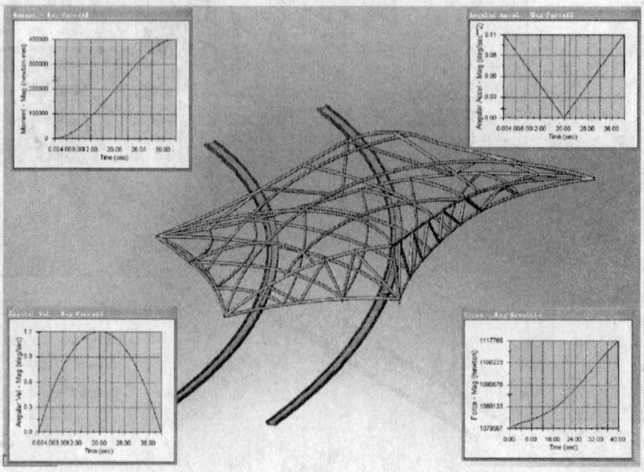

图 9-48 空间轨道滑移过程的数值模拟过程

参 考 文 献

[1] G. De Jalòn，E. Bayo，Kinematic and Dynamic Simulation of Multibody Systems，Springer-Verlag，1994.

[2] Ahmed A Shabana，Computational Dynamics，John Wiley&Sons，2001.

[3] Solidworks，Solid Works Manual. 2007.

[4] MSC Software，Adams Manual. 2007.